“十四五”时期国家重点出版物出版专项规划项目
食品药品安全监管研究丛书
总主编　于杨曜

食品药品安全治理理念创新研究

（第二版）

Research on Innovation of Food and Drug Safety Governance Philosophy

(Second Edition)

徐景波　著

華東理工大學出版社
EAST CHINA UNIVERSITY OF SCIENCE AND TECHNOLOGY PRESS
·上海·

图书在版编目(CIP)数据

食品药品安全治理理念创新研究 / 徐景波著.
2 版. -- 上海 ：华东理工大学出版社，2025. 5.
ISBN 978-7-5628-7767-7

Ⅰ. TS201.6；R954

中国国家版本馆 CIP 数据核字第 2025YR3218 号

内 容 提 要

食品药品安全治理理念是探索食品药品安全治理规律、破解食品药品安全治理难题、构建食品药品安全治理格局、谋划食品药品安全治理未来首先需要关注的问题。本书聚焦食品药品安全治理理念，基于国内外政策、法律和实践分析，研究了食品药品安全人本治理、风险治理、全程治理、社会共治、分类治理、专业治理、责任治理、系统治理、效能治理、能动治理、阳光治理、简约治理、灵活治理、审慎治理、智慧治理、依法治理和全球治理等理念，以期不断开创食品药品安全治理的新局面。本书可供从事食品药品安全治理的政府、高等院校和研究机构的相关专业人员研读，亦可作为食品药品专业的本科生、研究生相关课程的参考书。

项目统筹 / 马夫娇　韩　婷
责任编辑 / 韩　婷
责任校对 / 陈婉毓
装帧设计 / 靳天宇
出版发行 / 华东理工大学出版社有限公司
地址：上海市梅陇路 130 号，200237
电话：021-64250306
网址：www.ecustpress.cn
邮箱：zongbianban@ecustpress.cn
印　　刷 / 上海中华商务联合印刷有限公司
开　　本 / 710 mm×1 000 mm　1/16
印　　张 / 18.25
字　　数 / 303 千字
版　　次 / 2023 年 3 月第 1 版
2025 年 5 月第 2 版
印　　次 / 2025 年 5 月第 1 次
定　　价 / 158.00 元

世界是由万物构成的实体，它不是由任何神或任何人创造的，它的过去、现在和将来，都是按规律燃烧着、按规律熄灭着的永恒的活火。

——赫拉克利特

人们自己创造自己的历史，但是他们并不是随心所欲地创造，并不是在他们自己选定的条件下创造，而是在直接碰到的、既定的、从过去承继下来的条件下创造。

——卡尔·马克思

一切划时代的理论，都是满足时代需要的产物。用以观察时代、把握时代、引领时代的理论，必须反映时代的声音，绝不能脱离所在时代的实践，必须不断总结实践经验，将其凝结成时代的思想精华。

——习近平

序　言

（第二版）*preface*

真诚感谢华东理工大学出版社再版《食品药品安全治理理念创新研究》一书，让我们及时共同分享近年来我国食品药品安全治理创新的重要进展和丰硕成果。

治理理念创新是食品药品安全治理创新中最根本、最核心、最深刻的创新。美国哲学家、心理学家威廉·詹姆斯指出：“人的思想是万物之因。你播种一种观念，就收获一种行为；你播种一种行为，就收获一种习惯；你播种一种习惯，就收获一种性格；你播种一种性格，就收获一种命运。”在食品药品安全领域，可以说，你播种一种理念，就收获一种法制，收获一种体制，收获一种机制，收获一种方式，收获一种文化，收获一个时代，收获一个社会，收获一个世界。

《食品药品安全治理理念创新研究》出版后，得到了许多同事、朋友的支持与厚爱。有的同事、朋友追问笔者有关理念、法制、体制、机制、方式的含义及其相互关系。概括说来，理念是最深的法则，管全局、管根本、管长远。理念决定方向、法制决定路径、体制决定格局、机制决定动力、方式决定效能。

前不久，读到北京大学张维迎教授的文章《理念的力量》。张教授指出：“人类历史上很多变革，不是一种利益战胜另一种利益，而是一种思想、主义战胜另一种思想和主义，或者新的理念战胜了旧的理念，也可以说理念战胜了利益。许多变革表面上看似乎是利益的胜利，实际上是理念的胜利。”该文生动而又深刻地阐释了“理念的力量”。

2004 年，我国开始起草《中华人民共和国食品安全法》，立法机关曾追问食品安全、食品卫生、食品质量三者之间的区别。早期，我们一直采用“内涵外延法”的传统方法来解答，虽然给出了若干结论，但总感觉不够深刻、透彻和完美。后来，当笔者读到古典哲学的一个重要论断时，突然产生一种“顿悟”的感觉和“漫卷诗书喜欲狂”的喜悦。这个重要论断就是：“一个新概念的出现，绝不是事物内涵与外延的简单调整；一个新概念的出现，往往标志着一个新时代的到来。”后来又读到另外一个观点：“一个新概念的出现，往往标志着一个新力量的产生。”从那时起，在食品安全领域，“理念提升法”逐步替代了“内涵外延法”，成为研究食品药品安全治理的重要方法。因此，研究任何事物的运行，应当从最基础、最根本、最核心的理念出发。在本书的写作过程中，有以下几个问题需要进一步说明。

一是在什么层次上来论述“理念”。谈及理念，许多人认为那是“终极”意义上的哲学概念。人本治理、风险治理、全程治理、社会共治、分类治理、专业治理、责任治理、系统治理、效能治理、能动治理、阳光治理、简约治理、灵活治理、审慎治理、智慧治理、依法治理和全球治理，都是哲学意义上的“理念”吗？笔者认为，对“理念”的理解，可以从哲学、社会学、管理学等不同维度进行阐释。尽管“理念”“博也，厚也，高也，明也，悠也，久也。”但不必追求那种“玄而又玄”的表达，理念是可以分层次的。具体而言，人本治理、风险治理、责任治理、智慧治理，阐述了为谁治理、治理什么、谁来治理、如何治理这一根本问题，其应为食品药品安全治理的核心理念。其他理念则由这四大核心理念延伸或派生，不同的具体治理理念在不同的场景下会有相应的应用。

二是需要把握哪些重要关系。理念既涉及世界观，也涉及方法论。食品药品安全治理涉及安全与发展、活力与秩序、质量与效率、风险与责任、体系与能力、守正与创新等许多重要关系。将治理理念具化细化时，如何从辩证法的角度阐释这些既对立又统一的辩证关系，科学回答监管实践中的多种关系，并非易事。笔者认为，食品药品安全治理是一种高超的艺术。世间所谓的“对立者”，“自形质上观之，划然立于反对之两端；自精神上观之，纯然出于同体之一贯者。”站得更高、想得更深、看得更远时，你会发现对立即统一、对立即互补。所以，必须充分运用辩证法来科学解答这些重要关系。

三是需要坚持哪些研究导向。在日常工作中，经常遇到需求导向、问题导向、价值导向、目标导向、结果导向、实践导向等论述。实践启示我们，没有导向，就没有坚定的目标，但导向太多，则没有清晰的重点。笔者认为，研究食品药品安全治理，应当坚持需求导向、问题导向、目标导向和实践导向。需求是时代的呼唤，问题是时代的声音，目标是时代的梦想，实践是时代的旋律。只有将四者科学安排、有机结合，才能体现时代性、把握规律性、富于创造性，从而不断开创食品药品安全治理的新局面。

《食品药品安全治理理念创新研究》出版后的两年多来，党中央、国务院相继出台了一系列有关食品药品安全治理的重要文件，如 2023 年 2 月 17 日印发的《国务院办公厅关于深入推进跨部门综合监管的指导意见》（国办发〔2023〕1 号），2024 年 7 月 21 日印发的《中共中央关于进一步全面深化改革　推进中国式现代化的决定》，2025 年 1 月 3 日发布的《国务院办公厅关于全面深化药品医疗器械监管改革促进医药产业高质量发展的意见》（国办发〔2024〕53 号），2025 年 1 月 3 日印发的《国务院办公厅关于严格规范涉企行政检查的意见》（国办发〔2024〕54 号），2025 年 3 月 13 日印发的《中共中央办公厅　国务院办公厅关于进一步强化食品安全全链条监管的意见》（厅字〔2025〕5 号）等。这些文件的出台，将继续推动我国食品药品安全治理朝着科学化、法治化、国际化和现代化的方向持续深入发展。

《食品药品安全治理理念创新研究（第二版）》着重体现了两年多来党中央、国务院有关食品药品安全治理的新要求、国际食品药品安全治理的新进展，以及我国食品药品监管部门探索实践的新成效。《食品药品安全治理理念创新研究（第二版）》在以下方面有所强调、有所创新、有所发展。

在人本治理理念上，我们可以共同分享："过去的一切运动都是少数人的，或者为少数人谋利益的运动。无产阶级的运动是绝大多数人的、为绝大多数人谋利益的独立的运动。"（马克思、恩格斯）"为自己的利益而争论，人人都是雄辩家。"（奥维德）"社会的进步取决于对公共利益的不断追求和实现。"（让-雅克·卢梭）"以人为本，就是要将人置于最重要的位置，关注人的价值、需求和发展，强调对人的尊重、关怀和保护，以满足人的基本需求和促进人的幸福为根本目标。"

在风险治理理念上，我们可以共同分享："人类从历史中学到的唯一教训，就是没有从历史中吸取到任何教训。"（黑格尔）"思辨的东西，在于从对立面的统一中把握对立面，或者说，在否定的东西中把握肯定的东西。"（黑格尔）"一个正确陈述的反面是错误的陈述，但是一个深刻真理的反面很可能是一个深刻的真理。"（玻尔）"21 世纪，没有危机感是最大的危机。"（理查德·帕斯卡尔）"风险治理理念的提出，标志着食品药品安全治理从经验治理到科学治理、从传统治理到现代治理的重大转变，给食品药品安全治理带来了豁然开朗的境界。"

在全程治理理念上，我们可以共同分享："食品安全不是终点，而是一段旅程。"（麦克·泰勒）"只有通过建立有效的食品安全管理体系，才能实现全球食品安全供应。""我们不能让公众成为药品实验的小白鼠，严格监管和全程把控是保障公众健康的唯一途径。”（哈维·华盛顿·威利）“善治病者，必医其受病之处；善救弊者，必塞其起弊之源。”（欧阳修）“没有体系保障就没有安全保障，没有体系安全就没有产品安全。”

在社会共治理念上，我们可以共同分享：“为善与众行之，为巧与众能之，此善之善者，巧之巧者。故所贵圣人之治，不贵其独治，贵其能与众共治也；所贵工倕之巧，不贵其独巧，贵其能与众共巧也。”（《尹文子·大道上》）“能用众力，则无敌于天下矣；能用众智，则无畏于圣人矣。”（《三国志·吴书·吴主传》）“从监管到治理，不是替换而是变革，不是否定而是成长，不是收缩而是拓展。”

在分类治理理念上，我们可以共同分享：“世界各国的社会秩序纷繁复杂，多种多样，但人类社会的秩序其实只有两大类：开放进入的社会秩序和有限进入的社会秩序。”（道格拉斯·诺思）“世界上所有的分类都没有清晰的界限，所有的过渡都是渐进的。”（亚历山大·索尔仁尼琴）“分类的目的不在于分类本身，而在于分类所要达到的目的。”

在专业治理理念上，我们可以共同分享：“食品药品监管领域，专业人才是我们最宝贵的资产，他们的知识和技能是保障公众健康的坚固防线。”（玛格丽特·汉伯格）“在食品药品监管的复杂战场上，只有专业人才能够精准地识别风险，如同精准的导航仪，引领我们走向安全的彼岸。”（弗兰克·亚纳斯）“专业人才之于食品药品监管，犹如基石之于高楼，没有他们，监管体系将摇摇欲坠，公众的健康安全也将无从谈起。”

在责任治理理念上，我们可以共同分享：“责任是一种伟大的品格，它具有至高无上的价值，在所有价值中处于最高的位置。”（爱默生）“人只因为承担责任才是自由的，这是生活的真谛。”（卡夫卡）“高尚、伟大的代价就是责任。”（丘吉尔）“每个人都应当有这样的信心：人所能负的责任，我必能负；人所不能负的责任，我亦能负。如此，你才能磨炼自己，求得更高的知识而进入更高的境界。”（亚伯拉罕·林肯）“责任配置的基本要求是科学、清晰；责任履行的基本要求是全面、到位；履责保障的基本要求是充分、有力；责任追究的基本要求是理性、严格。”

在系统治理理念上，我们可以共同分享：“整体大于部分之和。”（亚里士多德）“除非理解错综复杂的事物如何相互关联，否则就不能明白社会的任何部分。”（斯宾塞）“系统思考是一门看清楚整体的学科。它是一个用于看到相互关系而非事物本身，看到变化模式而非静态‘拍照’的框架。”（彼得·圣吉）“在食品药品安全领域，实现高效能治理、保障高水平安全、促进高质量发展、助力高标准开放，必须坚持系统治理理念，加快完善制度、健全体系、创新方式、提升能力、保障安全。”

在效能治理理念上，我们可以共同分享：“效率是做好工作的灵魂。”（切斯特菲尔德）“提高效率的最好办法就是做有价值的事。”（彼得·德鲁克）“品质是提高效率的基石。”（史蒂夫·乔布斯）“模式间的竞争就是世界的历史。”（威廉·詹姆斯）“食品药品安全治理的根本目标是安全，除了这一根本目标外，还必须考虑效能目标，这是实现治理可持续发展的重大问题。”

在能动治理理念上，我们可以共同分享：“食品药品安全监管应当是积极主动的，而不是被动反应的。”（玛格丽特·汉伯格）“凡是主动做的事都会滋养你，凡是被动做的事都会消耗你。”“面对各种风险和挑战，要强化战略意识和机遇意识，察势抢占先机，谋势把握主动，布势塑造格局。”

在阳光治理理念上，我们可以共同分享：“只有拥有独立性、卓越性和透明性，才能成功地完成使命。”（《欧盟食品安全白皮书》）“信息之于现代监管，犹如货币之于经济、血液之于生命、阳光之于万物。”“阳光治理彰显食品药品安全治理的开放、自信和成熟。”

在简约治理理念上，我们可以共同分享：“把简单的事情考虑得很复杂，可以发现新领域；把复杂的现象看得很简单，可以发现新定律”。（牛顿）“简约是美的最高境界。”“简单是最终极的复杂。”（达·芬奇）“简洁是天才的姊妹。”（契诃夫）“简约治理是一种高超的治理、智慧的治理、深邃的治理、大气的治理。”

在灵活治理理念上，我们可以共同分享：“任何有效的组织都有一个宝贵的特质，那就是灵活性。”（克劳斯·施瓦布）“在纷繁的社会生活中，个体的行为是无法预知的，但是，当个体数量达到一定程度时，群体的行为反而表现得有章可循，于杂乱中显现秩序和稳定。”（菲利普·鲍尔）“灵活治理如同灵动的舞步，在复杂的局势中跳出和谐的旋律。”“灵活治理如同灵动的飞鸟，在变化的天空中向着目标自由飞翔。”

在审慎治理理念上，我们可以共同分享：“包容治理如同广阔的海洋，接纳每一条溪流，汇聚成强大的力量。”“审慎治理如同精雕细琢的工匠，对每一个决策进行深思熟虑的考量。”“实施药品监管科学行动计划的目的就是在创新时代努力使监管成为产业创新高质量发展的引领者、助推者，而不是拦路虎、绊脚石。”“只有医药产业的勃勃生机，才有监管事业的欣欣向荣，才有人民健康的蒸蒸日上。”

在智慧治理理念上，我们可以共同分享：“主宰世界有三个要素，那就是智慧、光辉和力量。”（歌德）“智慧的可靠标志就是能够在平凡中发现奇迹。”（爱默生）“智慧治理是在混沌中寻找秩序，在困境中开辟道路。智慧治理是用敏锐的眼光捕捉问题，用巧妙的策略解决问题。”

在依法治理理念上，我们可以共同分享：“自由和权利是相对的，只有在社会契约的框架内才能得到真正的保障。”（霍布斯）“有理智的人在一般法律体系中生活比在无拘无束的孤独中更为自由。”（斯宾诺莎）“自由不是想干什么就干什么，而是不想干什么就不干什么。”（康德）“一个人的绝对自由是疯狂，一个国家的绝对自由是混乱。”（罗曼·罗兰）“自律是成熟、强大与自信的表现。”

在全球治理理念上，我们可以共同分享：“世界上最宽阔的是海洋，比海洋更宽阔的是天空，比天空更宽阔的是人的胸怀。”（雨果）“未来几十年里，单一的大趋势将转变为系统的、整体的、全球性的变革。”（约翰·奈斯比特）“积极参与国际监管规则的制定是制药大国的标配和制药强国的担当，应当组织和动员更多资源和力量积极参与国际监管规则的制定，努力推动全球监管的趋同、协调和信赖。”

古希腊哲学家亚里士多德指出：“一切可感事物都在不断地流变着，如若某种知识和思想果然存在，那么在可感事物之外，就应当存在着某种不变的本性。”法国作家、诗人维克多·雨果指出：“哪里有思想，哪里就有威力。”让我们共同在食品药品安全治理的伟大实践中，深深体悟食品药品安全治理理念的无穷魅力。

序　言

（第一版）*preface*

食品药品安全治理是充满智慧和力量的艺术。研究食品药品安全问题，无论是寻找切入点，还是把握着力点，乃至占领制高点，均有多种路径可以选择。从事物发展规律和全球治理经验来看，从治理理念层面展开研究，可以说是最佳的路径选择。因为理念是事物运行的灵魂，决定着事物发展的方向和目标。有不同的治理理念，就有不同的发展方向、发展道路，就有不同的发展动力、发展局面。总之，理念研究的是治理的应然性、必然性问题，关系着治理的基础、根本、全局、方向和未来。德国诗人海因里希·海涅（Heinrich Heine，1797 年—1856 年）指出："思想走在行动之前，就像闪电走在雷鸣之前一样。"法国作家、诗人维克多·雨果（Victor Hugo，1802 年—1885 年）指出："哪里有思想，哪里就有威力。"德国哲学家、数学家埃德蒙德·胡塞尔（Edmund Husserl，1859 年—1938 年）指出："人类的思维具有超越自身局限性的非凡能力。"探索食品药品安全治理规律，破解食品药品安全治理难题，构建食品药品安全治理格局，谋划食品药品安全治理未来，必然首先关注食品药品安全治理理念。

作为一个哲学概念，"理念"的提出最早可以追溯到古希腊哲学家苏格拉底。苏格拉底（Socrates，公元前 470 年—公元前 399 年）认为，"理念"是感性世界存在的依据。"理念"与"意象"不同，"意象"是对事物的形象性把握，具有变动性和个别性的特点，而"理念"则是对事物的概念性或者抽象性把握，具有稳定性和普遍性的特点。柏拉图（Plato，约公元前 427 年—公元前 347 年）指出："我们一直以各种方式在谈论的这个理念，这个实体，它独立存在，永恒不变，而被我们用各种名称来称呼，如本质、本体。""只有通过对理念的沉思和领悟，我们才能真正理解事物的本质和意义。""理念是真实存在的范本，而现实世界中的事物只是对理念的模仿和分有。""理念是事物的本质和永恒不变的模式。""理念世界是完美的、纯粹的，它超越了现实世界的不完美和变动性。""理念如同太阳一般，照亮了我们对真理的认知之路。"柏拉图把世界分成两个：一个是由个别事物组成的、用肉眼可以看见的现象世界，即“可感世界”；另一个是由理念组成的、不能被人感到但可被人知道的理念世界，即“可知世界”。这两个世界的关系是原本和摹本的关系，理念世界是原本、模型，现象世界是理念世界的影子或者摹本。亚里士多德（Aristotle，公元前 384 年—公元前 322 年）在《形而上学》中将“理念”理解为“某种不变的本性”“可感事物的原因”。亚里士多德进一步指出：“一切可感事物都在不断地流变着，如若某种知识和思想果然存在，那么在可感事物之外，就应当存在着某种不变的本性。”伊曼努尔·康德（Immanuel Kant，1724 年—1804 年）将“理念”视为“某种必然的东西”，它是“构成形而上学基本目的的部分，其余部分都不过是手段”。“理念是理性的概念，它超出了经验的范畴，但又对经验具有指导作用。”康德认为理念是超越经验的、纯粹理性的概念或者观念，是思维的最高形式，是对无限与完美的追求。同时，康德还认为，理念虽然是超越经验的，但人们可以通过实践经验来认识它。理念只能通过理性思考和推理来接近，但永远无法真正达到其本质。格奥尔格·威廉·弗里德里希·黑格尔（Georg Wilhelm Friedrich Hegel，1770 年—1831 年）“理性是世界的灵魂，理性居住在世界中，理性构成世界的内在的、固有的、深邃的本性，或者说，理性是世界的共性。”黑格尔将“理念”理解为“自在而自为的真理，是概念和客观性的绝对统一。”“客观的真或真本身”“逐渐接近而其本身又永远留在彼岸的目标”。“理念是具体的，它包含着各种规定性的统一。”“理念不是静止的，而是不断发展和运动的过程。”“绝对理念是宇宙的本质和内在规律。”

从上述哲学家的重要论述可以看出，理念在古代西方哲学中的特定含义与价值：第一，理念是事物不变的本性，某种必然的存在，是事物运行的本源、本体、本质和规律；第二，理念独立存在、永恒不变，但并非静止，而是不断发展和变化的；第三，理念是人们可以逐渐接近却无法完全抵达的目标，是一种激励人们奋斗的理想境界；第四，理念研究的价值在于探寻事物的真正本质和内在规律，进而实现对事物的无限追求和探索；第五，理念研究的动力在于既追求知识与能力的超越，也追求精神与道德的完善；第六，理念研究的终极目标是实现自由、平等、公平、正义等更高层次与境界的深厚价值。

作为形而上学的概念，“理念”与我国传统哲学的“道”较为接近。《易传》指出：“形而上者谓之道，形而下者谓之器，化而裁之谓之变，推而行之谓之通。”“立天之道，曰阴与阳；立地之道，曰柔与刚；立人之道，曰仁与义。”

“一阴一阳之谓道。”《道德经》提出：“道可道，非常道。名可名，非常名。”关于“道”，《道德经》中有这样的描述：“有物混成，先天地生，寂兮寥兮，独立而不改，周行而不殆，可以为天地母。吾不知其名，字之曰道，强为之名曰大。大曰逝，逝曰远。”“视之不见名曰夷，听之不闻名曰希，搏之不得名曰微。此三者不可致诘，故混而为一。其上不皦，其下不昧，绳绳不可名，复归于无物。是谓无状之状，无物之象，是谓惚恍。迎之不见其首，随之不见其后。执古之道，以御今之有。能知古始，是谓道纪。”“道之为物，惟恍惟惚。惚兮恍兮，其中有象；恍兮惚兮，其中有物。窈兮冥兮，其中有精；其精甚真，其中有信。”“人法地，地法天，天法道，道法自然。”“反者，道之动；弱者，道之用。”“上士闻道，勤而行之；中士闻道，若存若亡；下士闻道，大笑之。不笑不足以为道。”“明道若昧，进道若退，夷道若纇。”“道生一，一生二，二生三，三生万物。”“道生之，德畜之，物形之，势成之。”“道者万物之奥。”“天之道，利而不害。圣人之道，为而不争。”“道之出口，淡乎其无味，视之不足见，听之不足闻，用之不足既。”《孟子·尽心章句上·第九节》指出“穷不失义、达不离道。”《韩非子·解老》指出：“道者，万物之所然也，万理之所稽也。”《吕氏春秋·大乐》指出：“道也者，至精也，不可为形，不可为名。”《周易本义·序》指出：“散之在理，则有万殊；统之在道，则无二致。”《楚辞·远游》指出：“道可受兮，不可传。”《中庸 第二十六章》指出：“天地之道，博也、厚也、高也、明也、悠也、久也。”《礼记·中庸》指出：“天命之谓性，率性之谓道，修道之谓教。道也者，不可须臾离也。可离，非道也。”《清静经》指出：“大道无形，生育天地；大道无情，运行日月；大道无名，长养万物。吾不知其名，强名曰道。”《说苑》指出：“万物得其本者生，百事得其道者成。道之所在，天下归之；德之所在，天下贵之；仁之所在，天下爱之；义之所在，天下畏之。”

从中国古代哲学家有关“道”的论述中，可以得出以下基本结论：一是“道”具有本原性。“万物得其本者生，百事得其道者成。”道，被视为宇宙万物的根源和起始，是一切事物存在和发展的基础。二是“道”具有普遍性。“道者，万物之所然也，万理之所稽也。”道，无时不存，无处不在，贯穿于天地万物的演化之中。三是“道”具有超越性。“形而上者谓之道。”道，超越了世间有形、具体的万事万物，构成形而上的特殊属性。四是“道”具有抽象性。“道也者，至精也，不可为形，不可为名。”道高度抽象，难以用具体的语言进行完全准确的描述。五是“道”具有规律性。“大道无形，生育天地；大道无情，运行日月；大道无名，长养万物。”道，蕴含着天地运行、万物发展的内在规律。六是“道”具有统一性。“一阴一阳谓之道。”“反者道之动；弱者道之用”。道，将世间万千景象统一麾下，实现一种和谐与完美。七是“道”具有神秘性。“道者万物之奥。”“道可受兮，不可传。”“道，博也，厚也，高也，明也，悠也，久也。”道，悠远深邃，高深莫测，神妙难言。

现代意义上的“理念”到底是什么呢？目前学界还没有统一权威的说法。有的学者指出，理念通常是指人们经过长期的理性思考及实践所形成的思想观念、精神向往、理想追求和哲学信仰的抽象概括；也有的学者认为，理念是指人们对于某一事物或者现象的理性认识、理想追求及其所形成的观念体系；还有的学者提出，理念是体现事物运动的内在规律，反映事物运动的本质要求，对事物发展具有指导意义的一系列观念、信念、理想和价值的总和。理念提供认知框架，引导认知方向。研究理念，有助于帮助人们培养更加深刻而透彻的思维方式，更好地追寻事物的本质、本体和规律；有助于帮助人们确立更加高远的价值目标，激励人们不断追求卓越、实现超越。总之，理念具有基础性、根本性、核心性、终极性、战略性、纲领性、引领性等特点，在一定层面上反映着事物运动的哲学基础、指导思想、基本原则、核心价值和根本宗旨等。

理念研究的是超越事物形体或者现象、决定事物运行与发展的根本规律。在治理体系中，理念虽然蒙着面纱，却担负着“最终裁判者”的重要使命。理念所回答的是治理的“应然性”问题，启示着人们在流变的“沙漠”中找寻不变的“绿洲”。正如有学者所指出的，生活犹如一张极大的挂毯，我们常常是从其反面来面对它，这使得它的外表看起来像由点和结编织起来的迷魂阵，大部分看起来是混乱不堪的。只有认清体现“某种不变的本性”的理念，才能把握事物的本质及规律。理念既涉及世界观，也涉及方法论，其所解决的是思想力、领导力和创造力的问题。理念是行动的先导，是实践的升华，是管全局、管根本、管方向、管长远的东西，在理论、纲领和规划中居于引领地位，具有统摄的作用。如果说，体制是最大的机制，那么，理念则是最深的法则。

习近平总书记高度重视理念创新。2015 年 10 月 26 日，习近平总书记在《关于〈中共中央关于制定国民经济和社会发展第十三个五年规划的建议〉的说明》中指出：“发展理念是发展行动的先导，是管全局、管根本、管方向、管长远的东西，是发展思路、发展方向、发展着力点的集中体现。”2015 年 10 月 29 日，习近平总书记在中共十八届五中全会第二次全体会议上的讲话中指出：“理念是行动的先导，一定的发展实践都是由一定的发展理念来引领的。发展理念是否对头，从根本上决定着发展成效乃至成败。实践告诉我们，发展是一个不断变化的进程，发展环境不会一成不变，发展条件不会一成不变，发展理念自然也不会一成不变。”“首先要把应该树立什么样的发展理念搞清楚，发展理念是战略性、纲领性、引领性的东西，是发展思路、发展方向、发展着力点的集中体现。发展理念搞对了，目标任务就好定了，政策举措跟着也就好定了。”2016 年 1 月 18 日，习近平总书记在省部级主要领导干部学习贯彻党的十八届五中全会精神专题研讨班上的讲话中指出：“贯彻落实新发展理念，涉及一系列思维方式、行为方式、工作方式的变革，涉及一系列工作关系、社会关系、利益关系的调整，不改革就只能是坐而论道，最终到不了彼岸。”2017 年 1 月 18 日，习近平主席在联合国日内瓦总部的演讲中指出：“理念引领行动，方向决定出路。”2017 年 10 月 18 日，习近平总书记在中国共产党第十九次全国代表大会上指出：“发展是解决我国一切问题的基础和关键，发展必须是科学发展，必须坚定不移贯彻创新、协调、绿色、开放、共享的发展理念。”2020 年 10 月 29 日，习近平总书记在党的十九届五中全会第二次全体会议上指出：“我们提出新发展理念已有 5 年，各方面已形成高度共识，实践也在不断深化。贯彻新发展理念，必然要求构建新发展格局，这是历史逻辑和现实逻辑共同作用使然。要坚持系统观念，加强对各领域发展的前瞻性思考、全局性谋划、战略性布局、整体性推进，加强政策协调配合，使发展的各方面相互促进，把贯彻新发展理念的实践不断引向深入。”2021 年 1 月 11 日，习近平总书记在省部级主要领导干部学习贯彻党的十九届五中全会精神专题研讨班开班式上发表重要讲话时强调：“党的十八大以来，我们党对经济形势进行科学判断，对经济社会发展提出了许多重大理论和理念，对发展理念和思路作出及时调整，其中新发展理念是最重要、最主要的，引导我国经济发展取得了历史性成就、发生了历史性变革。新发展理念是一个系统的理论体系，回答了关于发展的目的、动力、方式、路径等一系列理论和实践问题，阐明了我们党关于发展的政治立场、价值导向、发展模式、发展道路等重大政治问题。”2022 年 10 月 16 日，习近平总书记在党的二十大报告中指出：“我们要增强问题意识，聚焦实践遇到的新问题、改革发展稳定存在的深层次问题、人民群众急难愁盼问题、国际变局中的重大问题、党的建设面临的突出问题，不断提出真正解决问题的新理念新思路新办法。”“必须完整、准确、全面贯彻新发展理念，坚持社会主义市场经济改革方向，坚持高水平对外开放，加快构建以国内大循环为主体、国内国际双循环相互促进的新发展格局。”“贯彻新发展理念是新时代我国发展壮大的必由之路。”习近平总书记有关发展理念的一系列论述，体现了根本性、全局性、方向性和战略性、纲领性和引领性的有机统一，为我们深入思考食品药品安全治理理念创新指明了方向、提供了遵循、开辟了道路。

现代食品药品安全治理理论回答的是为何治理、为谁治理、治理什么、怎样治理、靠谁治理等治理的基本问题。多年的治理实践启示我们，只有坚持科学的、现代的治理理念，食品药品安全治理才能在大是大非面前不糊涂、在大风大浪面前不动摇。研究食品药品安全治理，应当坚持需求导向、问题导向、目标导向和实践导向。需求是时代的呼唤，问题是时代的声音，目标是时代的梦想，实践是时代的旋律。只有将四者科学安排、有机结合，才能体现时代性、把握规律性、富于创造性，才能不断开创食品药品安全治理的新局面。

从国际经验来看，现代食品药品安全治理理念可以概括为人本治理、风险治理、全程治理、社会治理、分类治理、专业治理、责任治理、系统治理、效能治理、能动治理、动态治理、阳光治理、灵活治理、简约治理、审慎治理、智慧治理、全球治理、依法治理等基本要素。这些要素的独立与包容在一定程度上反映出不同国家、不同时代对食品药品安全治理的普遍规律和特殊需求的认知程度，也反映出不同国家、不同时代对食品药品安全治理全局和未来的把握能力和水平。

不同的治理理念在不同的领域，拥有不同的治理价值和治理功能，应当将食品药品安全治理理念向多角度延伸和多方位拓展。坚守食品药品安全治理理念，有利于深化对食品药品安全治理规律和本质的认识，有利于加快提升食品药品安全治理能力和水平，有利于加快推进中国式食品药品安全治理现代化，有利于在纷繁复杂的国际环境中保持战略定力，不忘初心、牢记使命，登高望远，砥砺前行，奋力开创食品药品安全治理的新局面。

目　录

contents

绪 论

01. 食品药品安全治理是充满智慧和凝聚力量的艺术。研究食品药品安全问题，无论是寻找切入点，还是把握着力点，乃至占领制高点，均有多种路径可以选择。从事物发展规律和全球治理经验来看，基于治理理念展开研究，可以说是最佳的路径选择。因为理念是事物运行的灵魂，决定着事物发展的方向和目标。有不同的治理理念，就有不同的发展方向、发展道路，就有不同的发展动力、发展局面。

02. 理念具有基础性、根本性、核心性、终极性、战略性、纲领性、引领性等特点，在一定层面上反映着事物运动的哲学基础、指导思想、基本原则、核心价值和根本宗旨等。探索食品药品安全治理规律，破解食品药品安全治理难题，构建食品药品安全治理格局，谋划食品药品安全治理未来，必然首先关注食品药品安全治理理念。

03. 理念研究的是超越事物形体或者现象、决定事物运行与发展的根本规律。在治理体系中，理念虽然蒙着面纱，却担负着“最终裁判者”的重要使命。理念所回答的是治理的“应然性”问题，启示人们在流变的沙漠中找寻不变的绿洲。正如有学者所指出，生活犹如一张极大的挂毯，我们常常是从其反面来面对它，这使得它的外表看起来像由点和结编织起来的迷魂阵，大部分看起来是混乱不堪的。只有认清体现“某种不变的本性”的理念，才能把握事物的本质及规律。

04. 理念既涉及世界观，也涉及方法论，其所解决的是思想力、领导力和创造力的问题。理念是行动的先导，是实践的升华，是管全局、管根本、管方向、管长远的东西，在理论、纲领和规划中居于引领地位，具有统摄作用。如果说，体制是最大的机制，理念则是最深的法则。理念提供认知框架，引导认知方向。研究理念，可以帮助人们培养更加深刻而透彻的思维方式，确立更加高远的价值目标，更好地追寻事物的本质和规律，激励人们不断追求卓越、实现超越。

05. 食品药品安全治理理论回答的是为何治理、为谁治理、治理什么、怎样治理、靠谁治理等根本问题。多年的治理实践启示我们，只有坚持科学的、现代的治理理念，食品药品安全治理才能在大是大非面前不糊涂，在大风大浪面前不动摇。研究食品药品安全治理，应当坚持需求导向、问题导向、目标导向和实践导向。需求是时代的呼唤，问题是时代的声音，目标是时代的梦想，实践是时代的旋律，只有将四者科学安排、有机结合，才能体现时代性、把握规律性、富于创造性，才能不断开创食品药品安全治理的新局面。

06. 从国际经验来看，现代食品药品安全治理理念可以概括为人本治理、风险治理、全程治理、社会治理、分类治理、专业治理、责任治理、系统治理、效能治理、能动治理、动态治理、阳光治理、灵活治理、简约治理、审慎治理、智慧治理、全球治理、依法治理等基本要素。这些要素的独立与包容在一定程度上反映出不同国家、不同时代对食品药品安全治理的普遍规律和特殊需求的认知程度，也反映出不同国家、不同时代对食品药品安全治理全局和未来的把握能力和水平。

07. 食品药品安全人本治理是指以保护和促进公众健康为根本目的的治理。在食品药品安全治理理念中，人本治理理念居于首位。这是因为人本治理理念解决的是"为谁治理"这一根本问题，即回答食品药品安全治理的出发点、落脚点、动力源和生命线是什么的根本问题。从事食品药品安全治理，基础而首要的任务就是要回答好治理的基础性、全局性、根本性和方向性问题，确保治理始终沿着正确的方向前行，不走偏、不彷徨、不迷失。

08. 坚守人本治理理念，首先需要把握"人""本"的科学含义。"以人为本"所回答的不是本体论问题，而是价值论问题，即在这个世界上，什么是最重要、最根本、最核心的。以人为本，强调将人置于最重要的位置，关注人的价值、需求和发展，强调对人的尊重、关怀和保护，以满足人的基本需求和促进人的幸福为根本目标。按照价值论的逻辑，只有"人"才是最重要、最根本、最核心的，绝不能舍本逐末，更不能本末倒置。当然，这里的"人"是具体的，而不是抽象的；是广泛的，而不是狭隘的；是现实的，而不是虚幻的；是生动的，而不是僵化的。这里的"人"，就是"人民"。真正的马克思主义者始终坚守着人民观、社会观和实践观。人民观体现着根基、社会观体现着胸怀、实践观体现着风尚。人民观永远是马克思主义者的第一观。

09. 习近平总书记多次强调："人民对美好生活的向往，就是我们的奋斗目标。”“江山就是人民，人民就是江山。”“民之所忧，我必念之；民之所盼，我必行之。”“时代是出卷人，我们是答卷人，人民是阅卷人。”“要更加聚焦人民群众普遍关心关注的民生问题，采取更有针对性的措施，一件一件抓落实，一年接着一年干，让人民群众获得感、幸福感、安全感更加充实、更有保障、更可持续。”从事食品药品安全治理，必须践行以人民为中心的发展思想，坚持“监管为民”“治理为民”的理念，始终从人民群众利益出发，饱含对人民群众的真挚情感，用心用情用力解决人民群众最关心、最直接、最现实的问题。

10. 安全与发展的关系问题属于发展的基础性问题。习近平总书记强调：“安全是发展的前提，发展是安全的保障，维护安全和推动发展都要坚定不移。”食品药品安全治理的首要目标就是安全。食品药品安全治理的全过程和各方面都要围绕防风险、保安全来展开。没有安全的发展不是科学的发展、真正的发展、永恒的发展。没有发展的安全不是稳定的安全、持久的安全、坚实的安全。发展是安全的根基，没有发展就没有安全的物质基础。安全是发展的条件，没有安全就没有发展的基本支撑。发展必须是安全基础上的发展，绝不能以牺牲安全为代价片面追求发展。科学把握安全与发展的关系，必须将食品药品安全工作纳入国民经济和社会发展规划中，必须将安全与发展同谋划、同部署、同落实、同保障。安全与发展只有同题共答、同频共振、同向发力、共同发力，安全才能有稳定的基础、坚实的保障和持续的进步。

11. 从事食品药品安全治理，必须始终坚持安全发展理念。安全与发展是一体之两翼、驱动之双轮，两者相辅相成、相互促进。守底线保安全、追高线促发展，是新时代食品药品安全治理的基本要求。守底线保安全，既是一种法律责任，也是一种社会责任，更是一种政治责任。守底线保安全，是食品药品安全监管部门的主责主业。只有聚焦主责主业、扛起主责主业、深耕主责主业、抓牢主责主业，食品药品安全监管工作才能不缺位、不越位、不错位，才能夯实根基、行稳致远。

12. 从事食品药品安全治理，必须科学把握公共利益和商业利益的关系。公共利益是指不特定的社会成员所享有的利益。公共利益的最大特点在于，它是一个与诚实信用、公序良俗等相类似的框架性概念，具有高度的抽象性、概括性和开放性。公共利益的范围随着社会的发展而发展，随着时代的变化而变化。即便立法机构、司法机构做出具体规定，公共利益的范围和类型仍难以穷尽，但公共利益必须最终能够确定为特定民事主体的利益。公共利益不是没有任何指向的抽象与空洞的描述。与任何人不相干的公共利益不可能具有正当性和合理性。公共利益问题并不仅仅是一个法律问题，它更是一个社会问题、政治问题，需要从更高的层面去把握和驾驭。

13. 在社会主义市场经济条件下，公共利益和商业利益之间的关系具有二重性，两者之间既有和谐、统一的一面，也有矛盾、冲突的一面。彻底的唯物论者从不否认或排斥企业通过合法的生产经营活动获取正常的商业利益，而且在企业合法生产经营时，监管部门还要切实保护企业的正当权益。必须清醒地看到，对商业利益的追逐可能会使个别企业冲破法律和道德底线，损害他人利益、公共利益乃至国家利益。在市场经济出现后，公共利益和商业利益之间的博弈问题几乎始终存在，这是无法回避的现实。在公共利益和商业利益发生冲突时，食品药品监管工作者应当始终坚定不移地站在公共利益一边，毫不动摇地维护公共利益，坚持不懈地做公众健康的守护神。

14. 从事食品药品安全治理，必须科学把握安全监管与产业促进的关系。安全监管与产业促进在目标定位、服务对象、利害关系、价值体现等方面存在差异，如果一个部门同时承担安全监管与产业促进的两项职责，那么，在两者发生冲突时，政府监管的天平在现实利益的羁绊下往往会发生倾斜，难以做到两全其美。在食品药品安全领域，行政监管部门和行业管理部门两者的职责可以在宏观层面衔接，但不应在中观层面和微观层面上出现混同与交叉。食品药品安全监管的目的和手段、价值与工具，不可错位、不应错位、不能错位。安全监管与产业促进，两者发展的终极目标相同，但实现路径和方法却不尽相同。以“人民健康”为中心，坚持人民至上、生命至上，安全监管部门与产业促进部门应当各安其位，各尽其力，相互促进，共筑合力。

15. 风险治理是食品药品安全治理的理论基石。21 世纪以来，在食品药品安全领域，最大的进步就是风险治理理念的提出、丰富与发展。在食品药品安全治理体系中，风险治理理念对食品药品安全治理具有基础性、全局性、方向性和决定性的重大影响。风险治理理念的提出，标志着食品药品安全治理从经验治理到科学治理、从结果治理到过程治理、从危机治理到问题治理、从应对治理到预防治理、从被动治理到能动治理、从传统治理到现代治理的重大转变。

16. 现代社会是一个日益复杂化的“风险社会”。有专家指出，在“风险社会”中，怀疑与信任、安全与风险无法达成长期平衡，两者永远处于一种紧张状态，需要通过持续不断的反思进行调适。也有专家指出，现代风险正在深刻改变着传统社会的运行逻辑和发展模式，建立符合“风险社会”需要的新型制度，已成为新时期社会治理创新的一项紧迫而艰巨的任务。当代中国正处于快速转型的时代，中国社会已属于超大规模的社会，这一鲜明特征决定了中国食品药品安全治理的任务比发达国家更复杂、更艰巨、更繁重。

17. 风险治理理念被称为国际食品药品安全治理的第一理念。从哲学的角度看，风险与安全两者对立统一，“自形质上观之，划然立于反对之两端；自精神上观之，纯然出于同体之一贯者。”“思辨的东西，在于从对立面的统一中把握对立面，或者说，在否定的东西中把握肯定的东西。”“一个正确陈述的反面是错误的陈述，但是一个深刻真理的反面很可能是一个深刻的真理。”对立统一规律揭示，风险与安全相互依存、相互转化、相生相克、此消彼长，共同构成事物存在和运动的状态。从与安全相对立的角度认知风险，有助于把握风险的真谛与要害；从与安全相统一的角度认知风险，有利于把握风险的精髓和本质。将安全与风险进行整体性、统一性、辩证性思考，有利于对风险进行更全面、更系统、更深刻、更透彻的认知和控制。

18. 风险与安全都是多元的概念。应当从政治、科学、法治、经济、社会等多维度进行系统把握，避免仅从一个维度进行研判的单一性思维。在全球化、信息化、市场化、社会化时代，要特别关注系统性风险、区域性风险、社会性风险、频发性风险、次生性风险及舆情类风险等。

19. 风险与安全都是相对的概念。一般说来，风险是指危害发生的可能性及其严重性的组合。风险是从“可能性”和“严重性”两个维度对危害进行考量的。“可能性”是指风险发生的概率或者几率；“严重性”是指风险对预期目标的实现造成的损害程度。无论从科学的角度看，还是从法学的角度看，风险和安全都是相对而非绝对的概念。安全是风险与获益之间的数量关系、比例关系或者衡平关系，是对于潜在的使用者具有合适的风险获益平衡。“可容忍的风险”意味着存在一个为特定对象可接受或者可承受的“阈值”，超出这个阈值，则被认为是“不安全”。

20. 风险与安全都是动态的概念。从时间的维度看，人类社会对于安全与风险的认识，随着科学技术的不断发展而发展、不断进步而进步。昨日被认为是安全的食品药品，今日则未必是安全的。从空间的维度看，从农田到餐桌，从实验室到医院，食品药品安全风险往往是逐步增加的。食品药品生产链和供应链越长，食品药品安全风险程度往往就越高。在全生命周期、全产业链条过程中，食品药品安全风险是不断变化的，必须对食品药品安全风险进行全生命周期、全产业链条的动态治理。

21. 全部食品药品安全法律关系可以概括为风险与责任的关系，即通过责任的全面落实来实现风险的全面防控。风险无处不在，责任无处不有。风险防控包括时间维度的全生命周期防控与空间维度的全生命要素防控。

22. 食品药品安全法律属于综合运用多种法律手段实现共治的“领域法”。食品药品安全法律关系是由一系列权利和义务构成的复杂社会关系。从食品的生产到食品的消费，从药品的研制到药品的使用，涉及多主体、多环节、多链条、多体系，是由所有的食品药品生产经营者对消费者共同承担责任，还是由各生产经营者依法承担各自的责任，或者是由其中一个生产经营者对消费者承担全部责任，需要认真思考。食品药品安全民事法律制度的设计，存在着一个基本前提——默示合同关系的存在，即食品药品生产经营者与消费者之间、食品药品生产经营者相互之间，存在着一种默示合同关系，即产品达到法定或者约定的条件。生产经营者之间的责任关系一般应当根据权利与义务对等、安全与风险平衡的关系来配置。

23. 食品药品监管部门是食品药品安全的主管部门，其职责配置包括横向配置和纵向配置两个方面。从横向看，主要是本级政府食品药品监管职责的具体配置问题。横向配置的核心问题是统一监管还是多元监管。从纵向看，主要是同一监管体系内部上下级监管部门职责的具体划分问题。纵向配置的核心问题是垂直管理还是分级管理的问题。在国际社会，将食品药品安全监管定位于综合管理部门，还是专业管理部门，这是一个基础性、原则性、根本性问题。这一定位取决于该国对食品药品安全监管规律的认知水平和该国经济社会发展的现代化水准。

24. 从绝对的意义看，风险无处不在、无时不有；从相对的意义看，风险有轻有重、有缓有急，食品药品安全治理的基本策略和本质要求就是分类治理与分步实施，这是哲学的时空观在食品药品安全治理领域具体而鲜活的实践。通过开展风险评估，可就特定品种、特定环节、特定时段、特定场所的食品药品安全风险状况进行科学分析，在此基础上确定治理的重点、方式和频次。

25. 我国食品安全监管体制改革经过从多部门分段监管体制，到综合监督与具体监管相结合的整合性体制，再到一个部门为主的统一监管体制的发展历程，对食品安全全程治理和统一监管有着丰富的探索和深刻的思考。全程治理是系统思维的具体体现。全程治理是对问题的全面把控，不放过任何一个环节，不留下任何一个隐患；是从根源上解决问题，避免头痛医头、脚痛医脚；是对复杂问题的精心梳理和深度剖析，以寻求最佳解决途径和方案。全程治理犹如编织一张严密的网，使每个节点紧密相连，无一疏漏。

26. 工业时代早期，食品药品治理体系的重点基本锁定在生产环节，其信条是：只要抓好生产这一关键环节，消费者就能得到有效的安全保障。然而，近年来，在国际社会，各种食源性或者药源性疾病的相继爆发，彻底粉碎了人们这种朴素而天真的愿望。在应对食源性或者药源性疾病挑战的过程中，人们逐步认识到：食品药品全生命周期的任何环节存在影响产品质量安全的风险，都可能最终导致整个体系的崩溃。仅在最后阶段采用检验、下架、召回、退市等拒绝手段，是无法对消费者提供及时、充分、全面、有效的安全保障的，而且这也违背了市场经济所奉行的经济效益原则。为此，国际社会逐步探索出食品药品安全治理的新方法，即全生命周期管理法或者供应链管理法，要求食品药品安全治理从生产环节尽可能向“两端”延伸。为了最大限度地减少治理成本、最大限度地保护消费者利益，必须将全程治理理念深深地嵌入食品药品安全治理的全过程，持续深化对全程治理的认识。

27. 在以全球化、信息化、市场化、社会化为基本特征的大时代，食品药品安全属于非传统安全的大安全，食品药品安全治理属于社会广泛参与的大治理。食品药品安全监管，无论是单一部门负责，还是多部门负责，都需要进行适当的分工，这是社会化大生产的内在需要，是科学监管的必然要求。无论是内部分工，还是外部分工，都需要强化彼此间的协同与支持，否则，监管就会出现断裂与空白。分工旨在提高专业化治理效能，协作旨在提高全局化治理水平。

28. 食品药品安全全程治理是国际社会普遍倡导的基本原则。无论从宏观、中观，还是微观的角度看，对于食品药品安全，可以有分段的监管体制，但绝不能有分段的监管思维。在全球化、信息化、市场化、社会化的大时代，强调食品药品安全监管的专业分工与社会协作仍有其特殊的价值。参与食品药品安全治理的部门职能和岗位职责可能有所不同，但各环节、各部门、各单位和相关执法人员都应当胸怀全局、登高望远，乐于善于勇于在大格局下思考和谋划食品药品安全治理，在合作中拓宽视野、增长才干，在协同中发展事业、造福社会。

29. 全程控制与源头把关解决的是食品药品安全治理的系统保障和关键控制的问题。随着社会的快速发展，食品药品安全全程治理的内涵不断丰富。食品药品安全治理应当涵盖食品药品全生命周期的全环节、全链条，且在全周期全过程中采取积极有效的风险防控措施。食品药品全生命周期可以分为若干个环节，上一环节的末端往往是下一环节的源头。只有从源头尤其是总源头上严格把关，才能最大限度地减少风险的扩散，才能最大限度地保证食品药品安全。

30. 农业时代的食品药品安全保障往往靠终端的产品检验，而工业时代中后期的食品药品安全保障主要靠全程的体系合规。犹如法学界“没有程序正义，就没有结果正义”一样，在食品药品安全领域，应当树立“没有体系安全，就没有产品安全”“没有过程安全，就没有结果安全”的信条。

31. 自然生命周期是指食品药品在自然规律下所表现的生命周期。食品从最初的种植养殖到后来的加工制作，再到最后的使用消费，药品从产品上市到最后的使用，食品药品的自然生命周期是相对确定的。尊重食品药品的自然生命周期，就是尊重食品药品的自然属性，就是尊重人类的健康权益。商业生命周期是指食品药品在市场上进行商业流通的生命周期。在食品药品成为商品后，由于科技发展或者商业利润的驱动，食品药品的自然生命周期与商业生命周期之间往往分离，甚至形成一定的鸿沟。疯狂的商业利益往往使不法商人唯利是图、不择手段，在食品药品生产经营中违法添加非食用物质，食品药品安全的防护网时刻面临着崩裂的可能。关注食品药品安全，就必须关注食品药品产业链、供应链、价值链、利益链、风险链、责任链、监管链、治理链等，着力使各链条之间相关联、相匹配、相衔接，形成良好的闭环治理体系。

32. 食品药品安全拥有最广泛的利益相关者。安全是所有食品药品利益相关者的共同利益基础。在市场经济条件下，每个市场主体都有各自的利益，但安全是食品药品安全利益相关者的最大公约数。突破安全底线，食品药品存续的基础就会动摇，所有相关者的利益就可能荡然无存。维护食品药品安全，既是维护所有利益相关者的共同利益，也是维护每个利益相关者的个人利益，应当在食品药品安全领域努力建立最紧密的命运共同体，在保障食品药品安全的前提下，全力确保各方的价值追求。

33. 治理是对监管的突破性变革。一般认为，监管关系是上下之间的命令与服从的关系，而治理关系是不同主体之间的管理与协作关系。如果说监管关系仅仅是纵向关系，而治理则是纵横交错的网状关系或者轮状关系。所以，治理不是对监管的全盘否定，而是对监管的辩证扬弃和升华。治理克服了监管的一元、单向、静态的局限，形成了多元、双向、动态的关系，即共建共治共享的关系。从监管到治理，不是替换而是变革，不是否定而是成长，不是收缩而是拓展。在食品药品安全工作中，必须巩固监管的“基本盘”，拓展治理的“新空间”，形成共治的“大格局”。实践已经证明并将继续证明，监管“基本盘”越坚实，治理“新空间”越广阔。

34. 经过持续的努力，食品药品安全社会共治理念已经确立、社会共治制度逐步完善、社会共治机制逐步健全、社会共治格局基本建立、社会共治意识基本树立。同时，要清醒地看到，食品药品安全社会共治还存在一些短板和弱项，需要从理念型共治向机制型共治转变，从权利型共治向义务型共治转变，从被动型共治向主动型共治转变。下一步，应当进一步推进食品药品安全社会共治的制度化、规范化和体系化。

35. 在食品药品安全治理理念中，分类治理主要解决的是治理的策略与方式方法的问题。所谓分类，通常是指通过比较事物间的共同性或者相似性，把具有某些共同或者相似特征的事物归属于一个集合的逻辑方法。分类是认识事物和管理事物的重要方法。分类的目的在于科学把握事物的本质和规律，使复杂事物条理化、体系化和简约化，提高治理的质量和效率。通过分类，可以将大量庞杂的事物按照一定的标准进行划分和归类，建立起层次分明、结构清晰、逻辑一致的事物运行体系，发现事物的普遍共性与鲜明个性，帮助人们快速理解和掌握事物的总体特征和不同特点，从而实施目标性、针对性、靶向性更强的差异化、个性化管理。

36. 综合与具体，是认识事物的两种重要手段。将纷繁复杂的事物进行综合，形成一定价值、目标统领下的事物集合，可以有效提升事物的统摄力、包容力和延展力，更好地从全局上把握事物发展的内在规律。而对每一事物按照一定标准进行细化分类，则可以在把握事物共性的同时，更好地把握每一事物的特性，进一步增强治理的针对性、靶向性和有效性。基于一定的标准对事物进行科学分类，有利于以最小的成本获得最大的效益。

37. 推进食品药品安全分类治理，既要从食品药品安全的本质属性出发，把握食品药品安全风险的基本规律，也要在我国食品药品安全的特殊属性上着力，揭示我国现阶段食品药品安全风险的特殊属性，这样既可以避免大而化之、笼而统之的粗放治理，又可以避免繁而杂之、细而扰之的烦琐治理。

38. 从哲学的角度看，矛盾的普遍性寓于特殊性之中，并通过特殊性表现出来，没有特殊性就没有普遍性；同时，特殊性也离不开普遍性，不包含普遍性的事物是不存在的。矛盾的普遍性和特殊性在一定条件下可以相互转化。研究食品药品安全治理，既要善于把握矛盾的普遍性，揭示食品药品安全治理的普遍规律；同时，也要善于把握矛盾的特殊性，探索食品药品安全治理的独特性。从哲学的角度看，世间万事万物都统括在物质之下，而物质又可以按照一定标准进行分类。同一类物质具有相同的属性，而事物是否具有相同的属性，则往往取决于人们认识事物的高度、广度和深度。

39. 食品药品安全专业治理解决的是治理人员的专业精神、专业思维、专业素养和专业能力问题。深化食品药品安全治理，必须培养和造就一大批专业人才。“领导工作要有专业思维、专业素养、专业方法。把握新发展理念，不仅是政治性要求，而且是知识性、专业性要求。”权威源于专业，经验源于实践。从事食品药品安全治理，既要有很高的政治素质，也要有很强的专业素养。面对食品药品安全问题的多样性、广泛性、复杂性，以及食品药品安全治理的长期性、繁重性、艰巨性，必须加快推进监管队伍的职业化专业化建设。

40. 强化食品药品安全专业治理，必须适应时代发展的需要，加快培养和造就大批职业化专业化高素质的食品药品安全专业人才，全面提升监管人员的科学精神和职业素养，进一步提升食品药品安全治理现代化水平。人才问题是关系党和国家事业发展的关键问题。“人才是创新的根基，是创新的核心要素。创新驱动实质上是人才驱动。”做好新时代人才工作，必须坚持面向世界科技前沿、面向经济主战场、面向国家重大需求、面向人民生命健康，深入实施新时代人才强国战略，全方位培养、引进、用好人才。

41. 全球食品药品安全竞争的核心就是监管人才的竞争。对于高端人才、创新人才、领军人才等，要采取特殊措施，真正做到引得来、留得住、用得好。要用伟大的事业吸引和留住一大批优秀人才，用良好的制度吸引和留住一大批优秀人才，用先进的文化吸引和留住一大批优秀人才。必须坚持以识才的慧眼、爱才的诚意、用才的胆识、容才的雅量、聚才的良方，着力把各方面的优秀人才集聚到食品药品安全监管上来，努力建设一支政治坚定、业务精湛、素质优良、作风过硬的人才队伍，让各类人才的创造活力竞相迸发，让各类人才的聪明才智充分涌流。

42. 食品药品安全责任治理是指明确各相关主体在食品药品安全治理中的责任，运用多种制度、机制和方式，实现食品药品全领域、全过程、全链条、全环节安全的治理。“责任是一种伟大的品格，它具有至高无上的价值，在所有价值中处于最高的位置。”“人只因为承担责任才是自由的，这是生活的真谛。”责任是使命的制度安排，是对使命的忠诚、担当和坚守。法律关系是一种特定主体间的权利与义务关系，简言之，就是一种责任关系。食品药品安全法律制度是围绕风险的全面防控和责任的全面落实展开设计的。如果说，风险的全面防控是食品药品安全法律制度的目标，责任的全面落实则是食品药品安全法律制度的要义。

43. 在食品药品安全治理领域，有效供给理论、风险管理理论、责任共享理论、社会共治理念，分别从经济、科学、政治、社会的角度，阐释了食品药品安全治理的内在逻辑和运行规律。基于适应新时代新发展阶段的需要，有必要深化食品药品安全责任治理研究，通过“在所有价值中处于最高的位置”的责任的科学配置，激励与约束所有的利益相关者，肩扛使命，积极履责，担当作为，加快推进食品药品安全治理的科学化、法治化、国际化和现代化进程。

44. 21 世纪以来，我国食品药品安全责任治理不断向纵深发展。一是责任治理思路更加清晰，经过多年的实践探索，形成从“地方政府负总责、监管部门各负其责、企业是第一责任人”，到“企业负责、政府监管、行业自律、社会协同、公众参与、媒体监督、法治保障”，再到“党政同责、一岗双责、齐抓共管”的治理格局，责任治理的视野更加宽广、思路更加清晰。二是责任治理制度逐步完善，食品药品安全法律法规确立了企业主责、政府监管和社会共治三大责任体系。三是责任治理机制逐步健全，多项推动责任落实的治理机制已建立并实施，如风险会商机制、风险交流机制、责任约谈机制、责任连带机制、责任落实机制、责任追究机制等。

45. 食品药品安全责任治理方面在监管实践中存在三大突出问题。一是责任配置有待进一步明晰。省、市、县三级监管部门监管职能的划分不够具体，食品经营环节和药品使用环节监管职能划分不够清晰。二是责任履行有待进一步强化。基层监管资源和力量较为薄弱，有的执法人员风险意识、责任意识、法治意识不强，在履职尽责、担当作为方面存在差距，及时发现问题、迅速查控风险、有效破解难题的能力还存在不足。三是责任追究有待进一步科学化。有些责任的追究需要科学区分政治责任和法律责任、民事责任和行政责任，防止形成行政责任与民事责任的事实连带。

46. 食品药品安全责任治理包括责任配置、责任履行、履责保障和责任追究等。责任配置的基本要求是科学、明晰；责任履行的基本要求是全面、到位；履责保障的基本要求是充分、有力；责任追究的基本要求是理性、严格。应当按照收益与风险平衡、权利与义务对等的原则，科学配置民事权利与义务。企业对食品药品安全的责任，不以政府监管和社会共治的存在或者作为为前提。任何强化政府监管和深化社会共治的举措，都不免除或者减轻企业应尽的责任。应当按照权、责、能、效一致原则，科学配置行政监管权责。应当根据产品全生命周期不同阶段的风险类型及级别，合理配备监管职责、资源和力量，使权、责、能、效相协调、相匹配、相统一。食品药品安全监管属于科学性、系统性、专业性很强的监管，职责的履行需要有充足的资源作为保障。只有建立起强大的食品药品监管部门，才能有效保障公众的饮食用药权益。

47. 食品药品安全法律关系是由一系列权利和义务构成的复杂社会关系群。这里既涉及行政法律关系，也涉及民事法律关系，还涉及刑事法律关系。一要充分运用民事法律手段。民事法律手段往往具有适用范围广、参与主体多、运行成本低、社会效果好的独特优势。民事法律手段的运用频度是市场经济成熟程度的重要指标。保障食品药品安全，应当坚持市场在配置资源中的决定性地位，最大限度地利用民事法律手段。二要积极创新行政法律手段。探索分级管理、责任约谈、信息公开、信用奖惩、考核评价等新型制度机制，持续推进食品药品安全智慧监管。三要严格把握刑事法律手段。任何刑事责任制度的设定，都必须充分考量行为的社会危害后果。

48. 系统治理是以一定的价值目标为导向，将客观事物及其运动变化作为由诸多环节、诸多要素、诸多子系统构成的有机整体，并从环节之间、要素之间、子系统之间的相互联系、相互作用中认识和把握事物运行和发展规律的综合的、全面的治理。系统治理是将治理对象作为一个有机整体来看待，充分考虑体系内各环节、各要素、各层次之间的相互关系、相互作用，对治理对象进行全周期、全要素、全链条、全方位治理，而不是孤立地、片面地、静止地看待和解决问题。系统治理注重长期、稳定、可持续的发展目标引领，努力通过科学规划、持续优化，不断提升系统的整体效能，以更好适应内外部环境和条件的变化，有效应对各种风险与挑战。

49. 食品药品安全系统治理经历了早期萌芽阶段、近代发展阶段、现代形成阶段和当代深化阶段。习近平总书记多次强调："坚持系统治理、依法治理、综合治理、源头治理。""提高社会治理法治化水平。""坚持系统观念，处理好经济和社会、政府和市场、效率和公平、活力和秩序、发展和安全等重大关系，增强改革系统性、整体性、协同性。"随着大数据、互联网、云计算等快速发展，食品药品安全系统治理将向各领域纵深发展。全面推进食品药品安全治理科学化、法治化、国际化、现代化，实现高效能治理、保障高水平安全、促进高质量发展、助力高标准开放，必须坚持系统治理理念，加快完善制度、健全体系、创新方式、提升能力、保障安全。

50. 从事食品药品安全治理，必须增强全局意识，深刻把握全局和局部的关系。全局与局部两者相互依存、相互影响，且在一定条件下可以相互转化。全局是由若干局部组成的，没有局部就没有全局。全局的发展战略和生态会对局部的生存发展产生指导和约束作用，可为局部的发展提供方向和保障。同时，局部是全局的一部分，局部的存在和发展离不开全局的支持和保障，局部的变化也会对全局的发展产生影响。局部问题如果没有得到及时解决，也可能逐步扩大，进而影响全局的稳定和发展。同时，在一定的条件和形势下，全局和局部的地位和影响可以相互转化，在一定范围内为全局的问题，在更大的范围内则是局部的问题，同样，而在一定范围内的局部问题，在更小的范围内则是全局问题。

51. “不谋全局者，不足谋一域。”正确处理全局治理与局部治理的关系，必须坚持全局观、总体观、整体观、综合观、系统观，从全局出发、从整体出发、从系统出发，坚持大时代观、大健康观、大风险观、大安全观、大质量观、大治理观，系统思考和谋划食品药品安全的历史方位、基本方略、成就与经验、问题与原因、方向与措施，而绝不能只顾局部而忽视全局。同时，必须高度重视局部发展。全局的发展与安全是由多个局部的发展和安全共同作用的结果，没有局部的发展和安全就不可能有全局的发展与安全。只有局部的发展和安全，全局的发展和安全才有了坚实的基础。

52. 在全球化、信息化、市场化、社会化时代，内部与外部是相互依存、相互支撑的。内部的强大将有力吸引和支撑外部。目前，在食品药品系统治理中，无论是横向的通报制度运行，还是纵向的报告制度运行，都存在一定短板、弱项，迫切需要进一步明确主体、程序、时限、效力和责任。应当建立督查督办和考核评价制度，确保两项制度的每一项具体要求落到实处，努力形成更加良好的食品药品安全治理合力。

53. 食品药品安全治理必须坚持长期治理与短期治理相结合，坚持目标导向与结果导向相结合，统筹谋划、逐梦前行。长期治理与短期治理是治理活动中相互联系又有所区别的两个方面。长期治理往往着眼于实现可持续发展，实现长期稳定的目标，而短期治理往往更侧重于解决当下急迫解决的突出问题。长期治理往往需要数年甚至数十年的持续努力，需要不断投入资源、完善政策并持续推进，而短期治理往往是在几年内完成的，能取得立竿见影或者显著的成效。长期治理往往需要进行系统规划和战略布局，需要多元参与与相互协同，而短期治理往往需要迅速决策并采取行动，治理的针对性、灵活性更强。长期治理与短期治理两者相互补充，长期治理为短期治理指引方向，短期治理为长期治理奠定基础，只有将两者有机结合，共同兼顾，才能实现有效治理。

54. 食品药品安全治理的根本目标是安全。除了安全这一根本目标外，食品药品安全治理还必须考虑效能目标，这是实现食品药品安全治理可持续发展的重大问题。在市场经济条件下，食品药品安全治理必须走科学发展的道路，高度重视投入与产出的关系，采取最优的路径和最佳的方法，努力以最小的投入获得最大的效益，实现更高质量、更有效率、更为经济、更可持续的发展。高品质生活、高质量发展、高水平安全与新发展阶段、新发展理念、新发展格局，共同构成新时代系统的发展战略和战术，食品药品安全治理必须走高效能治理的发展道路。

55. 食品药品安全治理理念的选择直接影响监管体制和监管体系的设计，决定并掌控着监管道路的方向。在食品药品安全治理体系中，治理理念是影响治理效能的最根本、最广泛、最深刻的要素，其决定和影响着治理制度、治理机制、治理方式和治理文化。治理理念是全部治理活动的“魂”与“道”。

56. 治理机制是影响治理效能的柔性要素。机制是驱动食品药品安全法律“从纸面上的法律转化为行动中的法律”的重要引擎，是增强治理合力、提升治理效能的重要手段，是完善治理艺术、提高治理水平的重要动力。良好的监管机制将激发出无穷无尽的“源动力”“自动力”。在不同的监管体制下，机制建设的重点也有所不同。一般说来，实行多元监管体制时，更加需要机制来综合统筹、共筑合力；而实行单一监管体制时，则更加需要机制来汇聚力量、强化共治。

57. 多年来，国际社会普遍对食品药品安全实行全生命周期的监管，即对食品从农田到餐桌、药品从实验室到医院这条“河流”的“主航道”进行监管，强调上游、中游、下游之间的无缝衔接。实践证明，没有良好的生态环境，仅仅对产品“主航道”进行监管是远远不够的。因为时有一些“支流”“暗渠”不断向河里“排污”，所以，有必要建立良好的治理机制和治理生态，加快完善企业负责、政府监管、行业自律、社会协同、公众参与、媒体监督、法治保障的社会治理大格局，实现从“主航道”监管到“全流域”治理的转变。

58. 治理方式是影响治理效能的突出要素。21 世纪以来，国际社会普遍关注食品药品安全治理方式创新。伴随全球化、信息化、市场化、社会化进程的日益加快，国际社会更加注重食品药品安全治理方式的创新，努力实现从传统治理向现代治理方式的转变。当前，互联网、云计算、大数据的快速发展，全球化、信息化、市场化、社会化的深度融合，正以前所未有的，甚至打破常规的力量，改变着人们认识和理解世界的方式。适应新时代、新阶段和新期待，必须以更积极、更主动、更开放、更高效的方式，加快推进治理方式创新，进一步提高食品药品安全治理效能。

59. 治理模式是影响治理效能的倍增要素。治理模式与经济社会发展密切相关，对治理效能的影响是显著的。“模式间的竞争就是世界的历史。”治理模式是指从治理实践中提炼出的最佳范式。从认识论的角度来看，模式研究的是思维方式和工作方法，解决的是某一类问题的方法论。治理模式应当具有一定的原创性、成熟性、可复制性和可推广性。通过治理模式的探索，可以总结出治理的一般规律性，推动治理达到事半功倍的效果。各种治理模式的创新，应当有利于实现从粗放治理到精细治理、从被动治理到能动治理、从烦琐治理到简约治理、从传统治理到现代治理的转变。

60. 食品药品安全治理模式创新要以提升治理能力为依托，以提升保障水平为目标。治理模式创新无论走多远，都不能忘记这一初心。目前，我国在食品药品安全生产经营管理模式创新上更为积极、更为丰富，行政监管模式创新仍处于探索实践阶段。在坚持原则性与灵活性、守正性与创新性、本地化与国际化相结合的基础上，未来一定会探索出经得起实践和历史检验，并为国际社会广泛认可的中国食品药品安全治理模式，为世界食品药品安全治理事业的发展提供中国方案、贡献中国智慧。

61. 食品药品安全能动治理理念，主要解决的是食品药品安全治理的积极性、主动性和创造性问题。食品药品安全领域是充满风险与挑战的领域，食品药品安全治理是考验人类智慧和力量的治理。保护和促进公众健康的崇高使命，决定了食品药品安全工作必须坚持以人民为中心的发展思想，以强烈的责任感和使命感，面对各种风险和挑战，居安思危，未雨绸缪，下好先手棋，打好主动仗，最大限度地控制食品药品风险，最大限度地保障食品药品安全，驰而不息地促进产业高质量发展，驰而不息地满足人民对食品药品安全的需求。

62. 当前，有必要将“能动治理理念”引入食品药品安全领域，激励食品药品安全治理者最大限度地发挥主观能动性和创造性，以更加积极、更加主动、更加担当、更加开放、更富成效的姿态，强化食品药品安全治理，最大限度地减少食品药品安全风险对国家、社会、公众、家庭的影响，最大限度地增强公众和社会对食品药品安全的信心和信赖。

63. 当今世界，各种风险正在发生着广泛而深刻变化。有专家指出："在风险社会中，怀疑与信任、安全与风险，无法达成长期平衡，二者永远处于一种紧张状态，需要通过持续不断的反思进行调适。"今天，人类社会已从隐蔽性、复杂性、交叉性、叠加性、高发性、放大性、跨界性、关联性、流动性、渗透性、传导性、瞬变性、混合性等多个维度上认知和把握风险。从早期的"风险高压期、矛盾凸显期"，到今日的"战略承压期、高危风险期"，人类社会对风险的认识更加深刻，对风险的危害更加警觉，防范化解风险的措施更加高超。

64. 在全球化、信息化时代，时空的压缩与延伸使各类风险呈几何级数增长。面对食品药品安全风险，是直面问题积极预防，还是敷衍塞责消极应对，这是考验各级领导干部是否坚持以人民为中心的发展思想，履职尽责、担当作为的试金石。驾驭风险的本领应当成为各级领导干部必备的本领，应对风险的能力应当成为各级领导干部必备的能力。

65. 预防为主是能动治理的核心要义。历史经验表明，凡事预则立，不预则废。事前的一分努力，胜过事后的十分救济。今天，几乎在与安全风险相关的所有领域，国际社会普遍采用"预防为主、防治结合、综合治理"的基本方针。"预防为主"已成为安全管理最基本、最有效的管理策略与方法。

66. 食品药品安全是结果安全与过程安全的有机统一。结果安全是目标和目的，过程安全是条件和手段。传统食品药品安全治理往往更加关注结果安全，突出终端产品的检验。现代食品药品安全治理往往强调过程安全与结果安全的统一，更加注重体系和能力建设。当前，国际社会对食品药品安全监管更多采用基于风险的管理体系，检查的是整个生产过程，而不是只检查最终产品。现代质量管理体系的基本理念是，只要生产过程出现瑕疵，就可以认定最终产品存在瑕疵；只要生产过程出现重大缺陷，就可以认定最终产品为不合格。

67. 过程安全是结果安全的先决条件。从哲学的角度看，程序正义在实质正义的实现过程中具有独特的价值，这是人类从相对正义逼近绝对正义的重要保证。在食品药品安全领域，过程安全是结果安全的先决条件，结果安全是过程安全的逻辑必然。生产经营过程如果不能持续合规，即使产品检验没有发现已知的风险，该产品也可能存在不可预知的风险，因此可以被认定为不合格，这就是食品药品安全“四个最严”要求的最深刻的阐释。将过程安全与结果安全统一起来，并将过程体系化、程序化、制度化，这是现代食品药品安全治理的重大进步。

68. 食品药品监管科学是以食品药品监管活动及其规律为研究对象，以提升食品药品监管工作质量与效率为目标，以监管工具、标准和方法创新为重点的一门新科学。食品药品监管科学聚焦前沿问题、彰显创新精神、呼唤跨界协同，具有前瞻性、创新性和融合性。食品药品监管科学的兴起，标志着人类社会在快速变革的大时代直面问题和挑战，展现出勇于变革和创新的勇气和智慧。新制度、新工具、新标准和新方法的持续推出，彰显着食品药品监管部门在融合创新、科学发展时代准确识变、科学应变、主动求变的意志和决心。

69. 食品药品安全阳光治理是指相关主体在食品药品安全治理活动中依法向社会公开食品药品生产经营和监督管理信息，满足各方对食品药品安全工作的知情、参与、表达和监督的需要，实现食品药品安全社会共治。药品、医疗器械和化妆品以及多数食品，属于消费者难以自我判定产品质量的“信赖品”。消费者购买食品药品，需要真实、准确、完整的信息。信息之于现代监管，犹如货币之于经济、血液之于生命、阳光之于万物。阳光治理主要解决的是食品药品安全治理的开放性与透明度问题，彰显食品药品安全治理的开放、自信和成熟。

70. 阳光是最强的成长剂。阳光给予温暖和光明。21 世纪以来，为加快形成食品药品安全人人有责、人人关心、人人参与的社会共治格局，国际社会普遍要求持续提升食品药品安全治理的开放性和透明度。阳光是最好的防腐剂。阳光给予生命和希望。坚持信息公开是对消费者最大的保护、是对违法者最大的惩罚、是对监管者最大的约束、是对社会舆论最大的引导、是对信用体系建设最大的贡献。

71. 法律是平衡各种利益关系的艺术。在食品药品安全关系中有时会面临着公开与保密之间如何平衡的选择。公开与保密，不仅是对政府监管部门以及监管人员的要求，也是对企业等其他主体及其工作人员的要求。在法治时代，无论是积极公开，还是严格保密，都必须坚持法治思维和法治方式，在法治轨道上有序有力运行。依法公开、严守秘密都是法定义务，两者立法目的不同，但两者并行不悖。只有严格保守企业的商业秘密，信息公开才能有序有力进行。只有规范信息公开，才能有效保护企业的商业秘密。

72. 全社会应当共同打造鼓励和支持食品药品安全阳光治理的生态系统。食品药品监管部门和监管人员是食品药品安全领域的特殊“医生”和“警察”，其主要任务是督促企业排查食品药品安全风险隐患，严厉打击食品药品安全领域违法犯罪行为。信息既是交易的要素，也是交易的方式；既是交易的空间，也是交易的生态。全社会都应当善识信息、善待信息、善管信息、善治信息、善用信息，以建设的姿态和包容的心态，鼓励和支持监管部门强化监督管理，严惩违法犯罪，持续推进食品药品安全阳光治理。

73. 食品药品安全信息必须严格按照法律法规规定的主体、范围、标准、程序、时限、载体等进行公开，以保障信息公开的科学性、权威性、及时性、准确性。目前，产品的全生命周期管理制度已较为完备，而信息的全生命周期管理制度则刚刚起步。信息的传播比产品的流通更为迅捷、复杂，影响更为深远、持久。应当将信息管理与产品管理摆在同等重要甚至更重要的位置，积极推进食品药品安全阳光治理。

74. 食品药品安全简约治理是指在全面推进食品药品安全治理体系建设的基础上，基于系统理论的指导，采用科学的方法，紧紧围绕治理核心目标，删繁就简、去芜存菁，努力使复杂问题体系化、条理化、精简化，达到改善工作生态、明晰工作路径、优化工作流程、提高工作效能的治理效果。21 世纪以来，伴随着全球化、信息化和现代化步伐的明显加快，食品药品生产经营活动日趋复杂、产业形态日益多样、治理能力日益提升，食品药品安全治理正经历着前所未有的变革。简约治理解决的是适应时代发展变化的治理理念与治理方式的问题。

75. 21 世纪以来，国际社会高度重视食品药品安全治理，改革监管体制，完善治理体系，创新治理方式，推进治理战略，在许多领域取得了前所未有的重大进步。然而，在此条件下，国际食品药品安全治理领域出现了一个不容忽视的问题，即烦琐治理。受风险叠加、责任追究、体制多元、利益冲突等复杂因素的影响，国际社会普遍出现了简单问题复杂化、特殊问题普遍化、具体问题抽象化的特殊现象，在一定程度上影响和制约了食品药品安全治理的生命力和创造力。面对新时代新发展，有必要在食品药品安全领域积极推行简约治理，把握治理核心目标，抓住问题本质要义，努力实现大道至简，简约为美。

76. 最伟大的真理，最简单、最平凡、最朴实。简约治理绝不是简单治理，而是高层次、高境界、高水准的治理。只有对治理理念与制度了如指掌，对治理目标和方法烂熟于胸，才能实现真正的简约治理。食品药品安全简约治理是食品药品安全治理走向成熟的重要标志。食品药品安全治理水平与社会发展阶段紧密相连。食品药品安全监管大体可以分为农业时代、工业时代和信息时代的监管，每一时代监管的主题、核心、方法都有所不同。今天，在食品药品安全领域能否推行简约治理，绝不是监管者或者被监管者的一厢情愿。简约治理是一种具有统摄与驾驭能力的高端治理。只有在完善的治理体系下才有可能实现简约治理。无论是简了过程，还是约了方法，对于监管部门而言，永恒不变的是对责任的承诺和安全的保障。所有的治理高手都是长期派、创新派，同时也是孤独派、简约派。这就是“大道至简”的精髓与要义。

77. 治理体系是治理的骨骼，治理流程是治理的筋脉。筋强才能骨健。没有完善的治理体系，就没有强大的治理能力。而没有顺畅的治理流程，也就没有高效的治理水平。如果说，完善体系属于外延式发展，那么，优化程序则属于内涵式成长。在加快完善治理体系的同时，应当加快优化治理流程，最大限度地提升治理效率。简约治理，简而不失其华，约而不掩其神，治而不忘其魂，理而不悖其要。简约治理是一种高超的治理、智慧的治理、深邃的治理、大气的治理。随着时代的快速进步、社会的快速发展、体系的快速健全、能力的快速提升，食品药品安全简约治理，定会大道直行，定会春华秋实。

78. 食品药品安全灵活治理主要解决的是食品药品安全治理的敏锐性和适应性问题。“以书为御者，不尽于马之情；以古制今者，不达于事之变。”近年来，随着全球化、信息化、市场化、社会化的发展，针对传统监管模式的僵化、刻板和教条，国际社会越来越重视食品药品安全灵活治理，将治理的原则性和灵活性、普遍性和特殊性、统一性和多样性等有机结合起来，应势而谋、因势而动、顺势而为，采取更具张力的灵活措施以应对日新月异的变化，着力开拓食品药品安全治理新局面。

79. 食品药品安全灵活治理，绝不是一种天马行空、随心所欲的治理，而是一种更高层次、更高水准、更高境界的治理。没有对食品药品安全治理规律、治理使命、治理理念的深刻认知，没有对食品药品安全治理基础、治理生态、治理文化的科学把握，是不可能实现食品药品安全灵活治理的。食品药品安全灵活治理需要敢于担当、勇于负责的决断力。培养和造就大批素质高、业务精、能力强、作风硬的食品药品安全监管人员，是实现食品药品安全灵活治理的迫切需要。

80. 安全绝不是一个静止、孤立、机械的概念，而是一个动态、关联和多变的状态。任何食品药品安全都存在着一个量的关系。这个量的关系，说到底，就是食品药品安全风险的可接受度、可承受度。食品药品安全风险衡平治理，就是要在科学的风险评估基础上，合理确定食品药品获益与风险的比例关系。两者关系的确定需要一个定量指标，这个定量指标就是标准，而标准是保持风险与获益衡平的最低要求。食品药品安全与风险的衡平，可以为数量的比例关系，也可以为程度的比例关系。从“可接受性”或者“可接受度”的角度看，与其说是安全与风险的平衡，不如说是安全与风险的衡平。因为衡平更好地体现着均衡与灵活，彰显着公平与正义。

81. 法律是骨感的、抽象的，社会是丰满的、具体的。用骨感抽象的法律去剪裁丰满具体的社会，本身就是充满风险的一种挑战。然而，法律不是凝固的、静止的，不是机械的、僵化的，法律是开放的、成长的，是鲜活的、灵动的。新时代的法律应当始终饱含着价值关怀、洋溢着人文精神、彰显着正义力量。法律不仅是一种工具，更为可贵的是一种艺术。法律不仅是一颗螺丝钉，更为可贵的是一个指南针。法律的制定体现着立法者的修养，法律的执行彰显出执法者的素质。明者因时而变，知者随事而制。坚持人民至上、生命至上的食品药品安全监管者，在改革创新的伟大时代，一定会科学把握食品药品安全治理的真谛和精髓，努力积势、积极蓄势、智慧谋势，准确识变、科学应变、主动求变，将治理的原则性与灵活性有机结合起来，为保护和促进公众健康做出新的更大的贡献。

82. 审慎治理通常是指新生事物的成长与现行规则不尽一致时，基于治理使命与治理目标的考量，对体现事物发展规律和进步方向的新生事物的成长给予一定的宽松、宽容、宽厚政策的治理。法律是时代进步的产物，但即便是“尽善尽美”的法律，其自公布之日起，也即与时代渐行渐远。期待在较短期限内建立起“封闭完美的制度体系”，是一种浪漫主义思维。近十年来，新技术、新材料、新工艺、新产品、新业态、新模式不断涌现，已成为经济增长的新源泉、新动力和新引擎。面对时代发展与新生事物，审慎治理不是囿于形式演绎的机械治理，而是基于科学精神的灵活治理，不是局限于上市前审评审批的局部治理，而是贯穿于产品全生命周期的系统治理。

83. 21 世纪以来，面对公众不断提升的健康需求，许多国家和地区的食品药品监管部门都高扬“保护和促进公众健康”的旗帜。从“保护公众健康”到“保护和促进公众健康”，这绝不是监管使命的简单调整，而是监管使命的深刻变革。这一变革激发食品药品监管部门在面对巨大的压力和挑战时，坚持科学与法治精神，积极而不懈怠，担当而不推诿，开放而不封闭，锐意进取，奋发作为，不断开创食品药品安全治理工作的新局面。

84. 食品药品安全治理使命的变革是食品药品安全治理事业的重大进步。对于食品药品安全治理理念的变革，也许有人觉得无足轻重、无关宏旨。事实上，只有对自身使命有过深入骨髓的思考，才能对自身文化进行刻骨铭心的塑造。过去有人认为，“保护公众健康”是食品药品监管部门必须履行的法律责任，“促进公众健康”是食品药品监管部门应当践行的社会责任。进入新时代新发展阶段，公众对健康的需求，不会仅仅停留在“底线”上，而是在不断地追求“高线”。“保底线”和“追高线”紧密相连，但两者的目标和要求有所不同。“保底线”是要通过一系列风险控制手段，最大限度地保障安全，最大限度地防止出现损害公众健康、公共安全乃至国家安全的重大风险。而“追高线”则是最大限度地满足公众对健康产品更多、更快、更好、更省的需求，即达到更多的选择、更快的供给、更好的质量和更低的负担。今天，全社会对食品药品监管部门的殷切期待永无止境，食品药品监管部门对全社会的真诚回报永不停步。

85. 必须清醒地看到，“保底线”和“追高线”两者之间有时存在着一定的冲突。片面追逐更多、更快、更好、更省，就有可能危及安全底线。以“多、小、散、低”的食品药品产业，满足公众对健康产品“多、快、好、省”的需求，这是一个巨大的挑战。对于监管机构来说，任何时候都不能脱离“安全”这条生命线，否则就会本末倒置、舍本逐末、偏离轨道、迷失方向。对“保底线”和“追高线”间的张力，必须始终保持清醒的头脑，要将履行法律责任和社会责任有机融合起来，切实做到科学定位、依法履职。疾病是人类健康的最大威胁，有病无药是健康领域的最大风险。必须坚持大安全观、大风险观，采取更加积极主动的措施，最大限度地加速药品医疗器械研发上市，在与疾病的赛跑中，赢得时间、赢得未来、赢得胜利。

86. 如何有效推进食品药品安全审慎治理是时代之问和创新之问。在药品安全领域能否实行审慎治理，各界存在不同的认识。在药品领域推行审慎治理，更为复杂、更应谨慎、更需智慧。药品属于事关公众生命健康的特殊产品，产品进入市场是需要监管部门许可的。除法律法规另有规定外，未经许可，药品是不得进入市场的。这就要求监管部门对于药品是否可以进入市场必须表明鲜明的态度，绝不能模棱两可。监管部门许可该药品进入市场，即表明该药品的风险在可接受的范围内，这是一件听起来简单但做起来极不容易的事情。只有医药产业的勃勃生机，才有监管事业的欣欣向荣，才有人民健康的蒸蒸日上。

87. 保障食品药品安全是全社会的共同责任。从社会治理的角度来看，政府既是食品药品安全的需求方，也是食品药品安全的供给方。如果说企业是食品药品安全的“第一供给方”，政府则是食品药品安全的“第二供给方”。目前，全社会对食品药品安全监管寄予着无限的期待。随着幸福意识、健康意识、权利意识、安全意识、风险意识的不断提升，人民群众对食品药品安全的要求越来越高。人民群众对食品药品安全的无限性、绝对性、完美性需求，是推进食品药品安全监管工作不断接近目标、实现超越的巨大动力。

88. 食品药品安全问题是社会问题的集中反映与折射，破解食品药品安全难题需要高超的治理艺术。面对错综复杂的食品药品安全问题，既要有高度的政治敏锐性，也要有强烈的实践自觉性。智慧治理，不仅涉及技术创新，而且涉及理念创新、体制创新、制度创新、机制创新、方式创新、战略创新、文化创新等，涉及需求与供给、目标与道路、理念与制度、机制与方式、战略与文化、质量与效率、体系与能力、守正与创新等诸多重大关系。

89. 智慧治理理念与人本治理理念、风险治理理念、责任治理理念被并称为食品药品安全四大核心治理理念。如果说，风险治理理念和责任治理理念是食品药品安全治理理念的核心，智慧治理理念则是对风险治理理念和责任治理理念的智慧赋能，其使风险治理理念和责任治理理念在高度、深度、广度等方面进一步拓展和升华。智慧治理理念要求在坚守治理使命的大前提下，运用灵活、巧妙、睿智的方式方法，以前瞻性、创新性和突破性变革，有效破解食品药品安全治理难题。没有全局谋划，没有前瞻思考，没有本质认知，没有规律把握，就不可能实现食品药品安全智慧治理。

90. 人类对于法律的认识大体可以分为三个层次：一是“法上法”，即理念层次意义上的法律，强调法的核心价值；二是“法中法”，即规则层次意义上的法律，强调法的规范作用；三是“法外法”，即社会层次意义上的法律，强调法的社会功能。当今中国的食品药品安全治理，是在市场经济、民主政治、法治国家、和谐社会和科技时代的大舞台上展开的。法律以其规范性、普遍性、统一性和稳定性，成为社会治理的主要手段。奉法者弱则国弱，奉法者强则国强。法治是人类社会进入现代文明的重要标志。今天，法律对于社会经济生活的调控和影响，无论是深度，还是广度，都有了空前的飞跃。

91. 法治思维，是现代人的基本思维，体现了现代人对人类文明的尊重、对集体意志的敬畏和对自身人格的爱护。法治是制度之治最基本最稳定最可靠的保障。法律必须紧紧跟上人类思想进步。法律必须为明天的成长做准备。自律是实现自由的第一条件。自律比放纵更接近自由。对于企业来讲，没有自律，就没有自由；而抛弃自律，则丧失自由。只有高度的自律，才能有高度的自由。企业不仅具有经济属性，同时也具有社会属性。在任何时代，企业都不能脱离社会而存在，背离民众而发展。

92. 法律是公共幸福的制度安排。法律必须紧紧跟上人类思想进步。法学家伯尔曼指出："没有信仰的法律将退化成为僵死的教条。"新时代的食品药品安全法律制度应当坚持以人民为中心的发展思想，在立法理念、核心价值、制度体系上坚守信仰，守正创新，与时俱进。

93. 法律必须为明天的成长做准备。法律自公布之日起即与时代渐行渐远，法律必须具有与时俱进的张力。在当代，社会对立法的关注已不再仅仅是法律的数量如何扩张，而是法律的品质如何升华，即法律体现着何种意志、代表着何种方向、追求着何种价值。法为天下之公器，变为天下之公理。全面提升我国食品药品监管工作的科学化、法治化、国际化、现代化水平，必须按照科学立法、民主立法、依法立法的要求，坚持政治引领、坚持问题导向、坚持国际视野、坚持立足国情、坚持改革创新、坚持科学发展，追求理念现代、价值和谐、体系科学、制度完备、机制健全，使食品药品安全法律制度始终澎湃时代气息。

94. 法律的权威来自人民的内心拥护和真诚信仰。习近平总书记强调："领导干部要把对法治的尊崇、对法律的敬畏转化成思维方式和行为方式，做到在法治之下、而不是法治之外、更不是法治之上想问题、作决策、办事情。"社会主义法治是党的意志、国家的意志和人民的意志的有机统一。在社会主义国家，人民是国家的主人，也是法律的主人。坚持法律至上，就是要以法律规则作为行为准绳，严格按照法律规则办事，在法律面前不搞特殊、不搞例外、不搞变通，使各项工作始终严格在法治的轨道上运行。

95. 法律的生命力和权威性在于有效实施。党中央多次强调，要用最严谨的标准、最严格的监管、最严厉的处罚、最严肃的问责，确保公众饮食用药安全。只有严格、规范、公正、文明执法，才能保障法律的有效实施。严格是执法的基本要求，规范是执法的行为准则，公正是执法的价值取向，文明是执法的职业素养。要坚持以事实为根据，以法律为准绳，坚守法治精神，切实做到有法可依、执法必严、违法必究，维护法律权威和尊严；要坚持法律面前人人平等，规范自由裁量权，防止出现“选择性执法”“倾向性执法”，同责不同事，同案不同罚，处罚畸重畸轻，显失公平公正；要坚持以人为本、执法为民的理念，尊重行政相对人的合法权益，将处罚与教育、执法与服务有机结合，做到执法理念端正、执法权责明确、执法程序完备、执法信息公开、执法高效便民。

96. 法的理念是自由。古希腊数学家、哲学家毕达哥拉斯指出：“不能制约自己的人，不能称之为自由人。”荷兰哲学家斯宾诺莎指出：“理性能使人自由”“有理智的人在一般法律体系中生活比在无拘无束的孤独中更为自由。”法国启蒙思想家、哲学家卢梭指出：“人生而自由，但无时无刻不在枷锁之中。”立法的目的不是限制自由，而是为自由划定边界，让人们在自由的天地里自由地工作和生活。自由就是做法律许可范围内的事情的权力。在文明社会，相对的自由是自由的真谛，绝对的自由是自由的终结。相对的自由是真正的自由、现实的自由，绝对的自由是虚幻的自由、妄想的自由。

97. 权利是自由的法律界定。自律是实现自由的第一条件。自律比放纵更接近自由。自律是成熟、强大与自信的表现。对于企业来讲，没有自律，就没有自由；而抛弃自律，则丧失自由。只有高度的自律，才能有高度的自由。企业不仅具有经济属性，同时也具有社会属性。在任何时代，企业都不能脱离社会而存在，背离民众而发展。企业是食品药品的生产经营者，其法治意识、责任意识、安全意识、诚信意识、自律意识，直接关系着食品药品安全工作的成败。

98. 法治思维通常是指按照法治的理念、精神、原则、逻辑对事物和问题进行分析、判断的认识活动。法治方式，通常是指在法律思维的指引下按照法律规则和程序处理事物和问题的实践活动。法治思维和法治方式紧密相连、相互促进。法治思维属于思想认识范畴，法治方式属于实践活动范畴。法治思维内在决定法治方式，法治方式外化体现法治思维。

99. 在食品药品安全治理理念中，全球治理主要解决的是治理格局与胸怀的问题。当今的世界是个开放的世界，人类的命运更加紧密相连。食品药品正在加快全球流通，保障食品药品安全已成为全人类共同的重大责任。改革开放以来，特别是新时代以来，我国食品药品产业和食品药品安全监管工作都取得了突破性进展，实现了历史性跨越。今天，我国已是全球食品药品的生产大国、消费大国，也是全球食品药品安全监管国际交流与合作的重要参与者、推动者和贡献者。

100. 监管趋同、监管协调和监管信赖逐渐成为国际食品药品安全监管领域的共识。随着科学技术的快速发展和国际贸易规模的持续扩大，世界各国食品药品监管相互学习与借鉴，呈现一定的监管趋同的大趋势，全球化促使各国的监管政策逐步趋同，国家间强化监管协调与监管信赖，逐步成为国际共识。有的学者主张，监管趋同、监管协调和监管信赖可以帮助各国家和地区建立有效的监管体系，促进形成产品安全和产业发展充满活力的药品市场。有的学者主张，监管趋同、监管协调和监管信赖可以减轻各国负担、扩大跨境影响，推动国家监管体系的不断完善。目前的监管趋同、监管协调和监管信赖仍被小心翼翼地定位在技术规则或者技术评价上，随着全球化、信息化步伐的加快，监管趋同、监管协调和监管信赖将在广度、深度上进一步拓展。

过去的一切运动都是少数人的，或者为少数人谋利益的运动。无产阶级的运动是绝大多数人的，为绝大多数人谋利益的独立的运动。

——马克思、恩格斯

共产党人的一切言论行动，必须以合乎最广大人民群众的最大利益，为最广大人民群众所拥护为最高标准。

——毛泽东

一切脱离人民的理论都是苍白无力的，一切不为人民造福的理论都是没有生命力的。

——习近平

第一章　食品药品安全人本治理理念

食品药品安全人本治理是指以保护和促进公众健康为根本目的的治理。在食品药品安全治理理念中，人本治理理念位居首位。这是因为人本治理理念解决的是“为谁治理”这一根本问题，即回答食品药品安全治理的出发点、落脚点、动力源和生命线是什么的根本问题。从事食品药品安全治理，基础而首要的任务就是要回答好治理的基础性、全局性、根本性和方向性问题，确保治理始终沿着正确的方向前行，不走偏、不彷徨、不迷失。

《中华人民共和国食品安全法》（以下简称《食品安全法》）明确规定：“为了保证食品安全，保障公众身体健康和生命安全，制定本法。”“食品安全，指食品无毒、无害，符合应当有的营养要求，对人体健康不造成任何急性、亚急性或者慢性危害。”“制定食品安全标准，应当以保障公众身体健康为宗旨，做到科学合理、安全可靠。”《中华人民共和国药品管理法》（以下简称《药品管理法》）明确规定：“为了加强药品管理，保证药品质量，保障公众用药安全和合法权益，保护和促进公众健康，制定本法。”“药品管理应当以人民健康为中心，坚持风险管理、全程管控、社会共治的原则，建立科学、严格的监督管理制度，全面提升药品质量，保障药品的安全、有效、可及。”《中华人民共和国疫苗管理法》（以下简称《疫苗管理法》）明确规定：“为了加强疫苗管理，保证疫苗质量和供应，规范预防接种，促进疫苗行业发展，保障公众健康，维护公共卫生安全，制定本法。”《医疗器械监督管理条例》明确规定：“为了保证医疗器械的安全、有效，保障人体健康和生命安全，促进医疗器械产业发展，制定本条例。”《化妆品监督管理条例》明确规定：“为了规范化妆品生产经营活动，加强化妆品监督管理，保证化妆品质量安全，保障消费者健康，促进化妆品产业健康发展，制定本条例。”上述规定充分体现了食品药品治理工作坚持以人民为中心的发展思想，是食品药品安全领域贯彻落实人本治理理念的生动实践。

坚守人本治理理念，首先需要把握“人”“本”的科学含义。“以人为本”

所回答的不是本体论问题，而是价值论问题，即在这个世界上，什么是最重要、最根本、最核心的。以人为本，强调将人置于最重要的位置，关注人的价值、需求和发展，强调对人的尊重、关怀和保护，以满足人的基本需求和促进人的幸福为根本目标。按照价值论的逻辑，只有“人”才是最重要、最根本、最核心的，绝不能舍本逐末，更不能本末倒置。当然，这里的“人”是具体的，而不是抽象的；是广泛的，而不是狭隘的；是现实的，而不是虚幻的；是生动的，而不是僵化的。这里的“人”，就是“人民”。真正的马克思主义者始终坚守着人民观、社会观和实践观。人民观体现着根基、社会观体现着胸怀、实践观体现着风尚。人民观永远是马克思主义者的第一观。

习近平总书记始终对人民充满真挚的感情，他多次强调：“人民对美好生活的向往，就是我们的奋斗目标。”“人民是我们党执政的最深厚基础和最大底气。”“民心是最大的政治。”“民之所忧，我必念之；民之所盼，我必行之。”“时代是出卷人，我们是答卷人，人民是阅卷人。”“党的根基在人民、血脉在人民、力量在人民。”“为人民而生，因人民而兴，始终同人民在一起，为人民利益而奋斗，是我们党立党兴党强党的根本出发点和落脚点。”“人民是历史的创造者，是决定党和国家前途命运的根本力量。必须坚持人民主体地位，坚持立党为公、执政为民，践行全心全意为人民服务的根本宗旨，把党的群众路线贯彻到治国理政全部活动之中，把人民对美好生活的向往作为奋斗目标，依靠人民创造历史伟业。”“只有坚持以人民为中心的发展思想，坚持发展为了人民、发展依靠人民、发展成果由人民共享，才会有正确的发展观、现代化观。”“历史充分证明，江山就是人民，人民就是江山，人心向背关系党的生死存亡。赢得人民信任，得到人民支持，党就能够克服任何困难，就能够无往而不胜。反之，我们将一事无成，甚至走向衰败。”“要更加聚焦人民群众普遍关心关注的民生问题，采取更有针对性的措施，一件一件抓落实，一年接着一年干，让人民群众获得感、幸福感、安全感更加充实、更有保障、更可持续。”“人民性是马克思主义的本质属性。”“一切脱离人民的理论都是苍白无力的，一切不为人民造福的理论都是没有生命力的。”“要自觉做矢志为民造福的无私奉献者，始终把人民放在心中最高位置，树立和践行正确政绩观，走好新时代党的群众路线，提高做群众工作的本领，用心用情用力解决群众急难愁盼问题，不断增强人民群众的获得感、幸福感、安全感。”从事食品药品安全治理，必须始终牢记习近平总书记的谆谆教诲，践行以人民为中心的发展思想，坚持“监管为民”“治理为民”的理念，始终从人民群众利益出发，饱含对人民群众的真挚情感，用心用情用力解决人民群众最关心、最直接、最现实的问题。坚守食品药品安全人本治理理念，需要科学把握以下重要关系。

一、安全与发展的关系

安全与发展的关系问题属于发展的基础性问题。安全与发展是相辅相成、相互促进的两个方面。安全与发展是一体之两翼、驱动之双轮，两者之间存在密不可分的内在联系。习近平总书记强调："安全是发展的保障，发展是安全的目的。""安全是发展的前提，发展是安全的保障，安全和发展要同步推进。""安全是发展的前提，发展是安全的保障，维护安全和推动发展都要坚定不移。""当前和今后一个时期是我国各类矛盾和风险易发期，各种可以预见和难以预见的风险因素明显增多。我们必须坚持统筹发展和安全，增强机遇意识和风险意识，树立底线思维，把困难估计得更充分一些，把风险思考得更深入一些，注重堵漏洞、强弱项，下好先手棋、打好主动仗，有效防范化解各类风险挑战，确保社会主义现代化事业顺利推进。""推进中国式现代化是一项全新的事业，前进道路上必然会遇到各种矛盾和风险挑战。特别是当前世界百年未有之大变局加速演进，局部冲突和动荡频发，全球性问题加剧，来自外部的打压遏制不断升级，我国发展进入战略机遇和风险挑战并存、不确定难预料因素增多的时期，各种'黑天鹅''灰犀牛'事件随时可能发生。有效应对这些风险挑战，在日趋激烈的国际竞争中赢得战略主动，需要我们进一步全面深化改革，用完善的制度防范化解风险、有效应对挑战，在危机中育新机、于变局中开新局。"习近平总书记的重要论述，深刻阐释了安全与发展两者间相辅相成、辩证统一的关系。安全为发展护航，没有安全，发展无从谈起；发展为安全添翼，没有发展，安全也难以持续。以安全促发展，以发展促安全，方能实现可持续发展。

发展是第一要务，安全是第一责任。唐代药王孙思邈在《千金要方·食治》中指出："安身之本，必资于食；救疾之速，必凭于药。"这充分说明了食品药品对于保障人的生命健康的极端重要性。食品药品安全治理的首要目标就是安全，只有安全，健康才有了基本的保障。习近平总书记多次强调："没有全民健康，就没有全面小康。""要把人民健康放在优先发展的战略地位。""努力全方位、全周期保障人民健康。"食品药品安全治理的全过程和各方面都要围绕防风险、保安全来展开。没有安全的发展，不是科学的发展、真正的发展、永恒的发展。没有发展的安全，不是稳定的安全、持久的安全、坚实的安全。发展是安全的根基，没有发展就没有安全的物质基础。安全是发展的条件，没有安全就没有发展的基本支撑。发展必须是安全基础上的发展，绝不能以牺牲安全为代价片面追求发展。只有确保安全，才能为发展创造稳定的条件和环境。同时，只有加快发展，才能为安全提供更为坚实的物质基础和技术支撑。在安全与发展上，要统筹谋划、一体推进，不可重此轻彼、偏废一方。

安全是食品药品安全不可触碰的红线、不可突破的底线、不可逾越的生命线。正如健康是1，其他都是后面的0，没有健康，后面再多的0都没有意义。同样，安全也是1，其他都是后面的0，没有安全，后面再多的0都没有价值。

在发展全局中，安全具有“一票否决”的“杀手锏”地位。在我国食品药品安全法治建设中，要始终从安全与风险的对立统一中认知安全、把握安全、推进安全。如《食品安全法》规定：“食品安全工作实行预防为主、风险管理、全程控制、社会共治，建立科学、严格的监督管理制度。”“贮存、运输和装卸食品的容器、工具和设备应当安全、无害，保持清洁，防止食品污染，并符合保证食品安全所需的温度、湿度等特殊要求，不得将食品与有毒、有害物品一同贮存、运输。”“生产经营的食品中不得添加药品，但是可以添加按照传统既是食品又是中药材的物质。”“食品生产经营企业应当配备食品安全管理人员，加强对其培训和考核。经考核不具备食品安全管理能力的，不得上岗。”“患有国务院卫生行政部门规定的有碍食品安全疾病的人员，不得从事接触直接入口食品的工作。”“不得采购或者使用不符合食品安全标准的食品原料、食品添加剂、食品相关产品。”“餐饮服务提供者应当按照要求对餐具、饮具进行清洗消毒，不得使用未经清洗消毒的餐具、饮具。”“食品和食品添加剂的标签、说明书，不得含有虚假内容，不得涉及疾病预防、治疗功能。”“食品广告的内容应当真实合法，不得含有虚假内容，不得涉及疾病预防、治疗功能。”“任何单位和个人不得编造、散布虚假食品安全信息。”

再如《药品管理法》规定：“药品管理应当以人民健康为中心，坚持风险管理、全程管控、社会共治的原则，建立科学、严格的监督管理制度，全面提升药品质量，保障药品的安全、有效、可及。”“直接接触药品的包装材料和容器，应当符合药用要求，符合保障人体健康、安全的标准。”“经评价，对疗效不确切、不良反应大或者因其他原因危害人体健康的药品，应当注销药品注册证书。”“对有证据证明可能危害人体健康的药品及其有关材料，药品监督管理部门可以查封、扣押，并在七日内作出行政处理决定。”

《医疗器械监督管理条例》规定：“医疗器械监督管理遵循风险管理、全程管控、科学监管、社会共治的原则。”“医疗器械注册人、备案人应当加强医疗器械全生命周期质量管理，对研制、生产、经营、使用全过程中医疗器械的安全性、有效性依法承担责任。”“受理注册申请的药品监督管理部门应当对医疗器械的安全性、有效性以及注册申请人保证医疗器械安全、有效的质量管理能力等进行审查。”“委托生产医疗器械的，医疗器械注册人、备案人应当对所委托生产的医疗器械质量负责，并加强对受托生产企业生产行为的管理，保证其按照法定要求进行生产。”“已注册的第二类、第三类医疗器械产品，其设计、原材料、生产工艺、适用范围、使用方法等发生实质性变化，有可能影响该医疗器械安全、有效的，注册人应当向原注册部门申请办理变更注册手续；发生其他变化的，应当按照国务院药品监督管理部门的规定备案或者报告。”“医疗器械的生产条件发生变化，不再符合医疗器械质量管理体系要求的，医疗器械注册人、备案人、受托生产企业应当立即采取整改措施；可能影响医疗器械安全、有效的，应当立即停止生产活动，并向原生产许可或者生产备案部门报告。”“运输、贮存医疗器械，应当符合医疗器械说明书和标签标示的要求；对温度、湿度等环境条件有特殊要求的，应当采取相应措施，保证医疗器械的安全、有效。”“发现使用的医疗器械存在安全隐患的，医疗器械使用单位应当立即停止使用，并通知医疗器械注册人、备案人或者其他负责产品质量的机构进行检修；经检修仍不能达到使用安全标准的医疗器械，不得继续使用。”“医疗器械使用单位之间转让在用医疗器械，转让方应当确保所转让的医疗器械安全、有效，不得转让过期、失效、淘汰以及检验不合格的医疗器械。”“再评价结果表明已上市医疗器械不能保证安全、有效的，医疗器械注册人、备案人应当主动申请注销医疗器械注册证或者取消备案。”“医疗器械生产经营过程中存在产品质量安全隐患，未及时采取措施消除的，负责药品监督管理的部门可以采取告诫、责任约谈、责令限期整改等措施。”

《化妆品监督管理条例》规定：“化妆品生产经营者应当依照法律、法规、强制性国家标准、技术规范从事生产经营活动，加强管理，诚信自律，保证化妆品质量安全。”“经注册、备案的化妆品新原料投入使用后 3 年内，新原料注册人、备案人应当每年向国务院药品监督管理部门报告新原料的使用和安全情况。对存在安全问题的化妆品新原料，由国务院药品监督管理部门撤销注册或者取消备案。3 年期满未发生安全问题的化妆品新原料，纳入国务院药品监督管理部门制定的已使用的化妆品原料目录。”“化妆品新原料和化妆品注册、备案前，注册申请人、备案人应当自行或者委托专业机构开展安全评估。从事安全评估的人员应当具备化妆品质量安全相关专业知识，并具有 5 年以上相关专业从业经历。”“化妆品注册人、备案人、受托生产企业应当设质量安全负责人，承担相应的产品质量安全管理和产品放行职责。质量安全负责人应当具备化妆品质量安全相关专业知识，并具有 5 年以上化妆品生产或者质量安全管理经验。”“化妆品注册人、备案人、受托生产企业应当定期对化妆品生产质量管理规范的执行情况进行自查；生产条件发生变化，不再符合化妆品生产质量管理规范要求的，应当立即采取整改措施；可能影响化妆品质量安全的，应当立即停止生产并向所在地省、自治区、直辖市人民政府药品监督管理部门报告。”“国家建立化妆品安全风险监测和评价制度，对影响化妆品质量安全的风险因素进行监测和评价，为制定化妆品质量安全风险控制措施和标准、开展化妆品抽样检验提供科学依据。”“国务院药品监督管理部门建立化妆品质量安全风险信息交流机制，组织化妆品生产经营者、检验机构、行业协会、消费者协会以及新闻媒体等就化妆品质量安全风险信息进行交流沟通。”“根据科学研究的发展，对化妆品、化妆品原料的安全性有认识上的改变的，或者有证据表明化妆品、化妆品原料可能存在缺陷的，省级以上人民政府药品监督管理部门可以责令化妆品、化妆品新原料的注册人、备案人开展安全再评估或者直接组织开展安全再评估。再评估结果表明化妆品、化妆品原料不能保证安全的，由原注册部门撤销注册、备案部门取消备案，由国务院药品监督管理部门将该化妆品原料纳入禁止用于化妆品生产的原料目录，并向社会公布。”“化妆品生产经营过程中存在安全隐患，未及时采取措施消除的，负责药品监督管理的部门可以对化妆品生产经营者的法定代表人或者主要负责人进行责任约谈。”

从事食品药品安全治理，必须始终坚持安全发展理念，绝不能只重发展不顾安全。守底线保安全、追高线促发展，是新时代食品药品安全治理的基本要求。守底线保安全，既是一种法律责任，也是一种社会责任，更是一种政治责任。守底线保安全，是食品药品安全监管部门的主责主业。只有聚焦主责主业、扛起主责主业、深耕主责主业、抓牢主责主业，食品药品安全监管工作才能不缺位、不越位、不错位，才能夯实根基、把稳航向、行稳致远。

科学把握安全与发展的关系，必须将食品药品安全工作纳入国民经济和社会发展规划中。《食品安全法》规定："县级以上人民政府应当将食品安全工作纳入本级国民经济和社会发展规划，将食品安全工作经费列入本级政府财政预算，加强食品安全监督管理能力建设，为食品安全工作提供保障。"《药品管理法》规定："县级以上人民政府应当将药品安全工作纳入本级国民经济和社会发展规划，将药品安全工作经费列入本级政府预算，加强药品监督管理能力建设，为药品安全工作提供保障。"《疫苗管理法》规定："国家制定疫苗行业发展规划和产业政策，支持疫苗产业发展和结构优化，鼓励疫苗生产规模化、集约化，不断提升疫苗生产工艺和质量水平。""县级以上人民政府应当将疫苗安全工作和预防接种工作纳入本级国民经济和社会发展规划，加强疫苗监督管理能力建设，建立健全疫苗监督管理工作机制。"《医疗器械监督管理条例》规定："国家制定医疗器械产业规划和政策，将医疗器械创新纳入发展重点，对创新医疗器械予以优先审评审批，支持创新医疗器械临床推广和使用，推动医疗器械产业高质量发展。"《化妆品监督管理条例》规定："国家鼓励和支持开展化妆品研究、创新，满足消费者需求，推进化妆品品牌建设，发挥品牌引领作用。国家保护单位和个人开展化妆品研究、创新的合法权益。"上述规定，无疑是从更高的层次、更宽的领域、更深的基础上来把握安全与发展的关系。

科学把握安全与发展的关系，必须将安全工作与发展同谋划、同部署、同落实、同保障。《地方党政领导干部食品安全责任制规定》规定了建立地方党政领导干部食品安全工作责任制应当遵循的重要原则，其中一项就是"坚持谋发展必须谋安全，管行业必须管安全，保民生必须保安全"。《国务院办公厅关于全面加强药品监管能力建设的实施意见》（国办发〔2021〕16号）提出："按照高质量发展要求，加快建立健全科学、高效、权威的药品监管体系，坚决守住药品安全底线，进一步提升药品监管工作科学化、法治化、国际化、现代化水平，推动我国从制药大国向制药强国跨越，更好满足人民群众对药品安全的需求。"实践证明，安全与发展只有同题共答、同频共振、同向发力、共同发力，安全才能有稳定的基础、坚实的保障和持续的进步。

二、公共利益与商业利益的关系

公共利益与商业利益的关系问题，属于社会立场问题。多年前，食品药品监管部门曾提出要科学把握公共利益与商业利益的辩证关系。在市场经济社会，公共利益和商业利益之间的博弈是一个无法回避的问题。时至今日，这一问题仍需有关方面高度重视。

一般认为，公共利益是指不特定的社会成员所享有的利益，具有公共性、共享性和相对稳定性。公共利益的最大特点在于，它是一个与诚实信用、公序良俗等相类似的框架性概念，具有高度的抽象性、概括性和开放性。《中华人民共和国宪法》（以下简称《宪法》）、《中华人民共和国民法典》（以下简称《民法典》）多次使用“公共利益”一词，例如：“国家为了公共利益的需要，可以依照法律规定对土地实行征收或者征用并给予补偿。”“国家为了公共利益的需要，可以依照法律规定对公民的私有财产实行征收或者征用并给予补偿。”“民事主体不得滥用民事权利损害国家利益、社会公共利益或者他人合法权益。”“对当事人利用合同实施危害国家利益、社会公共利益行为的，市场监督管理和其他有关行政主管部门依照法律、行政法规的规定负责监督处理。”“从事与人体基因、人体胚胎等有关的医学和科研活动，应当遵守法律、行政法规和国家有关规定，不得危害人体健康，不得违背伦理道德，不得损害公共利益。”

国内外专家学者对“公共利益”的内涵与外延存在不同的认识，但各方并不否认公共利益具有以下两点显著特点。一是边界模糊。公共利益的范围随着社会的发展而发展，随着时代的变化而变化。即便立法机构、司法机构做出具体规定，公共利益的范围和类型仍难以穷尽。美国法学家罗斯科·庞德（Roscoe Pound，1870 年—1964 年）指出：“公共利益就像一匹野马，一旦跨上它，你就不知道要走到哪里。”美国公共政策分析专家德博拉·斯通（Deborah Stone）指出：“在何谓公共利益这个问题上，永远无法形成广泛的共识。公共利益如同一个空盒，每个人都可以将自己的理解装入其中。”实践中，什么是公共利益，往往需要行政机关或者司法机关根据具体情况来自由裁量。二是可以具象。公共利益不是抽象的概念，而是每个人切身利益的总和。公共利益必须最终能够确定为特定民事主体的利益。公共利益不是没有任何指向的抽象与空洞的描述。与任何人不相干的公共利益不可能具有正当性和合理性。法国启蒙思想家、哲学家让-雅克·卢梭（Jean-Jacques Rousseau，1712 年—1778 年）指出：“社会的进步取决于对公共利益的不断追求和实现。”关于公共利益，许多专家学者提出了精彩论述，例如，公共利益并非抽象的概念，而是实实在在地体现在每一项公共服务、每一条公正的法规、每一个改善民生的举措中，它是社会和谐发展的灵魂所在；公共利益不是个体利益的简单相加，而是超越个体的共同价值追求，是凝聚社会力量、促进社会团结的强大纽带；公共利益犹如一座灯塔，在社会的海洋中为众人指引方向，它是全体公民共同追求的福祉，是社会稳定与进步的基石；公共利益是一张无形的大网，网罗着社会的公平、正义与和谐，保障着每一个公民的基本权利，使其在有序的社会环境中追求幸福生活；公共利益如同春日暖阳，普照大地，温暖着每一个角落，滋养着社会的每一个细胞，让整个社会充满生机与活力；公共利益是社会发展的引擎，驱动着资源的合理配置，激发着创新的火花，引领着社会朝着更加公平、繁荣的方向前进；维护公共利益，是我们每一个人的责任与使命，它如同承载着社会大船的海洋，只有风平浪静、波澜不惊，才能确保船只顺利前行；公共利益是社会公平的度量衡，衡量着政策的优劣，检验着制度的合理性，保障着社会的公正与平等。所以说，公共利益问题并不仅仅是一个法律问题，它更是一个社会问题、政治问题，需要从更高的层面去把握和驾驭。

在社会主义市场经济条件下，公共利益与商业利益之间的关系具有二重性，两者之间既有和谐、统一的一面，也有矛盾、冲突的一面。彻底的唯物论者从不否认或者排斥企业通过合法的生产经营活动获取正常的商业利益，并且在企业合法生产经营时，监管部门还要切实保护企业的正当权益。马克思指出："人们奋斗所争取的一切，都与他们的利益有关。"法国著名哲学家霍尔巴赫（Heinrich Dietrich，1723 年—1789 年）指出："利益是人类行动的一切动力。""利益根本不是别的东西，只是我们每一个人视为幸福所必需的东西。"拿破仑（Napoleon Bonaparte，1769 年—1821 年）指出："世界上有两根杠杆可以驱使人们行动——利益与恐惧。"奥维德（Ovid，公元前 43 年—公元 17 或 18 年）指出："为自己的利益而争论，人人都是雄辩家。"必须清醒地看到，对商业利益的追逐可能会使个别企业冲破法律和道德底线，损害他人利益、公共利益乃至国家利益。在市场经济出现后，公共利益与商业利益之间的博弈问题几乎始终存在，这是无法回避的现实。马克思在《资本论》中曾引用邓宁格在《工会与罢工》中提出的名言："资本逃避动乱和纷争，它的本性是胆怯的。这是真的，但还不是全部真理。资本害怕没有利润或利润太少，就像自然界害怕真空一样。一有适当的利润，资本就胆大起来。如果有 10%的利润，它就保证到处被使用；有 20%的利润，它就活跃起来；有 50%的利润，它就铤而走险；有 100%的利润，它就敢践踏一切人间法律；有 300%的利润，它就敢犯任何罪行，甚至冒绞首的危险。如果动乱和纷争能带来利润，它就会鼓励动乱和纷争。走私和贩卖奴隶就是证明。"美国宾夕法尼亚大学沃顿商学院教授在 10 个国家的制药行业进行了 91 次试验，结果证实，当商业利益与公共利益发生矛盾时，受利润最大化的诱惑，药品企业往往难以进行自我管理，仅靠某些人的觉悟和良知是难以维护公共利益的，唯一可行的办法就是强化政府作为。食品药品监管工作者是公共利益的忠实代表，保护和促进公众健康是食品药品监管部门的崇高使命。在公共利益与商业利益发生冲突时，食品药品监管工作者应当始终坚定不移地站在公共利益一边，毫不动摇地维护公共利益，坚持不懈地做公众健康的守护神。同时，公众、企业和政府应当共同努力，采取有效措施，确保公共利益得到有效维护和实现。

三、安全监管与产业促进的关系

安全监管与产业促进的关系问题，属于监管与服务关系的范畴之一，涉及监管体制问题。安全监管与产业促进之间应当合一，还是分立，长期以来在国际社会争论不休。

长期以来，安全监管与产业促进的关系在各国并未引起足够的重视，而且在“管理就是服务”的时代，安全监管与产业促进相统一在人们的惯性思维中被认为是理所当然、天经地义的。应当说，在食品药品安全状况良好时，安全监管与产业促进的关系如何，问题并不凸显，但在安全状况恶化时，两者之间的冲突立刻就会显现出来。由于安全监管与产业促进在目标定位、服务对象、利害关系、价值体现等方面存在差异，如果一个部门同时承担安全监管与产业促进的两项职责，那么，在两者发生冲突时，政府监管的天平在现实利益的羁绊下往往会发生倾斜，难以做到两全其美。在深刻总结历史经验教训的基础上，在食品药品安全领域，国际社会逐步实行安全监管与产业促进分立的管理体制，食品药品监管部门不再承担产业促进的职责。

在我国，安全监管与产业促进的关系，有时还演化为行政监管与行业管理的关系。目前，政府主要承担宏观调控、市场监管、社会管理、公共服务和环境保护等职能。一般说来，对行政监管的边界认识是比较清晰的，但对行业管理边界的认识则相对模糊。有学者认为，行业管理是政府宏观管理与企业微观管理之间的管理，包括行业规划、行业组织、行业协调以及行业沟通等活动；也有学者认为，行业管理是指以维护本行业利益为目的，按照有效配置资源的要求，通过贯彻国家的产业政策、行业法规与行业契约，对行业内企业的生产经营活动实行间接的规范化管理。

从食品药品安全治理的角度来看，食品药品安全行政监管与食品药品安全行业管理密切相关，但两者的出发点和着力点并不完全相同。如在我国，国家市场监督管理总局负责食品安全监管，国家药品监督管理局负责药品监管，工业和信息化部承担食品、医药行业生产管理工作，商务部门承担食品、药品行业流通管理工作。食品药品安全行政监管部门和食品药品行业管理部门两者的职责可以在宏观层面衔接，但不应在中观层面和微观层面上出现混同与交叉。

在《食品安全法》《药品管理法》《疫苗管理法》《乳品质量安全监督管理条例》《医疗器械监督管理条例》《化妆品监督管理条例》制修订过程中，对于在立法目的中是否增加“促进产业健康发展”，专家学者们曾展开激烈的讨论。有的学者认为，立法目的具有弥补成文法缺陷的价值，当具体法律制度或者法律条款存在缺陷时，可以援引基本原则进行弥补；如果援引基本原则后仍不能弥补时，可以援引立法目的进行弥补。所以，立法目的应当是最根本、最直接的目的，而不能将工具性、手段性的目的作为立法目的。或者说，立法目的应当是价值层面的目标，而不应当是工具层面的需求。也有的学者指出，立法目的可以多元分层表述，可以先表述工具性价值，然后再表述根本性价值。产业发展是食品药品安全保障的重要基础。立法目的可以增加“促进产业健康发展”的内容，这与“保障公众身体健康和生命安全”或者“保护和促进公众健康”并行不悖。如《乳品质量安全监督管理条例》将“加强乳品质量安全监督管理，保证乳品质量安全，保障公众身体健康和生命安全，促进奶业健康发展”作为条例的立法目的，“促进奶业健康发展”是“保障公众身体健康和生命安全”的重要的基础性建设。《疫苗管理法》将“加强疫苗管理，保证疫苗质量和供应，规范预防接种，促进疫苗行业发展，保障公众健康，维护公共卫生安全”作为法律的立法目的。《医疗器械监督管理条例》将“保证医疗器械的安全、有效，保障人体健康和生命安全，促进医疗器械产业发展”作为条例的立法目的。《化妆品监督管理条例》将“规范化妆品生产经营活动，加强化妆品监督管理，保证化妆品质量安全，保障消费者健康，促进化妆品产业健康发展”作为条例的立法目的。值得注意的是，目前，《食品安全法》的立法目的表述为“保证食品安全，保障公众身体健康和生命安全”。《药品管理法》的立法目的表述为“加强药品管理，保证药品质量，保障公众用药安全和合法权益，保护和促进公众健康”。在《食品安全法》《药品管理法》这两部“基本法”的立法目的中，并没有“促进产业健康发展”的相关表述。《食品安全法》《药品管理法》《疫苗管理法》《乳品质量安全监督管理条例》《医疗器械监督管理条例》《化妆品监督管理条例》不是部门法，而是国家法；不是促进法，而是管理法；不是监管法，而是治理法。上述法律法规有关立法目的的表述，虽然有的没有规定“促进产业健康发展”，但这并不意味着法律法规排斥“促进产业健康发展”。上述规定引发的相关讨论，对今日深入思考安全监管与产业促进的关系，仍具有一定的启迪意义。

有专家指出，在全球化、信息化、市场化、社会化时代，食品药品监管机构面临着许多新挑战，某些发达国家率先提出“智慧监管”的理念，力图通过制定科学灵活的规则和标准，为产业发展创造更加公平的竞争环境，这种做法值得肯定。但必须清醒地认识到，促进产业发展可以成为食品药品安全战略的重要内容，却永远不是食品药品安全监管的直接目的和根本动因。食品药品安全监管的目的和手段、价值和工具，不可错位、不应错位、不能错位。安全监管与产业促进，两者发展的终极目标相同，但实现路径和方法却不尽相同。以“人民健康”为中心，坚持人民至上、生命至上，安全监管部门与产业促进部门应当各定其位、各尽其力、相互促进、共筑合力。

习近平总书记强调：“中国共产党人的初心和使命，就是为中国人民谋幸福，为中华民族谋复兴。”“人民是我们党执政的最大底气，是我们共和国的坚实根基，是我们强党兴国的根本所在。我们党来自于人民，为人民而生，因人民而兴，必须始终与人民心心相印、与人民同甘共苦、与人民团结奋斗。”“必须坚持人民至上、紧紧依靠人民、不断造福人民、牢牢植根人民，并落实到各项决策部署和实际工作之中。”贯彻落实习近平总书记以人民为中心的发展思想，在食品药品安全治理工作中，要始终把人民放在心中最高的位置，牢记百年初心，永葆人民情怀，以永不懈怠的精神状态和一往无前的奋斗姿态，勇毅前行，昂扬作为，不断开创食品药品安全治理工作的新局面。

人类从历史中学到的教训，就是从来没有从历史中学到教训。

——黑格尔

世界上的事情总是这样，你准备不好，敌人就来了；你准备好了，敌人反而不敢来。

——毛泽东

实现伟大梦想，必须进行伟大斗争。社会是在矛盾运动中前进的，有矛盾就会有斗争。我们党要团结带领人民有效应对重大挑战、抵御重大风险、克服重大阻力、解决重大矛盾，必须进行具有许多新的历史特点的伟大斗争，任何贪图享受、消极懈怠、回避矛盾的思想和行为都是错误的。

——习近平

第二章　食品药品安全风险治理理念

风险治理是食品药品安全治理的理论基石。21 世纪以来，在食品药品安全领域，最大的进步就是风险治理理念的提出、丰富与发展。在食品药品安全治理体系中，风险治理理念对食品药品安全治理具有基础性、全局性、方向性和决定性的重大影响。管理大师理查德·帕斯卡尔（Richard Pascale，1938 年—）指出："21 世纪，没有危机感是最大的危机。"风险治理理念的提出，标志着食品药品安全治理从经验治理到科学治理、从结果治理到过程治理、从危机治理到问题治理、从应对治理到预防治理、从被动治理到能动治理、从传统治理到现代治理的重大转变，给食品药品安全治理带来了豁然开朗的境界。

现代社会是一个日益复杂化的"风险社会"。有专家指出，在"风险社会"中，怀疑与信任、安全与风险无法达成长期平衡，两者永远处于一种紧张状态，需要通过持续不断的反思进行调适。也有专家指出，现代风险正在深刻改变着传统社会的运行逻辑和发展模式，建立符合"风险社会"需要的新型制度，已成为新时期社会治理创新的一项紧迫而艰巨的任务。当代中国正处于快速转型的时代，中国社会已成为超大规模的社会，这一鲜明特征决定了中国食品药品安全治理的任务比发达国家更复杂、更艰巨、更繁重。毛泽东强调："世界上的事情总是那样，你准备不好，敌人就来了；你准备好了，敌人反而不敢来。"邓小平指出："我们要把工作的基点放在出现较大的风险上，准备好对策。这样，即使出现了大的风险，天也不会塌下来。"习近平总书记指出："增强忧患意识，做到居安思危，是我们党治国理政的一个重大原则。""我们党在内忧外患中诞生，在磨难挫折中成长，在战胜风险挑战中壮大，始终有着强烈的忧患意识、风险意识。""实现伟大梦想，必须进行伟大斗争。社会是在矛盾运动中前进的，有矛盾就会有斗争。我们党要团结带领人民有效应对重大挑战、抵御重大风险、克服重大阻力、解决重大矛盾，必须进行具有许多新的历史特点的伟大斗争，任何贪图享受、消极懈怠、回避矛盾的思想和行为都是错误的。""我国正处于跨越

'中等收入陷阱'并向高收入国家迈进的历史阶段，矛盾和风险比从低收入国家迈向中等收入国家时更多更复杂。""我国发展进入战略机遇和风险挑战并存、不确定难预料因素增多的时期，各种'黑天鹅'、'灰犀牛'事件随时可能发生。我们必须增强忧患意识，坚持底线思维，做到居安思危、未雨绸缪，准备经受风高浪急甚至惊涛骇浪的重大考验。""各种风险往往不是孤立出现的，很可能是相互交织并形成一个风险综合体。""我们要安而不忘危、治而不忘乱，增强忧患意识和责任意识，始终保持高度警觉，任何时候都不能麻痹大意。维护公共安全，要坚持问题导向，从人民群众反映最强烈的问题入手，高度重视并切实解决公共安全面临的一些突出矛盾和问题，着力补齐短板、堵塞漏洞、消除隐患，着力抓重点、抓关键、抓薄弱环节，不断提高公共安全水平。""面对波谲云诡的国际形势、复杂敏感的周边环境、艰巨繁重的改革发展稳定任务，我们必须始终保持高度警惕，既要高度警惕'黑天鹅'事件，也要防范'灰犀牛'事件；既要有防范风险的先手，也要有应对和化解风险挑战的高招；既要打好防范和抵御风险的有准备之战，也要打好化险为夷、转危为机的战略主动战。""我们必须积极主动、未雨绸缪，见微知著、防微杜渐，下好先手棋，打好主动仗，做好应对任何形式的矛盾风险挑战的准备。"要"见之于未萌、识之于未发，下好先手棋、打好主动仗。""要牢固树立安全发展理念，加快完善安全发展体制机制，补齐相关短板，维护产业链、供应链安全，积极做好防范化解重大风险工作。""推进中国式现代化，是一项前无古人的开创性事业，必然会遇到各种可以预料和难以预料的风险挑战、艰难险阻甚至惊涛骇浪……"要"增强全党全国各族人民的志气、骨气、底气，不信邪、不怕鬼、不怕压，知难而进、迎难而上，统筹发展和安全，全力战胜前进道路上各种困难和挑战，依靠顽强斗争打开事业发展新天地。""推进中国式现代化，是一项前无古人的开创性事业，必然会遇到各种可以预料和难以预料的风险挑战、艰难险阻甚至惊涛骇浪，必须增强忧患意识，坚持底线思维，居安思危、未雨绸缪，敢于斗争、善于斗争，通过顽强斗争打开事业发展新天地。""全党必须坚定信心、锐意进取，主动识变应变求变，主动防范化解风险，不断夺取全面建设社会主义现代化国家新胜利！"坚守食品药品安全风险治理理念，需要科学把握以下重要关系。

一、风险与安全的关系

风险治理理念被称为国际食品药品安全治理的第一理念。从哲学的角度来看，风险与安全两者对立统一，即“自形质上观之，划然立于反对之两端；自精神上观之，纯然出于同体之一贯者”。古希腊哲学家赫拉克利特（Heraclitus，公元前540年—公元前480年）指出：“互相排斥的东西结合在一起，不同的音调造成最美的和谐；一切都是斗争所产生的。”德国哲学家格奥尔格·威廉·弗里德里希·黑格尔（Georg Wilhelm Friedrich Hegel，1770年—1831年）指出：“思辨的东西，在于从对立面的统一中把握对立面，或者说，在否定的东西中把握肯定的东西。”丹麦物理学家、诺贝尔奖获得者尼尔斯·玻尔（Niels Henrik David Bohr，1885年—1962年）主张：“对立即互补。”“一个正确陈述的反面是错误的陈述，但是一个深刻真理的反面很可能是一个深刻的真理。”对立统一规律揭示，风险与安全相互依存、相互转化、相生相克、此消彼长，共同构成事物存在和运动的状态。从与安全相对立的角度认知风险，有助于把握风险的真谛与要害；从与安全相统一的角度认知风险，有利于把握风险的精髓和本质。将安全与风险进行整体性、统一性、辩证性思考，有利于对风险进行更全面、更系统、更深刻、更透彻的认知和控制。

风险与安全都是多元的概念。对于风险与安全，均可从多维度进行分类。对于风险，从形成因子来看，可分为生物性风险、物理性风险和化学性风险；从表现形态来看，可分为技术性风险、社会性风险和制度性风险；从影响程度来看，可分为特别重大风险、重大风险和一般风险；从产生顺序来看，可分为原发性风险与次生性风险；从具体来源来看，可分为内生性风险与外生性风险。对于安全，从存在程度来看，可分为绝对安全与相对安全；从表现形式来看，可分为显性安全与隐性安全；从运动状态来看，可分为静态安全与动态安全；从时代特征来看，可分为传统安全与现代安全；从数质关系来看，可分为数量安全与质量安全；从核心内容来看，可分为科技安全与法律安全；从领域层次来看，可分为宏观安全、中观安全与微观安全。总之，对于风险与安全，应当从政治、科学、法治、社会等多维度进行系统把握，避免仅从一个维度进行研判的单一性思维。在全球化、信息化、市场化、社会化时代，要特别关注系统性风险、区域性风险、社会性风险、频发性风险、次生性风险以及舆情类风险。

风险与安全都是相对的概念。《质量管理体系　基础和术语》（GB/T 19000—2016）提出，风险是不确定性的影响。一般说来，风险是指危害发生的可能性及其严重性的组合。风险是从“可能性”和“严重性”两个维度对危害进行考量的。“可能性”是指风险发生的概率或者几率；“严重性”是指风险对预期目标的实现造成的损害程度。长期以来，人们往往习惯于从“可能性”或者“不确定性”的维度对风险进行分析，而从“严重性”的维度认知风险则有明显的不足。事实上，风险存在着一个可接受、可容忍的“阈值”。无论从科学的角度来看，还是从法律的角度来看，以及从哲学的角度来看，风险与安全都是一个相对而非绝对的概念。安全是风险与获益之间的数量关系、比例关系或者衡平关系，是对于潜在的使用者具有合适的风险获益平衡。“可容忍的风险”意味着存在一个为特定对象可接受或者可承受的“阈值”，超出这个阈值，则被认为是“不安全”的。对于风险认知，经济学界也有一些独特的论述，如沃伦·巴菲特（Warren E. Buffett，1930 年—）指出：“风险来自你不知道自己正在做什么。”摩根·豪泽尔（Morgan Housel，1990 年—）指出：“风险就是当你认为已经考虑了一切，但依然存在的未知因素。”这些特殊的视角强调风险是一种没有认知或者认知不足的情况或者状态。

风险与安全都是动态的概念。风险与安全概念的动态性，可以从时间和空间两个维度来认识。从时间的维度来看，人类社会对于风险与安全的认识，是随着科学技术的不断发展而发展、不断进步而进步的。昨日被认为是安全的食品药品，今日则未必是安全的。所以，对于食品药品安全风险也应当进行动态管理。如盐酸克伦特罗，早期是将其作为科技进步成果用于动物饲养以提高动物的“瘦肉率”，后来该物质被发现对人体有一定的危害，因而被禁用。今天，在食品药品领域出现了许多新技术、新材料、新工艺、新产品、新产业、新模式等，如在医疗器械领域，近年来出现的人工智能技术、机器人技术、纳米技术、3D 打印技术、生物传感器技术、脉冲场消融技术、束波刀技术等新技术，聚醚醚酮、热塑性弹性体、碳纤维、医用高分子材料、生物可降解材料、纳米材料、金属玻璃等新材料，激光精密微细加工工艺、新型灭菌工艺、数控激光切割工艺、冷喷 3D 打印工艺、超声波喷漆工艺、有机半导体掺杂新工艺、钛合金阳极氧化处理工艺等新工艺，这些“新”给食品药品产业发展和安全监管带来了许多新风险和新挑战。从空间的维度来看，从农田到餐桌，从实验室到医院，食品药品安全风险往往是逐步增加的。食品药品生产链和供应链越长，食品药品风险程度往往就越高。在全生命周期、全产业链条过程中，食品药品安全风险是不断变化的，必须对食品药品安全风险及时进行全生命周期、全产业链条的动态治理。

二、风险与责任的关系

全部食品药品安全法律关系可以被概括为风险与责任的关系，即通过责任的全面落实实现风险的全面防控。风险无处不在，责任无处不有。风险防控包括时间维度的全生命周期防控与空间维度的全生命要素防控。全生命周期防控可以概括为研制、生产、经营和使用四阶段的防控；全生命要素防控可以概括为安全、适用、质量、功效等多要素的防控，以及审评、检查、检验、监测评价（警戒）等多手段的防控。

食品药品安全法律属于综合运用多种法律手段实现共治的“领域法”。食品药品安全法律关系是由一系列权利和义务构成的复杂社会关系。立法是配置权利、义务和责任的艺术。如何在立法中科学设定食品药品安全各利益相关方的法律责任，是一个需要认真研究的重要问题。

生产经营者是食品药品安全的第一责任人。食品药品生产经营者生产经营的产品给消费者造成损害的，应当依法承担民事赔偿责任。从食用农产品的种植养殖到食品的消费，从药品的研制到药品的使用，涉及多主体、多环节、多链条、多体系，是由所有的食品药品生产经营者对消费者共同承担责任，还是由各生产经营者依法承担各自的责任，或者是由其中一个生产经营者对消费者承担全部责任，都是需要认真思考的问题。食品药品安全民事法律制度的设计，存在着一个基本前提——默示合同关系的存在，即食品药品生产经营者与消费者之间、食品药品生产经营者相互之间，存在着一种默示合同关系，即产品达到法定或者约定的条件。生产经营者之间的责任关系一般应当根据权利与义务对等、安全与风险平衡的关系来配置。

食品药品监管部门是食品药品安全的主管部门，其职责配置包括横向配置和纵向配置两个方面。从横向配置来看，主要是本级政府食品药品监管职责的具体配置问题。横向配置的核心问题是统一监管还是多元监管。目前我国对食品药品安全实行相对集中统一的监管模式。相关部门的职责配置依据主要是法律法规以及各级政府有关部门的“三定”方案。所谓相对集中统一的监管模式，主要从以下两个方面界定。一是监管部门相对统一。食品药品监管部门负责食品药品安全方面的监管。二是监管职责相对统一。目前的食品药品安全监管主要由市场监管部门及药品监管部门具体负责，初级食用农产品主要由农业部门负责，食品安全风险评估和食品安全标准主要由卫生健康部门负责。从纵向配置来看，主要是同一监管体系内部上下级监管部门职责的具体划分问题。纵向配置的核心问题是垂直管理还是分级管理的问题。在国际社会，将食品药品安全监管定位于综合管理部门，还是专业管理部门，这是一个基础性、原则性、根本性的问题。这一定位取决于该国对食品药品安全监管规律的认知水平和该国经济社会发展的现代化水平。将食品药品定位于特殊产品，将食品药品安全定位于公共安全，将食品药品监管定位于专业监管，这是对食品药品安全监管的科学认知和把握。从纵向配置的角度来看，将食品药品安全监管职责中哪些职能配置给哪级监管部门，主要取决于各级监管部门的监管资源、监管队伍、监管手段、监管能力等情况。食品药品监管职责的纵向配置要做到权、责、能、效的科学匹配。从各国的监管实践来看，对于需要严格上市审评审批的药品，监管职责更多集中在中央政府的监管部门。

三、风险评估、风险管理与风险交流的关系

任何科学管理理论都是从问题出发的。食品药品安全治理理论的核心就是控制食品药品安全风险。而控制食品药品安全风险，需要从技术、行政和社会三维的角度展开。风险评估主要是从技术的角度来认识食品药品安全风险；风险管理主要是从行政的角度来解决食品药品安全风险；风险交流主要是从社会的角度来化解食品药品安全风险。风险评估、风险管理、风险交流，三者共同构成系统的风险治理格局。

在食品安全领域，国际社会普遍采用风险分析模式，其基本结构就是风险评估、风险管理与风险交流，这三个方面分别从技术属性、行政属性和社会属性对风险进行分析，形成风险治理理论体系。2007 年联合国粮食及农业组织（Food and Agriculture Organization of the United Nations，FAO）、世界卫生组织（World Health Organization，WHO）联合发表的《食品安全风险分析：国家食品安全管理机构应用指南》，确定了食品安全风险评估、风险管理与风险交流的基本结构和内容。

我国《食品安全法》规定，食品安全工作实行预防为主、风险管理、全程控制、社会共治，建立科学、严格的监督管理制度。国家建立食品安全风险评估制度，运用科学方法，根据食品安全风险监测信息、科学数据以及有关信息，对食品、食品添加剂、食品相关产品中生物性、化学性和物理性危害因素进行风险评估。国家建立食品安全风险监测制度，对食源性疾病、食品污染以及食品中的

有害因素进行监测。县级以上人民政府食品安全监督管理部门和其他有关部门、食品安全风险评估专家委员会及其技术机构，应当按照科学、客观、及时、公开的原则，组织食品生产经营者、食品检验机构、认证机构、食品行业协会、消费者协会以及新闻媒体等，就食品安全风险评估信息和食品安全监督管理信息进行交流沟通。国务院食品安全监督管理部门应当会同国务院有关部门，根据食品安全风险评估结果、食品安全监督管理信息，对食品安全状况进行综合分析。对经综合分析表明可能具有较高程度安全风险的食品，国务院食品安全监督管理部门应当及时提出食品安全风险警示，并向社会公布。食品安全风险警示信息由国务院食品安全监督管理部门统一公布。食品安全风险警示信息的影响限于特定区域的，也可以由有关省、自治区、直辖市人民政府食品安全监督管理部门公布。未经授权不得发布上述信息。上述规定建立了食品安全风险评估、风险管理和风险交流的基本治理规则。

在药品安全领域，2005 年 11 月国际人用药品注册技术协调会（ICH）发布了《Q9：质量风险管理》。《Q9：质量风险管理》指出，虽然质量风险管理在现今的医药工业领域已有所应用，但其仍有局限性，尚未充分发挥风险管理所应起的作用。必须认识到，只有在整个产品生命周期中保持质量的稳定，才能确保产品的重要质量指标在产品生命周期的各阶段均保持与其在临床研究阶段一致。通过在产品研发和生产过程中对潜在的质量问题实施前瞻性的识别和控制手段，有效的质量管理方法可以进一步确保患者使用到高质量的产品。此外，当遇到质量问题时，质量风险管理的实施有助于提高决策水平。有效的质量风险管理能使所作出的决策更加全面、合理，同时能向管理部门证明企业的风险处理能力，有助于提升管理部门监督的深度和广度。

我国《药品管理法》规定，药品管理应当以人民健康为中心，坚持风险管理、全程管控、社会共治的原则，建立科学、严格的监督管理制度，全面提升药品质量，保障药品的安全、有效、可及。国务院药品监督管理部门应当完善药品审评审批工作制度，加强能力建设，建立健全沟通交流、专家咨询等机制，优化审评审批流程，提高审评审批效率。对申请注册的药品，国务院药品监督管理部门应当组织药学、医学和其他技术人员进行审评，对药品的安全性、有效性和质量可控性以及申请人的质量管理、风险防控和责任赔偿等能力进行审查；符合条件的，颁发药品注册证书。经国务院药品监督管理部门批准，药品上市许可持有人可以转让药品上市许可。受让方应当具备保障药品安全性、有效性和质量可控性的质量管理、风险防控和责任赔偿等能力，履行药品上市许可持有人义务。药品上市许可持有人、药品生产企业、药品经营企业委托储存、运输药品的，应当对受托方的质量保证能力和风险管理能力进行评估，与其签订委托协议，约定药品质量责任、操作规程等内容，并对受托方进行监督。药品上市许可持有人应当建立年度报告制度，每年将药品生产销售、上市后研究、风险管理等情况按照规定向省、自治区、直辖市人民政府药品监督管理部门报告。对附条件批准的药品，药品上市许可持有人应当采取相应风险管理措施，并在规定期限内按照要求完成相关研究；逾期未按照要求完成研究或者不能证明其获益大于风险的，国务院药品监督管理部门应当依法处理，直至注销药品注册证书。药品上市许可持有人应当制定药品上市后风险管理计划，主动开展药品上市后研究，对药品的安全性、有效性和质量可控性进行进一步确证，加强对已上市药品的持续管理。药品上市许可持有人应当开展药品上市后不良反应监测，主动收集、跟踪分析疑似药品不良反应信息，对已识别风险的药品及时采取风险控制措施。上述规定建立了药品安全风险管理、风险防控和风险交流制度的基本框架和运行机制。

在疫苗领域，我国《疫苗管理法》规定，国家对疫苗实行最严格的管理制度，坚持安全第一、风险管理、全程管控、科学监管、社会共治。疫苗研制、生产、检验等过程中应当建立健全生物安全管理制度，严格控制生物安全风险，加强菌毒株等病原微生物的生物安全管理，保护操作人员和公众的健康，保证菌毒株等病原微生物用途合法、正当。疫苗临床试验申办者应当制定临床试验方案，建立临床试验安全监测与评价制度，审慎选择受试者，合理设置受试者群体和年龄组，并根据风险程度采取有效措施，保护受试者合法权益。应对重大突发公共卫生事件急需的疫苗或者国务院卫生健康主管部门认定急需的其他疫苗，经评估获益大于风险的，国务院药品监督管理部门可以附条件批准疫苗注册申请。疫苗批签发应当逐批进行资料审核和抽样检验。疫苗批签发检验项目和检验频次应当根据疫苗质量风险评估情况进行动态调整。批签发机构在批签发过程中发现疫苗存在重大质量风险的，应当及时向国务院药品监督管理部门和省、自治区、直辖市人民政府药品监督管理部门报告。疫苗上市许可持有人应当设立专门机构，配备专职人员，主动收集、跟踪分析疑似预防接种异常反应，及时采取风险控制措施，将疑似预防接种异常反应向疾病预防控制机构报告，将质量分析报告提交省、自治区、直辖市人民政府药品监督管理部门。疫苗上市许可持有人应当建立健全疫苗全生命周期质量管理体系，制定并实施疫苗上市后风险管理计划，开展疫苗上市后研究，对疫苗的安全性、有效性和质量可控性进行进一步确证。对批准疫苗注册申请时提出进一步研究要求的疫苗，疫苗上市许可持有人应当在规定期限内完成研究；逾期未完成研究或者不能证明其获益大于风险的，国务院药品监督管理部门应当依法处理，直至注销该疫苗的药品注册证书。疫苗上市许可持有人应当建立疫苗质量回顾分析和风险报告制度，每年将疫苗生产流通、上市后研究、风险管理等情况按照规定如实向国务院药品监督管理部门报告。疫苗安全风险警示信息、重大疫苗安全事故及其调查处理信息和国务院确定需要统一公布的其他疫苗安全信息，由国务院药品监督管理部门会同有关部门公布。发生疫苗安全事件，疫苗上市许可持有人应当立即向国务院药品监督管理部门或者省、自治区、直辖市人民政府药品监督管理部门报告；疾病预防控制机构、接种单位、医疗机构应当立即向县级以上人民政府卫生健康主管部门、药品监督管理部门报告。药品监督管理部门应当会同卫生健康主管部门按照应急预案的规定，成立疫苗安全事件处置指挥机构，开展医疗救治、风险控制、调查处理、信息发布、解释说明等工作，做好补种等善后处置工作。因质量问题造成的疫苗安全事件的补种费用由疫苗上市许可持有人承担。上述规定建立了疫苗安全风险管理、风险防控和风险交流制度的基本框架和运行机制。

在医疗器械领域，2000 年国际标准化组织（International Organization for Standardization，ISO）发布了《医疗器械　风险管理对医疗器械的应用》（ISO 14971：2000）。该标准指出，由于每个受益者对于发生损害的概率和由于危害可能造成的损害具有不同的价值观，风险管理是一个非常复杂的问题。所有的受益者必须理解，医疗器械的使用必然带来某种程度的风险。作为受益者之一，制造商应在考虑通常可接受的技术水平的情况下，对医疗器械的安全性包括风险的可接受性做出判断，以便决定医疗器械按其预期用途或预期目的上市的大致适宜性。该标准已经进行了多次修订，最新版本是《医疗器械　风险管理对医疗器械的应用》（GB/T 42062—2022）。该标准于 2022 年 10 月 14 日发布，并于 2023 年 11 月 1 日起实施。GB/T 42062—2022 采用了 ISO 14971：2019。

我国《医疗器械监督管理条例》规定，医疗器械监督管理遵循风险管理、全程管控、科学监管、社会共治的原则。国家对医疗器械按照风险程度实行分类管理。医疗器械注册人、备案人应当制定上市后研究和风险管控计划并保证有效实施；临床试验对人体具有较高风险的第三类医疗器械目录由国务院药品监督管理部门制定、调整并公布。具有高风险的植入性医疗器械不得委托生产，具体目录由国务院药品监督管理部门制定、调整并公布。2020 年 7 月，国家药监局发布《医疗器械定期风险评价报告撰写规范》，指导和规范医疗器械注册人撰写定期风险评价报告。2022 年 5 月，国家药监局要求全面加强医疗器械质量安全风险会商，要求进一步提升医疗器械质量安全管理的针对性、靶向性和实效性。截至 2024 年 9 月 10 日，在我国医疗器械技术审评指南中，标题中含有“风险”一词的主要包括：2020 年 11 月 25 日批准的《医疗器械注册人开展产品不良事件风险评价指导原则》，2021 年 9 月 6 日批准的《医疗应用中呼吸气体通路生物相容性评价　第 1 部分　风险管理过程中的评价与试验》，2022 年 4 月 15 日批准的《医疗器械生物学评价　第 1 部分：风险管理过程中的评价与试验》，2022 年 10 月 14 日批准的《医疗器械　风险管理对医疗器械的应用》，2022 年 12 月 30 日批准的《医疗器械生物学评价　第 18 部分：风险管理过程中医疗器械材料的化学表征》，2023 年 7 月 18 日批准的《医疗器械产品受益—风险判定技术指导原则》，2023 年 11 月 27 日批准的《医学实验室　风险管理在医学实验室的应用》，2024 年 8 月 23 日批准的《动物源医疗器械　第 1 部分：风险管理应用》等。

我国《化妆品监督管理条例》虽然没有规定监管工作的基本原则，但化妆品监管工作也应当遵循风险管理、全程管控、科学监管、社会共治的原则。《化妆品监督管理条例》规定，国家按照风险程度对化妆品、化妆品原料实行分类管理。国家对风险程度较高的化妆品新原料实行注册管理，对其他化妆品新原料实行备案管理。国家建立化妆品安全风险监测和评价制度，对影响化妆品质量安全的风险因素进行监测和评价，为制定化妆品质量安全风险控制措施和标准、开展化妆品抽样检验提供科学依据。国务院药品监督管理部门建立化妆品质量安全风险信息交流机制，组织化妆品生产经营者、检验机构、行业协会、消费者协会以及新闻媒体等就化妆品质量安全风险信息进行交流沟通。

在食品、药品、医疗器械、化妆品领域，风险监测、风险评估、风险管理、风险控制、风险防范、风险警示、风险预警等，都是风险治理的具体表现形式。这里需要强调的是，风险评估、风险管理与风险交流，各自的侧重点有所不同，风险评估侧重于技术维度，风险管理侧重于行政维度，风险交流侧重于社会维度，但三者之间绝不是彼此隔离的，而是在风险治理体系下的有机整体。

四、全面治理与重点治理的关系

就风险而言，从绝对的意义来看，风险无处不在、无时不有；从相对的意义来看，风险有轻有重、有缓有急。食品药品安全治理的基本策略和本质要求就是分类治理与分步实施，这是哲学的时空观在食品药品安全治理领域具体而鲜活的实践。

通过开展风险评估，可就特定品种、特定环节、特定时段、特定场所的食品药品安全风险状况进行科学分析，在此基础上确定治理的重点、方式和频次。《食品安全法》规定，县级以上人民政府食品安全监督管理部门根据食品安全风险监测、风险评估结果和食品安全状况等，确定监督管理的重点、方式和频次，实施风险分级管理。《药品管理法》规定，药品监督管理部门应当对高风险的药品实施重点监督检查。《医疗器械监督管理条例》规定，国家对医疗器械按照风险程度实行分类管理。第一类是风险程度低，实行常规管理可以保证其安全、有效的医疗器械。第二类是具有中度风险，需要严格控制管理以保证其安全、有效的医疗器械。第三类是具有较高风险，需要采取特别措施严格控制管理以保证其安全、有效的医疗器械。国务院药品监督管理部门负责制定医疗器械的分类规则和分类目录，并根据医疗器械生产、经营、使用情况，及时对医疗器械的风险变化进行分析、评价，对分类规则和分类目录进行调整。《化妆品监督管理条例》规定，国家按照风险程度对化妆品、化妆品原料实行分类管理。化妆品分为特殊化妆品和普通化妆品。国家对特殊化妆品实行注册管理，对普通化妆品实行备案管理。化妆品原料分为新原料和已使用的原料。国家对风险程度较高的化妆品新原料实行注册管理，对其他化妆品新原料实行备案管理。由此，在全面治理的基础上实行重点治理，有利于优化配置资源，突出治理目标，强化治理靶向，提高治理效率。

在食品安全领域，我国较早就开始探索分级分类管理。2012 年 1 月，原国家食品药品监督管理局印发《国家食品药品监督管理局关于实施餐饮服务食品安全监督量化分级管理工作的指导意见》，提出坚持“依法行政、全面覆盖、公开透明、量化评价、动态监管、鼓励进步”的原则，积极推进餐饮服务食品安全监督量化分级管理。2016 年 9 月，国家食品药品监督管理总局印发《食品生产经营风险分级管理办法（试行）》，明确食品药品监督管理部门对食品生产经营风险等级进行划分时，应当结合食品生产经营企业风险特点，从生产经营食品类别、经营规模、消费对象等静态风险因素和生产经营条件保持、生产经营过程控制、管理制度建立及运行等动态风险因素，确定食品生产经营者风险等级，并根据对食品生产经营者监督检查、监督抽检、投诉举报、案件查处、产品召回等监督管理记录实施动态调整。

在药品安全领域，1984 年 9 月颁布的《药品管理法》规定，国家对药品实行处方药与非处方药分类管理制度。1999 年 6 月原国家药品监督管理局发布《处方药与非处方药分类管理办法（试行）》，根据药品品种、规格、适应证、剂量及给药途径不同，对药品分别按处方药与非处方药进行管理。处方药必须凭执业医师或执业助理医师处方才可调配、购买和使用；非处方药不需要凭执业医师或执业助理医师处方即可自行判断、购买和使用。2019 年 8 月颁布的《药品管理法》规定，国家对药品实行处方药与非处方药分类管理制度。具体办法由国务院药品监督管理部门会同国务院卫生健康主管部门制定。依据不同的标准，可以对药品进行不同的分类，如传统药与现代药，中药、化药与生物制品，特殊药品与非特殊药品，基本药物与非基本药物等。一般认为，处方药与非处方药的分类，是最接近按照风险对药品进行的分类。

在医疗器械领域，2000 年 1 月公布的《医疗器械监督管理条例》虽然没有使用“风险管理”或者“风险分类”一词，但其规定，国家对医疗器械实行分类管理。第一类是指，通过常规管理足以保证其安全性、有效性的医疗器械。第二类是指，对其安全性、有效性应当加以控制的医疗器械。第三类是指，植入人体，用于支持、维持生命，对人体具有潜在危险，对其安全性、有效性必须严格控制的医疗器械。从本质要义上看，上述规定就是基于风险的分类分级管理。2021 年开展的医疗器械质量安全风险隐患排查治理，要求各级药品监管部门按照风险隐患全面排查、治理责任全面落实、管理水平全面提升、质量保障全面加强的工作目标，坚持全面推进与突出重点相结合、风险排查与责任落实相结合、查处违法行为与树立典型示范相结合、治理体系建设与治理能力提升相结合的工作原则，将疫情防控医疗器械、集采中选医疗器械、无菌和植入性医疗器械、网络销售医疗器械、监督抽检不合格企业、不良事件监测提示可能存在风险企业、投诉举报频发的产品和企业、创新医疗器械及附条件审批相关企业、注册人委托生产作为排查治理的重点。

在化妆品领域，1989 年 9 月国务院批准、1989 年 11 月原卫生部公布的《化妆品卫生监督条例》规定，化妆品分为特殊用途化妆品与非特殊用途化妆品两类。生产特殊用途的化妆品，必须经国务院卫生行政部门批准，取得批准文号后方可生产。2020 年 6 月国务院公布的《化妆品监督管理条例》规定，化妆品分为特殊化妆品和普通化妆品。国家对特殊化妆品实行注册管理，对普通化妆品实行备案管理。《化妆品监督管理条例》基于风险分类管理的原则，更加注重了全面治理与重点治理的辩证关系。

要牢固树立安全发展理念，加快完善安全发展体制机制，补齐相关短板，维护产业链、供应链安全，积极做好防范化解重大风险工作。

——习近平

必须坚定不移贯彻总体国家安全观，把维护国家安全贯穿党和国家工作各方面全过程，确保国家安全和社会稳定。

——习近平

要坚持产管并重，加快建立健全覆盖生产加工到流通消费的全程监管制度，加快检验检测技术装备和信息化建设，严把从农田到餐桌、从实验室到医院的每一道防线，着力防范系统性、区域性风险。

——习近平

第三章　食品药品安全全程治理理念

食品药品安全全程治理，是指将食品“从农田到餐桌”和药品“从实验室到医院”的全生命周期纳入体系的系统治理。食品药品安全全程治理理念解决的是食品药品安全治理体系和治理过程全覆盖的问题。当今社会，风险遍布食品药品生产经营的全过程和各环节，有效保障食品药品安全，必须实施基于良好规范和健全体系的全程治理。

从历史角度来看，食品药品安全治理经历了农业时代、工业时代和信息时代三个阶段。农业时代的食品药品生产规模效益分散，以道德约束和行业自律为主，政府监管相对薄弱，区域性特征显著，监管方式较为原始，缺乏科学的检验手段。在工业时代早期，食品药品治理体系的重点基本锁定在生产环节，其信条在于：只要抓好生产这一关键环节，消费者就能得到有效的安全保障。然而，近年来国际上各种食源性或者药源性疾病的相继暴发，彻底粉碎了人们这种朴素而天真的愿望。在应对食源性或者药源性疾病挑战的过程中，人们逐步认识到：食品药品全生命周期的任何环节存在缺陷，都可能最终导致整个体系的崩溃。仅在最后阶段采用检验、下架、召回、退市等拒绝手段，是无法对消费者提供及时、充分、全面、有效的安全保障的，而且这也违背了市场经济所奉行的经济效益原则。为此，国际社会逐步探索出食品药品安全治理的新方法，即全生命周期管理法或者供应链管理法，要求食品药品安全治理从生产环节尽可能向“两端”延伸。随着全生命周期管理理论、供应链管理理论的丰富和发展，人们对食品药品全过程安全的重视日益提升，各种质量管理规范应运而生，持续合规被摆上重要日程。为了最大限度地减少治理成本、最大限度地保护消费者利益，必须将全程治理理念深深地嵌入食品药品安全治理的全过程和各环节，持续深化对全程治理的认识。多年前在研究修订《中华人民共和国食品卫生法》还是制定《食品安全法》思路时，最为核心的就是论证为什么要以“食品安全”代替“食品卫生”，理由之一是：“安全”一词可以涵盖从农田到餐桌的全过程，而“卫生”

一词只能涵盖从养殖到餐桌的过程，却无法涵盖食用农产品的种植过程。只要承认全程治理时代的到来，“食品卫生”的概念必然让位于“食品安全”的概念。我国食品安全监管体制改革经过从多部门分段监管体制，到综合监督与具体监管相结合的整合性体制，再到以一个部门为主的统一监管体制的发展历程，对食品安全全程治理和统一监管有着丰富的探索和深刻的思考。全程治理是系统思维的具体体现。全程治理是对问题的全面把控，不放过任何一个环节，不留下任何一个隐患；是从根源上解决问题，避免头痛医头、脚痛医脚；是对复杂问题的精心梳理和深度剖析，以寻求最佳解决途径和方案。全程治理犹如编织一张严密的网，使每个节点紧密相连，无一疏漏。坚守食品药品安全全程治理理念，需要科学把握以下重要关系。

一、专业分工与社会协作的关系

专业分工与社会协作解决的是食品药品安全治理的体系和格局问题。在以全球化、信息化、市场化、社会化为基本特征的大时代，食品药品安全属于非传统安全的大安全，食品药品安全治理属于社会广泛参与的大治理。食品药品安全监管，无论是由单一部门负责，还是由多部门负责，都需要进行适当的分工，这是社会化大生产的内在需要，也是科学监管的必然要求。无论是内部分工，还是外部分工，都需要强化彼此间的协同与支持，否则，监管就会出现断裂与空白。分工旨在提高专业化治理效能，协作旨在提高全局化治理水平。目前在我国，无论是食品安全治理，还是药品安全治理，都实行一部门担当主责、多部门共同参与的社会大治理。

党中央、国务院高度重视食品药品安全全程治理。2013 年 12 月 23 日，习近平总书记在中央农村工作会议上强调，食品安全，是“产”出来的，也是“管”出来的。面对生产经营主体量大面广、各类风险交织的形势，靠人盯人监管，成本高，效果也不理想，必须完善监管制度，强化监管手段，形成覆盖“从田间到餐桌”全过程的监管制度。我们建立食品安全监管协调机制，设立相应管理机构，目的就是要解决多头分管、责任不清、职能交叉等问题。定职能、分地盘相对好办，但真正实现上下左右有效衔接，还要多下气力、多想办法。2015 年 5 月 29 日，习近平总书记在中央政治局就健全公共安全体系进行第二十三次集体学习时强调，要坚持产管并重，加快建立健全覆盖生产加工到流通消费的全程监管制度，加快检验检测技术装备和信息化建设，严把“从农田到餐桌”“从实验室到医院”的每一道防线，着力防范系统性、区域性风险。要努力解决违规使用高剧毒农药、滥用抗生素和激素类药物、非法使用“瘦肉精”和孔雀石绿等添加物的问题，重点打击农村、城乡接合部、学校周边销售违禁超限、假冒伪劣食品药品的行为，一项一项整治，务求取得实际效果。2016 年 8 月 19 日，习近平总书记在全国卫生与健康大会上强调，要贯彻食品安全法，完善食品安全体系，加强食品安全监管，严把“从农田到餐桌”的每一道防线。要牢固树立安全发展理念，健全公共安全体系，努力减少公共安全事件对人民生命健康的威胁。2016 年 12 月 21 日，习近平总书记在中央财经领导小组第十四次会议上讲话时强调，要坚持源头严防、过程严管、风险严控，完善食品药品安全监管体制，加强统一性和权威性，充实基层监管力量。2017 年 1 月 3 日，习近平总书记对食品安全工作作出重要指示，强调各级党委和政府及有关部门要全面做好食品安全工作，坚持最严谨的标准、最严格的监管、最严厉的处罚、最严肃的问责，增强食品安全监管统一性和专业性。要加强食品安全依法治理，加强基层基础工作，建设职业化检查员队伍，提高餐饮业质量安全水平，加强“从农田到餐桌”全过程食品安全工作，严防、严管、严控食品安全风险。2019 年 5 月 29 日，习近平总书记在中央全面深化改革委员会第八次会议上强调，高值医用耗材治理关系减轻人民群众医疗负担。要坚持问题导向，通过优化制度、完善政策、创新方式，理顺高值医用耗材价格体系，完善全流程监督管理，净化市场环境和医疗服务执业环境，推动形成高值医用耗材质量可靠、流通快捷、价格合理、使用规范的治理格局，促进行业健康有序发展。习近平总书记的上述指示批示，深刻阐述了食品药品安全全程治理的重要地位、运行机制、工作重点和保障措施，为食品药品安全治理指明了方向、提供了遵循。

我国食品药品法律法规高度重视风险全程控制。《食品安全法》在“总则”中规定，食品安全工作实行预防为主、风险管理、全程控制、社会共治的原则。目前，调整食用农产品和食品安全的基本法律为《中华人民共和国农产品质量安全法》（以下简称《农产品质量安全法》）和《食品安全法》，两者共同承担食品安全全程治理的重任。《食品安全法》规定，食用农产品的质量安全管理，遵守《农产品质量安全法》的规定。但是，食用农产品的市场销售、有关质量安全标准的制定、有关安全信息的公布和本法对农业投入品作出规定的，应当遵守《食品安全法》的规定。2018 年监管体制改革后，我国已实行以一个部门为主的食品安全监管体制。市场监督管理部门负责食品生产、食品流通和餐饮消费环节的监管，卫生健康部门负责食品安全标准和食品安全风险评估，农业部门负责食用农产品质量安全监管，海关部门负责进出口食品安全监管。在新体制下，食品安全治理仍需要多部门共同参与、协同联动。为推进食品安全全程治理，《食品安全法》规定，县级以上地方人民政府对本行政区域的食品安全监督管理工作负责，统一领导、组织、协调本行政区域的食品安全监督管理工作以及食品安全突发事件应对工作，建立健全食品安全全程监督管理工作机制和信息共享机制。国家建立食品安全全程追溯制度。国务院食品安全监督管理部门会同国务院农业行政等有关部门建立食品安全全程追溯协作机制。《药品管理法》在“总则”中规定，药品管理应当以人民健康为中心，坚持风险管理、全程管控、社会共治的原则。在药品安全领域，药品监管部门负责对研制、生产、经营、使用环节的药品质量安全全生命周期的监管；卫生健康部门负责药品使用行为的监管。《药品管理法》规定，县级以上地方人民政府对本行政区域内的药品监督管理工作负责，统一领导、组织、协调本行政区域内的药品监督管理工作以及药品安全突发事件应对工作，建立健全药品监督管理工作机制和信息共享机制。国家建立健全药品追溯制度。国务院药品监督管理部门应当制定统一的药品追溯标准和规范，推进药品追溯信息互通互享，实现药品可追溯。药品上市许可持有人、药品生产企业、药品经营企业和医疗机构应当建立并实施药品追溯制度，按照规定提供追溯信息，保证药品可追溯。中药饮片生产企业履行药品上市许可持有人的相关义务，对中药饮片生产、销售实行全过程管理，建立中药饮片追溯体系，保证中药饮片安全、有效、可追溯。《疫苗管理法》规定，国务院和省、自治区、直辖市人民政府建立部门协调机制，统筹协调疫苗监督管理有关工作，定期分析疫苗安全形势，加强疫苗监督管理，保障疫苗供应。《医疗器械监督管理条例》规定，医疗器械监督管理遵循风险管理、全程管控、科学监管、社会共治的原则。国务院药品监督管理部门负责全国医疗器械监督管理工作。国务院有关部门在各自的职责范围内负责与医疗器械有关的监督管理工作。国家根据医疗器械产品类别，分步实施医疗器械唯一标识制度，实现医疗器械可追溯。

食品药品安全监管实践长期坚持风险全程控制原则。例如，2016 年 3 月 17 日，《中华人民共和国国民经济和社会发展第十三个五年规划纲要》提出：“加强农产品质量安全和农业投入品监管，强化产地安全管理，实行产地准出和市场准入制度，建立全程可追溯、互联共享的农产品质量安全信息平台，健全从农田到餐桌的农产品质量安全全过程监管体系。”“建立责任全覆盖、管理全方位、监管全过程的安全生产综合治理体系，构建安全生产长效机制。”“建成与公共安全风险相匹配、覆盖应急管理全过程和全社会共同参与的突发事件应急体系。”2017 年 2 月 14 日，《国务院关于印发“十三五”国家食品安全规划和“十三五”国家药品安全规划的通知》（国发〔2017〕12 号）提出，食品安全工作要“严格实施从农田到餐桌全链条监管，建立健全覆盖全程的监管制度、覆盖所有食品类型的安全标准、覆盖各类生产经营行为的良好操作规范，全面推进食品安全监管法治化、标准化、专业化、信息化建设”。同时，提出药品管理工作要“加强全程监管，确保用药安全有效。完善统一权威的监管体制，推进药品监管法治化、标准化、专业化、信息化建设，提高技术支撑能力，强化全过程、全生命周期监管，保证药品安全性、有效性和质量可控性达到或接近国际先进水平”。2019 年 5 月 9 日，《中共中央　国务院关于深化改革加强食品安全工作的意见》提出，严把产地环境安全关，严把农业投入品生产使用关，严把粮食收储质量安全关，严把食品加工质量安全关，严把流通销售质量安全关，严把餐饮服务质量安全关，建立食品安全追溯体系。2021 年 3 月 12 日，《中华人民共和国国民经济和社会发展第十四个五年规划和 2035 年远景目标纲要》提出：“坚持总体国家安全观，实施国家安全战略，维护和塑造国家安全，统筹传统安全和非传统安全，把安全发展贯穿国家发展各领域和全过程，防范和化解影响我国现代化进程的各种风险，筑牢国家安全屏障。”“强化全过程农产品质量安全监管，健全追溯体系。建设现代农业产业园区和农业现代化示范区。”“严防严控药品安全风险，构建药品和疫苗全生命周期管理机制，完善药品电子追溯体系，实现重点类别药品全过程来源可溯、去向可追。”2021 年 4 月 27 日，《国务院办公厅关于全面加强药品监管能力建设的实施意见》（国办发〔2021〕16 号）明确规定，各省级人民政府要建立药品安全协调机制，加强对药品监管工作的领导。2021 年 12 月 30 日，国家药品监督管理局等 8 部门联合印发的《“十四五”国家药品安全及促进高质量发展规划》明确主要任务的第一项就是“实施药品安全全过程监管”，提出要严格研制环节监管、严格生产环节监管、严格经营使用环节监管、严格网络销售行为监管等。2024 年 9 月 12 日，《国务院办公厅关于践行大食物观构建多元化食物供给体系的意见》（国办发〔2024〕46 号）提出：“全链打造，深度开发。充分开发农业多种功能，延伸食物产业链、提升价值链、打造供应链，做好‘粮头食尾’‘畜头肉尾’‘农头工尾’增值大文章，提升产供储加销全产业链韧性和弹性，推动农业产业做大做强。”“强化监管，安全开发。坚守质量安全底线，健全相关标准，完善食品安全责任体系，加强食品特别是新型食品安全全过程监管，提升食品全链条质量安全保障水平，切实保障‘舌尖上的安全’。”“全面落实食用农产品承诺达标合格证制度，普及新型速测技术，推进农产品质量安全追溯体系建设，深化农产品质量安全网格化和全链条管理，扩大食用农产品质量安全风险监测范围。建立健全与食物开发相适应的食品安全监管体系，做好新型食品安全性评估，强化全过程监管。”2024 年 12 月 23 日，国务院召开常务会议，部署深化药品医疗器械监管改革促进医药产业高质量发展有关举措，研究加强食品安全全链条监管相关工作。会议指出，要深化药品医疗器械监管全过程改革，打造具有全球竞争力的创新生态，推动我国从制药大国向制药强国迈进，更好满足群众对高质量药品医疗器械的需求。要加大对药品医疗器械研发创新的支持，发挥标准引领作用，积极推广使用创新药和医疗器械。要提高审评审批质效，加快临床急需药品医疗器械审批上市，对符合条件的罕见病用创新药和医疗器械减免临床试验。要以高效严格监管提升医药产业合规水平，支持医药产业扩大开放合作。要及时跟进医保、医疗、价格等方面政策，协同发力促进医药产业高质量发展。会议还指出，食品安全事关人民群众身体健康和生命安全。要坚持源头严防、过程严管、风险严控，加强日常监管，切实提高全链条监管能力水平，坚决守牢食品安全底线。2024 年 12 月 30 日印发的《国务院办公厅关于全面深化药品医疗器械监管改革促进医药产业高质量发展的意见》（国办发〔2024〕53 号）提出：“到 2027 年，药品医疗器械监管法律法规制度更加完善，监管体系、监管机制、监管方式更好适应医药创新和产业高质量发展需求，创新药和医疗器械审评审批质量效率明显提升，全生命周期监管显著加强，质量安全水平全面提高，建成与医药创新和产业发展相适应的监管体系。到 2035 年，药品医疗器械质量安全、有效、可及得到充分保障，医药产业具有更强的创新创造力和全球竞争力，基本实现监管现代化。”要“深化药品医疗器械监管全过程改革”“按照‘提前介入、一企一策、全程指导、研审联动’要求，审评审批资源更多向临床急需的重点创新药和医疗器械倾斜，在临床试验、注册申报、核查检验、审评审批等全过程加强沟通交流，提供个性化指导。”“分批推进血液制品生产信息化改造，推动建立覆盖从采浆、入厂到生产、检验全过程的血液制品信息化管理体系。”“加强全链条药品追溯体系建设，落实企业主体责任，逐步实现生产、流通、使用全过程可追溯。”2025 年 3 月 13 日印发的《中共中央办公厅　国务院办公厅关于进一步强化食品安全全链条监管的意见》（厅字〔2025〕

5号）指出，为进一步理清食品安全监管责任，建立健全协同监管机制，强化全链条监管合力，坚决守牢食品安全底线，切实保障人民群众身体健康和生命安全，经党中央、国务院同意，现提出如下意见。一是完善食用农产品协同监管，严格落实食用农产品质量安全监管职责、加强食用农产品产地准出与市场准入衔接、强化肉类产品检验检疫出证查验、加快建立食用农产品质量安全追溯协作和执法合作机制；二是强化食品生产经营许可审查，规范食品生产经营市场准入、完善特殊食品注册许可制度、完善食品安全检查员制度；三是加快建立食品贮存监管机制，加强食品贮存安全监管、落实食品贮存主体责任、强化食品贮存属地管理责任；四是加快建立食品运输协同监管机制，建立实施散装液态食品运输准运制度、加强食品运输全过程监管；五是健全食品寄递安全和配送安全管理，强化食品寄递安全管理、加强网络订餐配送安全管理；六是加强网络食品销售新业态监管，压实网络食品销售从业主体责任、强化网络销售食品安全问题协同治理；七是健全餐饮服务综合监管机制，加强网络订餐线上线下一体化监管、强化集中用餐单位食品安全协同管理、完善校园食品安全协同管理机制；八是完善进口食品风险联防联控机制，强化进口食品部门监管联动、完善跨境电商零售进口食品监管制度。实践启示我们：全程治理犹如一张严密的防护网，从源头到终端覆盖，使全生命周期管理无一疏漏。全程治理恰似一场永不停歇的接力赛，要想取得成功，必须跑好每一棒。食品药品安全相关部门之间应当建立相互衔接的产业链、利益链、风险链、责任链、监管链、治理链，共同把好食品药品安全关。

国际食品药品安全治理规则特别强调风险全程治理。食品药品安全全程治理是国际社会普遍倡导的基本原则。美国食品药品监管局前局长玛格丽特·汉伯格（Margaret A. Hamburg）指出："只有通过建立有效的食品安全管理体系，才能实现全球食品安全供应，这对消费者、农民、加工商和制造商的福祉至关重要。"美国食品药品监管局前副局长麦克·泰勒（Michael Taylor，1949年—）指出："如果相关各方都采取合理可行的措施来降低风险，我们就能更好地保护消费者和食品体系的经济活力。""食品安全不是终点，而是一段旅程。"曾任嘉吉公司企业食品安全、质量和法规事务副总裁的麦克·罗巴赫（Mike Robach）指出："从农场到餐桌的食品供应链的每个环节都要义务改善，或者至少不降低食品的风险状况。"弗朗西斯·贝尔巴特·吉尔巴特（Francis Bernard Gilbart）指出："当你吃一口食物时，你就在吃整个食物供应链。"美国食品药品监管局创始人哈维·华盛顿·威利（Harvey Washington Wiley，1844年—1930年）指出："我们不能让公众成为药品实验的小白鼠，严格监管和全程把控是保障公众健康的唯一途径。”德国药物学家尤格·斯特罗布尔指出：“药物研发是一场与时间和疾病的赛跑，在这个过程中，每一个环节的质量把控和安全监测都容不得丝毫马虎，任何一个小的疏忽都可能引发大的问题。”国际人用药品注册技术协调会发布的《Q9：质量风险管理》指出，必须认识到，只有在整个产品生命周期中保持质量的稳定，才能确保产品的重要质量指标在产品生命周期的各阶段均保持与其在临床研究阶段一致。通过在产品研发和生产过程中对潜在的质量问题实施前瞻性的识别和控制手段，有效的质量风险管理方法可以进一步确保患者使用到高质量的产品。质量风险管理是一个贯穿产品生命周期的，对其质量风险进行评估、控制、沟通和审核的系统化过程。虽然流程中各部分侧重点会因具体情况有所不同，但一个完整的程序应当合理地考虑所有因素。

应当全力避免分段监管体制下形成的分段监管思维惯性。无论从宏观、中观，还是微观的角度来看，对于食品药品安全，可以有分段的监管体制，但绝不能有分段的监管思维。在全球化、信息化、市场化、社会化的大时代，强调食品药品安全监管的专业分工与社会协作仍有其特殊的价值。目前，由于责任落实和责任追究的压力，面对困难和挑战，有的监管机构和监管人员，不是积极担当、履职尽责，而是推诿扯皮、敷衍塞责。参与食品药品安全治理的部门职能和岗位职责可能有所不同，但各环节、各部门、各单位和相关执法人员都应当胸怀全局、登高望远，乐于善于勇于在大格局下思考和谋划食品药品安全治理，在合作中拓宽视野、增长才干，在协同中发展事业、造福社会。

二、全程控制与源头把关的关系

全程控制与源头把关解决的是食品药品安全治理的系统保障和关键控制的问题。随着社会的快速发展，食品药品安全全程治理的内涵不断丰富。食品药品安全治理应当涵盖食品药品全生命周期的全环节、全链条，且在全周期和全过程中采取积极有效的风险防控措施。与此同时，必须高度注重源头。食品药品全生命周期可以分为若干个环节，上一环节的末端往往是下一环节的源头。只有从源头尤其是总源头上严格把关，才能最大限度地减少风险的扩散，才能最大限度地保证食品药品安全。

食品药品安全全程治理的理论基础是生命周期理论（Life Cycle Approach，LCA）和供应链管理理论（Supply Chain Management，SCM）。生命周期理论是

“从摇篮到坟墓”全过程的生命管理理论，该理论后来被广泛应用于经济、社会等领域，形成了企业生命周期理论、产品生命周期理论等。产品生命周期理论不仅影响着产品的生产经营，而且还影响着产品的使用消费。供应链管理理论通常是指利用计算机网络技术全面规划供应链中的商流、物流、信息流、资金流等，并进行计划、组织、协调与控制。供应链是指生产及流通过程中，涉及将产品或服务提供给最终用户活动的上游与下游企业所形成的网链结构。食品药品安全全程治理理论符合产品生命周期理论和供应链管理理论的基本逻辑和要求。

1966 年，美国著名经济学家雷蒙德・弗农（Raymond Vernon，1913 年—1999 年）提出产品生命周期理论。与人的生命周期相似，产品也要经历开发、成长、成熟、衰退等阶段。弗农的产品生命周期理论主要是从产品市场营销的角度进行考量的。具体来说，产品的生命周期就是新产品从进入市场到被市场淘汰的整个生命过程。食品药品生命周期理论的提出，实现了治理从环节到全程、从局部到整体、从微观到宏观、从区域到全球的转变，这是食品药品安全治理理论的重大进步。然而，仅仅将全生命周期理论理解为从起点到终点、从源头到终端，这是不充分、不全面的。2009 年 9 月发布的《风险管理　原则与实施指南》（GB/T 24353—2009）明确指出，风险管理适用于组织的全生命周期及其任何阶段，其适用范围包括整个组织的所有领域和层次，也包括具体的组织部门和活动。有效的风险管理应当融入整个组织的理念、治理、管理、程序、方针策略以及文化等各个方面。《中国食品药品监管》杂志 2024 年第 12 期发表的《美国 FDA 药品质量风险监管的历史沿革及其启示》一文指出，美国药品质量风险监管经历了质量源于检验（Quality by Testing，QbT）、质量源于生产与药品生产质量管理规范（Good Manufacturing Practice，GMP）、质量源于设计（Quality by Design，QbD）与动态药品生产质量管理规范（Current Good Manufacture Practices，cGMP）、质量风险知识库辅助下的监管（知识辅助评价和结果化申请）、质量管理成熟度（Quality Management Maturity，QMM）等发展阶段，已形成了一套科学、高效、完善的上市药品风险控制制度。

企业应当对其研制生产的产品的风险承担全程控制的责任。企业是食品药品安全的第一责任人。产品一旦生产出来，无论其流通到何处何地，企业作为“出品人”，对其所生产的产品都要承担相应的责任。如果上游企业生产经营活动产生风险，该风险即便在下游出现，上游企业也应当承担相应的责任。此外，首负责任制度的建立，进一步强化了企业对产品全生命周期的责任。基于最大限度保护消费者权益的需要，当消费者权益受到损害时，如果企业不能证明责任为他人所负，且无法取得代位求偿时，则该企业应当承担全部责任。下游企业如果没有履行该环节源头把关的义务，无法对相关产品进行溯源，则其应对食品药品安全承担相应责任。《食品安全法》规定，食品生产经营者对其生产经营食品的安全负责。食品生产经营者应当依照法律、法规和食品安全标准从事生产经营活动，保证食品安全，诚信自律，对社会和公众负责，接受社会监督，承担社会责任。《药品管理法》规定，药品上市许可持有人依法对药品研制、生产、经营、使用全过程中药品的安全性、有效性和质量可控性负责。从事药品研制、生产、经营、使用活动，应当遵守法律、法规、规章、标准和规范，保证全过程信息真实、准确、完整和可追溯。无论是食品安全治理，还是药品安全治理，都要进一步强化源头治理、层层把关。

强化过程治理是食品药品安全全程治理的核心要义。农业时代的食品药品安全保障往往靠终端的产品检验，而工业时代的食品药品安全保障主要靠全程的体系合规。法学界有句名言："没有程序正义就没有结果正义。"在食品药品安全领域，应当树立"没有体系保障就没有安全保障""没有体系安全就没有产品安全"的信条。如果没有有效的体系保障，即便在终端的检验中没有发现风险，产品也可能因为存在无法预知的风险，而使消费者的权益受到损害，所以，必须通过系统的制度安排和体系建设，实现全生命周期各环节的紧密相扣、全链条的无缝衔接。目前，运输、仓储、配送等环节仍属于食品药品全生命周期监管的薄弱环节，应当加快出台相关管理规范，强化体系建设，进一步细化企业主体的义务和责任，严防企业将风险放任到下游环节。目前施行的药品上市许可持有人制度就是强化持有人对药品质量的全生命周期管理。《药品管理法》规定，药品上市许可持有人应当依照本法规定，对药品的非临床研究、临床试验、生产经营、上市后研究、不良反应监测及报告与处理等承担责任。其他从事药品研制、生产、经营、储存、运输、使用等活动的单位和个人依法承担相应责任。药品上市许可持有人应当建立药品质量保证体系，配备专门人员独立负责药品质量管理。药品上市许可持有人应当对受托药品生产企业、药品经营企业的质量管理体系进行定期审核，监督其持续具备质量保证和控制能力。药品上市许可持有人应当建立药品上市放行规程，对药品生产企业出厂放行的药品进行审核，经质量受权人签字后方可放行。不符合国家药品标准的，不得放行。药品上市许可持有人应当建立年度报告制度，每年将药品生产销售、上市后研究、风险管理等情况按照规定向省、自治区、直辖市人民政府药品监督管理部门报告。

强化源头治理是食品药品安全全程治理的第一关口。《国语》曰:“伐木不自其本,必复生;塞水不自其源,必复流;灭祸不自其基,必复乱。”欧阳修指出:“善治病者,必医其受病之处;善救弊者,必塞其起弊之源。”食品的种植养殖,药品、医疗器械和化妆品的研制,往往是风险产生的第一环节,都需要给予特别的重视。《食品安全法》规定,食品生产者采购食品原料、食品添加剂、食品相关产品,应当查验供货者的许可证和产品合格证明;对无法提供合格证明的食品原料,应当按照食品安全标准进行检验;不得采购或者使用不符合食品安全标准的食品原料、食品添加剂、食品相关产品。食品生产企业应当建立食品原料、食品添加剂、食品相关产品进货查验记录制度,如实记录食品原料、食品添加剂、食品相关产品的名称、规格、数量、生产日期或者生产批号、保质期、进货日期以及供货者名称、地址、联系方式等内容,并保存相关凭证。餐饮服务提供者应当制定并实施原料控制要求,不得采购不符合食品安全标准的食品原料。保健食品原料目录和允许保健食品声称的保健功能目录,由国务院食品安全监督管理部门会同国务院卫生行政部门、国家中医药管理部门制定、调整并公布。保健食品原料目录应当包括原料名称、用量及其对应的功效;列入保健食品原料目录的原料只能用于保健食品生产,不得用于其他食品生产。生产婴幼儿配方食品使用的生鲜乳、辅料等食品原料、食品添加剂等,应当符合法律、行政法规的规定和食品安全国家标准,保证婴幼儿生长发育所需的营养成分。《药品管理法》规定,生产药品所需的原料、辅料,应当符合药用要求、药品生产质量管理规范的有关要求。生产药品,应当按照规定对供应原料、辅料等的供应商进行审核,保证购进、使用的原料、辅料等符合前款规定要求。禁止使用未按照规定审评、审批的原料药、包装材料和容器生产药品。医疗机构配制制剂,应当按照经核准的工艺进行,所需的原料、辅料和包装材料等应当符合药用要求。弗兰克·亚纳斯(Frank Yiannas)在其所著的《食品安全文化》一书中指出:“如果我们真的想降低美国人口中弯曲杆菌的发病率,我们应当侧重建立一个非常有效的战略控制点。如果我们能在食物链的最初阶段就降低弯曲杆菌的污染率,我敢肯定人类感染弯曲杆菌疾病的案例数量就会显著降低。但是,如果我们还一直依赖食物链末端的治理,无论是在餐厅还是在家里,人类降低患病风险的效果就不会那么显著。请记住,确保零售食品安全是共同的责任。在我看来,将责任归于厨师或者餐厅的时代很快就会过去,食品安全的责任存在于整个食品生产链。零售行业必须且应当继续承担他们的那份责任，但是我们应当在食品生产链的上游就将食品安全的风险降至更低。”宋代政治家、文学家欧阳修指出：“善治病者，必医其受病之处；善救弊者，必塞其起弊之源。”推进食品药品安全全程治理，必须紧紧抓住食品药品安全之源头。《药品管理法》还规定，药品监督管理部门应当依照法律、法规的规定对药品研制、生产、经营和药品使用单位使用药品等活动进行监督检查，必要时可以对为药品研制、生产、经营、使用提供产品或者服务的单位和个人进行延伸检查，有关单位和个人应当予以配合，不得拒绝和隐瞒。《疫苗管理法》规定，药品监督管理部门应当加强对疫苗上市许可持有人的现场检查；必要时，可以对为疫苗研制、生产、流通等活动提供产品或者服务的单位和个人进行延伸检查；有关单位和个人应当予以配合，不得拒绝和隐瞒。《医疗器械监督管理条例》规定，必要时，负责药品监督管理的部门可以对为医疗器械研制、生产、经营、使用等活动提供产品或者服务的其他相关单位和个人进行延伸检查。

坚决防止食品药品商业生命周期与自然生命周期的过度分离。自然生命周期是指食品药品在自然规律下所表现的生命周期。各种食品药品在自然条件或者正常条件下都有可供消费或者使用的时间限制，这种生命周期是食品药品生命的自然属性。对于食品从最初的种植养殖到后来的加工制作，再到最后的使用消费，药品从产品上市到最后的使用，食品药品的自然生命周期是相对确定的。尊重食品药品的自然生命周期，就是尊重食品药品的自然属性，就是尊重人类的健康权益。商业生命周期是指食品药品在市场上进行商业流通的生命周期。在食品药品成为商品后，由于科技发展或者商业利润的驱动，食品药品的自然生命周期与商业生命周期之间往往产生分离，甚至形成一定的鸿沟。从积极的角度来看，新材料、新技术、新工艺、新方法的广泛应用，延长了食品药品的生命周期，使食品药品可以在更长的时间、更广的领域进行流通，极大地满足了广大消费者的需求。从消极的角度来看，疯狂的商业利益往往使不法商人唯利是图、不择手段，在食品药品生产经营中违法添加非食用物质，食品药品安全的防护网时刻面临着崩裂的可能。关注食品药品安全，就必须关注食品药品产业链、供应链、价值链、利益链、风险链、责任链、监管链、治理链等，着力使各链条之间相关联、相匹配、相衔接，形成良好的闭环治理体系。

一切为了群众，一切依靠群众，从群众中来，到群众中去。

——毛泽东

打造共建共治共享的社会治理格局。加强社会治理制度建设，完善党委领导、政府负责、社会协同、公众参与、法治保障的社会治理体制，提高社会治理社会化、法治化、智能化、专业化水平。

——习近平

必须加强和创新社会治理，完善党委领导、政府负责、民主协商、社会协同、公众参与、法治保障、科技支撑的社会治理体系，建设人人有责、人人尽责、人人享有的社会治理共同体，确保人民安居乐业、社会安定有序，建设更高水平的平安中国。

——习近平

第四章 食品药品安全社会共治理念

社会共治是中国食品药品安全治理的亮丽名片，是社会治理的中国智慧表达。习近平总书记指出："治理和管理一字之差，体现的是系统治理、依法治理、源头治理、综合施策。""打造共建共治共享的社会治理格局。加强社会治理制度建设，完善党委领导、政府负责、社会协同、公众参与、法治保障的社会治理体制，提高社会治理社会化、法治化、智能化、专业化水平。""完善社会治理体系。健全共建共治共享的社会治理制度，提升社会治理效能。"2019 年 10 月 31 日中国共产党第十九届中央委员会第四次全体会议通过的《中共中央关于坚持和完善中国特色社会主义制度 推进国家治理体系和治理能力现代化若干重大问题的决定》强调："必须加强和创新社会治理，完善党委领导、政府负责、民主协商、社会协同、公众参与、法治保障、科技支撑的社会治理体系，建设人人有责、人人尽责、人人享有的社会治理共同体，确保人民安居乐业、社会安定有序，建设更高水平的平安中国。"2024 年 7 月 18 日通过的《中共中央关于进一步全面深化改革 推进中国式现代化的决定》指出："健全社会治理体系。坚持和发展新时代'枫桥经验'，健全党组织领导的自治、法治、德治相结合的城乡基层治理体系，完善共建共治共享的社会治理制度。"当今，社会共治已成为我国食品药品安全治理的基本原则之一。《食品安全法》规定，食品安全工作实行预防为主、风险管理、全程控制、社会共治，建立科学、严格的监督管理制度。《药品管理法》规定，药品管理应当以人民健康为中心，坚持风险管理、全程管控、社会共治的原则，建立科学、严格的监督管理制度，全面提升药品质量，保障药品的安全、有效、可及。《疫苗管理法》规定，国家对疫苗实行最严格的管理制度，坚持安全第一、风险管理、全程管控、科学监管、社会共治。《医疗器械监督管理条例》规定，医疗器械监督管理遵循风险管理、全程管控、科学监管、社会共治的原则。

拥有共同利益是实现社会共治的重要前提。社会共治是社会主义民主政治的生动体现。习近平总书记强调："在中国社会主义制度下，有事好商量，众人的事情由众人商量，找到全社会意愿和要求的最大公约数，是人民民主的真谛。""要完善共建共治共享的社会治理制度，实现政府治理同社会调节、居民自治良性互动，建设人人有责、人人尽责、人人享有的社会治理共同体。"食品药品安全拥有最广泛的利益相关者。安全是所有食品药品利益相关者的共同利益基础。从某种意义上讲，彼之安全即我之安全，我之安全即彼之安全。在市场经济条件下，每个市场主体都有各自的利益，但安全是食品药品安全利益相关者的最大公约数。突破安全底线，食品药品存续的基础就会动摇，所有利益相关者的利益就可能荡然无存。维护食品药品安全，既是维护所有利益相关者的共同利益，也是维护每个利益相关者的个人利益，应当在食品药品安全领域努力建立最紧密的命运共同体，全力扩大共同的价值追求。

推进社会共治是发展共同利益的有效途径。习近平总书记指出："在人民内部各方面广泛商量的过程，就是发扬民主、集思广益的过程，就是统一思想、凝聚共识的过程，就是科学决策、民主决策的过程，就是实现人民当家作主的过程。这样做起来，国家治理和社会治理才能具有深厚基础，也才能凝聚起强大力量。"党的十九大报告指出："保障和改善民生要抓住人民最关心最直接最现实的利益问题，既尽力而为，又量力而行，一件事情接着一件事情办，一年接着一年干。坚持人人尽责、人人享有，坚守底线、突出重点、完善制度、引导预期，完善公共服务体系，保障群众基本生活，不断满足人民日益增长的美好生活需要，不断促进社会公平正义，形成有效的社会治理、良好的社会秩序，使人民获得感、幸福感、安全感更加充实、更有保障、更可持续。"《尹文子·大道上》指出："为善使人不能得从，此独善也，为巧使人不能得从，此独巧也，未尽善巧之理。为善与众行之，为巧与众能之，此善之善者，巧之巧者。故所贵圣人之治，不贵其独治，贵其能与众共治也；所贵工倕之巧，不贵其独巧，贵其能与众共巧也。"《三国志·吴书·吴主传》指出："能用众力，则无敌于天下矣；能用众智，则无畏于圣人矣。"美国食品药品监管局原食品安全专员大卫·艾奇逊（David Acheson）指出："每个人都需要在促进食品安全方面发挥作用。食品行业、消费者和监管机构在确保食品安全和促进公共健康方面都有自己的职责。食品行业不同部门之间的合作至关重要。农民、加工商、分销商和零售商应当共同努力，在整个供应链中建立并执行共同的食品安全协议。"实践启示我们：食品药品安全社会共治犹如一把大伞，众人合力撑起，方能遮风避雨；社会共治犹如一首大合唱，各方和声共鸣，才能奏响和谐乐章；社会共治犹如一座花园，众人精心呵护，才能繁花似锦；社会共治犹如一座灯塔，众人合聚光芒，才能指明前进方向。社会主义制度的确立与发展，为食品药品安全社会共治奠定了深厚的基础、开辟了广阔的前景。经过多年的探索与实践，我国已逐步确立了企业负责、政府监管、行业自律、社会协同、公众参与、媒体监督、法治保障的食品药品安全社会共治格局。在食品药品安全社会共治的大格局中，只有参与者与建设者，没有旁观者和局外人。坚守食品药品安全社会共治理念，需要科学把握以下重要关系。

一、监管与治理的关系

在我国，食品药品安全领域是较早引入治理理念的领域。2003 年 7 月《国务院办公厅关于实施食品药品放心工程的通知》（国办发〔2003〕65 号）首次提出：实施食品药品放心工程要坚持“全国统一领导，地方政府负责，部门指导协调，各方联合行动”的方针。2004 年 5 月《国务院办公厅关于印发食品安全专项整治工作方案的通知》（国办发〔2004〕43 号）提出：继续按照“全国统一领导，地方政府负责，部门指导协调，各方联合行动”的工作格局，开展食品安全专项整治。按照政府推动、部门联动、市场化运作、全社会广泛参与的原则，积极开展食品安全信用体系建设试点工作。2004 年 9 月《国务院关于进一步加强食品安全工作的决定》（国发〔2004〕23 号）提出：继续坚持“全国统一领导、地方政府负责、部门指导协调、各方联合行动”的食品安全工作机制。从 2004 年开始，在食品安全监管实践中，逐步形成了“全国统一领导、地方政府负责、部门指导协调、各方联合行动、社会广泛参与”的工作原则、工作机制和工作格局，这是我国食品安全社会共治理念的孕育。2013 年 6 月我国举办以“社会共治、同心携手维护食品安全”为主题的全国食品安全宣传周，提出：“要发挥社会主义的制度优势和市场机制的基础作用，多管齐下、内外并举，综合施策、标本兼治，构建企业自律、政府监管、社会协同、公众参与、法治保障的食品安全社会共治格局，凝聚起维护食品安全的强大合力。”“保障食品安全，是需要政府监管责任和企业主体责任共同落实，行业自律和社会他律共同生效，市场机制和利益导向共同激活，法律、文化、科技、管理等要素共同作用的复杂的、系统的社会管理工程。只有形成社会各方良性互动、理性制衡、有序参与、有力监督的社会共治格局，才能不断破解食品安全的深层次制约因素，才能不断巩固食品安全的微观主体基础和社会环境基础。”这次宣传周首次提出食品安全社会共治理念。2014 年 4 月《国务院办公厅关于印发 2014 年食品安全重点工作安排的通知》（国办发〔2014〕20 号），首次提出“社会共治”，要求落实企业主体责任，推动社会共治。加强食品安全社会共治宣传，引导消费者理性认知食品安全风险，提高风险防范意识。

在食品药品安全领域引入治理理念或者共治理念后，许多人都在追问治理与监管两者的关系。有专家考证，“治理”可以追溯到古拉丁语和古希腊语中的“操舵”一词，原意是控制、引导和操纵。长期以来，“治理”主要用于与国家公务相关的政治活动和管理活动中，其传统含义是“国家运用权力维护正常的社会秩序”。20 世纪 90 年代以来，西方政治学家、经济学家和管理学家不断赋予“治理”新的含义。目前，治理的内涵与外延已远远超出传统含义，被广泛运用于社会、经济等众多领域。1995 年联合国全球治理委员会发表的《我们的全球伙伴关系》研究报告提出：“治理是各种公共的或私人的机构协调其内部共同事务的诸多方式的总和。它是使诸多不同的甚至相互冲突的利益得以协调以至采取联合行动的持续过程。它既包括有权迫使人们服从的正式制度安排，也包括各种由成员协商认可的非制度安排。”

从相关研究成果可以看出，第一，治理认可组织内部存在着不同于国家权力和市场权利的社会权力（利）。这种权力（利）可以称为与国家权力和市场权利相辅相成的第三种权力（利）。这种权力（利）既包含着表达私人意志的契约因素，也存在着体现国家意志的法律因素，是契约因素与法律因素的有机结合。第二，治理创造出组织自身对国家手段与市场手段双重扬弃的第三种运行方式。这种运行方式不是对国家手段与市场手段的全盘否定，而是在认可国家手段与市场手段双重不足的现实情况下，对国家手段与市场手段的补充与发展。有效的治理必须建立在国家与市场的基础上。对任何组织而言，国家与市场的作用都是外在与他律的，而治理则是组织的内在与自律的行为。国家与市场始终是治理重要的运行环境与评价要素。治理离不开国家与市场的双重影响。第三，治理是共同发展目标支持下不同利益主体不断互动的运行过程。治理确认存在不同的利益主体，却又存在共同的利益追求。如果仅有不同的利益主体，而没有共同的利益追求，就不存在治理问题。共同的利益追求协调了不同利益主体之间利益的分散与冲突，形成了利益及命运的共同体。所以，治理不是单个利益主体的单边活动，而是多个利益主体的多边活动或者联合行动，而且这种活动是不同利益主体之间的协调与互动。第四，治理是不断追求理想模式的持续过程。和国家手段与市场手段一样，治理也面临着失败的可能，治理是一个持续的过程，必须随着组织内外环境和条件的变化而变化。理想的治理模式是善治，而善治的目标就是最大限度地增进公共利益，即实现公共利益最大化，并在公共利益最大化的前提下实现参与者的利益。所以，治理特别强调共建共治共享的有机统一。

从上述分析可以看出，第一，治理是对监管的突破性变革。按照《现代汉语词典》的解释，监管就是监视管理、监督管理。一般认为，监管关系是上下之间的命令与服从关系，而治理关系是不同主体之间的管理与协作关系。如果说监管关系仅仅是纵向关系，那么治理关系就是纵横交错的网状关系或者轮状关系。所以，治理不是对监管的全盘否定，而是对监管的辩证扬弃。治理克服了监管的一元、单向、静态的局限，形成了多元、双向、动态的关系，即共建共治共享的关系。从监管到治理，不是替换而是变革，不是否定而是成长，不是收缩而是拓展。2013 年 6 月全国食品安全宣传周提出："构建企业自律、政府监管、社会协同、公众参与、法治保障的食品安全社会共治格局。"2017 年 2 月国务院发布的《"十三五"国家食品安全规划》提出："加快形成企业自律、政府监管、社会协同、公众参与的食品安全社会共治格局。"2017 年 8 月国家食品药品监管总局在对十二届全国人大五次会议第 7617 号建议的答复中提出："解决食品安全问题，必须建立企业负责、政府监管、行业自律、公众参与、媒体监督、法制保障的社会共治格局，切实做到人人有责、人人共享。"2024 年 12 月 30 日印发的《国务院办公厅关于全面深化药品医疗器械监管改革促进医药产业高质量发展的意见》（国办发〔2024〕53 号）提出："建立药品医疗器械网络销售安全风险共治联盟"。

我国《食品安全法》是较早全面引入社会共治理念的法律之一。《食品安全法》除了规定企业负责、政府监管、社会协同外，还在行业自律、公众参与、媒体监督等方面做出了许多创新性规定。例如，食品行业协会应当加强行业自律，按照章程建立健全行业规范和奖惩机制，提供食品安全信息、技术等服务，引导和督促食品生产经营者依法生产经营，推动行业诚信建设，宣传、普及食品安全知识。消费者协会和其他消费者组织对违反本法规定，损害消费者合法权益的行为，依法进行社会监督。新闻媒体应当开展食品安全法律、法规以及食品安全标准和知识的公益宣传，并对食品安全违法行为进行舆论监督。有关食品安全的宣传报道应当真实、公正。任何组织或者个人有权举报食品安全违法行为，依法向有关部门了解食品安全信息，对食品安全监督管理工作提出意见和建议。在药品领域，对于是否引入社会共治理念，早期曾有不同认识。2016 年 4 月《国务院办公厅关于促进医药产业健康发展的指导意见》（国办发〔2016〕11 号）提出："加强产业协同监管。完善监管部门、行业协会、医药企业沟通机制，健全横向到边、纵向到底的监管网络，形成全社会共治的监管格局。"2016 年 10 月中共中央、国务院发布的《"健康中国 2030"规划纲要》提出："共建共享是建设健康中国的基本路径。从供给侧和需求侧两端发力，统筹社会、行业和个人三个层面，形成维护和促进健康的强大合力。要促进全社会广泛参与，强化跨部门协作，深化军民融合发展，调动社会力量的积极性和创造性，加强环境治理，保障食品药品安全，预防和减少伤害，有效控制影响健康的生态和社会环境危险因素，形成多层次、多元化的社会共治格局。"2019 年修订的《药品管理法》首次引入了"社会共治"的理念，同时规定，各级人民政府及其有关部门、药品行业协会等应当加强药品安全宣传教育，开展药品安全法律法规等知识的普及工作。新闻媒体应当开展药品安全法律法规等知识的公益宣传，并对药品违法行为进行舆论监督。有关药品的宣传报道应当全面、科学、客观、公正。药品行业协会应当加强行业自律，建立健全行业规范，推动行业诚信体系建设，引导和督促会员依法开展药品生产经营等活动。《医疗器械监督管理条例》提出，医疗器械监督管理遵循风险管理、全程管控、科学监管、社会共治的原则。国务院药品监督管理部门负责制定医疗器械的分类规则和分类目录，应当充分听取医疗器械注册人、备案人、生产经营企业以及使用单位、行业组织的意见，并参考国际医疗器械分类实践。

第二，监管是治理的主导性要素。在不同国家的治理体系中，监管的地位和作用是不同的。在我国的不同历史发展阶段，政府、企业、市场（社会）的关系也有所不同。在治理体系或者治理格局中，监管并没有缺失，仍然占据着重要地位。在食品药品安全领域，监管仍然是治理体系、治理格局中的核心要素、关键方式和重要内容。例如，在食品安全领域，政府及其监管部门承担着食品安全风险监测、食品安全标准制定、生产许可、监督检查、监督抽验、应急处置、违法查处等职责。《食品安全法》还明确规定：国家建立食品安全风险监测制度、国家建立食品安全风险评估制度、国家建立食品安全全程追溯制度、国家建立食品召回制度、国家建立统一的食品安全信息平台等，进一步彰显国家在食品安全治理中的突出地位。在药品安全领域，政府及其监管部门承担着药品质量标准制定、产品注册、生产许可、监督检查、监督抽验、不良反应监测等职责。《药品管理法》还规定：国家对药品管理实行药品上市许可持有人制度、国家建立健全药品追溯制度、国家建立药物警戒制度、国家对药品实行处方药与非处方药分类管理制度、国家实行药品储备制度、国家建立药品供求监测体系、国家完善药品采购管理制度、国家实行基本药物制度、国家实行短缺药品清单管理制度、国家建立职业化专业化药品检查员队伍、国家实行药品安全信息统一公布制度等，这些规定进一步凸显了国家在药品安全治理格局中的重要角色。在食品药品安全工作中，必须巩固监管的"基本盘"，拓展治理的"新空间"，形成共治的"大格局"。实践已经证明并将继续证明，监管"基本盘"越坚实，治理"新空间"越广阔。

二、理念与机制的关系

在食品药品安全领域推进社会共治理念，如今已无大的争议。然而，在多广的领域、多深的层次、多大的力度上推进社会共治，还存在不同的认识。目前，社会共治有时是在不同语境下使用的。广义的社会共治包括企业负责、政府监管、社会协同、行业自律、公众参与、媒体监督、法治保障等。狭义的社会共治主要是指社会协同、行业自律、公众参与、媒体监督等。

经过持续的努力，目前在食品药品安全社会共治方面，取得的阶段性成果主要表现为以下几个方面。第一，社会共治理念已经确立。该理念已载入食品药品相关立法中，且已形成社会共识。这表明食品药品安全工作更加开放、更加积极、更加自信，这是食品药品安全领域的重大进步。第二，社会共治制度逐步完善。目前，在食品药品安全领域，已建立贡献褒奖制度、有奖举报制度、典型示范制度、风险交流制度、信息公开制度等。第三，社会共治机制逐步健全。在食品药品安全领域，积极推进激励与约束、褒奖与惩戒、自律与他律、动力与压力相结合的机制建设，社会共治的内生动力不断增强。第四，社会共治格局基本建立。目前，已有多个平台或者载体，助力政府、企业、生产、社会共同推进食品药品安全社会共治。第五，社会共治思维基本树立。目前，无论是在食品安全领域，还是在药品安全领域，大时代、大健康、大风险、大安全、大质量、大治理的思维已经逐步确立，越来越多的人员跳出部门、跳出环节、跳出监管来看安全、看风险、看治理，视野更加开阔，道路更加宽广，力量更加强劲。

在积极评价食品药品安全社会共治的同时，也要清醒地看到其存在的一些短板和弱项。第一，从理念型共治到机制型共治还需进一步加快。如果说理念是

"大脑"，决定方向，则机制是"双足""双翼"，决定动力。社会共治只有从理念层次转化到机制层次，才能落地生根、枝繁叶茂。第二，从权利型共治到义务型共治还需进一步培育。权利可以让渡，义务不能抛弃。对特定主体和特定事项而言，社会共治的一些主要内容属于权利而不是义务，有的方面还没有形成稳定的机制来持续推进。第三，从被动型共治到主动型共治还需进一步升华。对食品药品安全，所有利益相关者都有知情权、表达权和参与权。要通过有效的机制建设，激励利益相关者积极有序参与食品药品安全治理。下一步，应当进一步推进食品药品安全社会共治的制度化、机制化和体系化。

积极推进食品药品安全社会共治理念的第一次转化——制度化。法治具有固根本、稳预期、利长远的保障作用。通过制度建设可以将社会共治的理念转化为相关主体的权利和义务，从法律上保障这些权利和义务的有效行使和积极履行。近年来，在食品药品安全立法中，高度注重将社会共治理念转化为社会共治制度。例如，在风险交流方面，《食品安全法》规定，县级以上人民政府食品安全监督管理部门和其他有关部门、食品安全风险评估专家委员会及其技术机构，应当按照科学、客观、及时、公开的原则，组织食品生产经营者、食品检验机构、认证机构、食品行业协会、消费者协会以及新闻媒体等，就食品安全风险评估信息和食品安全监督管理信息进行交流沟通。《药品管理法》规定，国务院药品监督管理部门应当完善药品审评审批工作制度，加强能力建设，建立健全沟通交流、专家咨询等机制，优化审评审批流程，提高审评审批效率。在有奖举报方面，《食品安全法》规定，县级以上人民政府食品安全监督管理等部门应当公布本部门的电子邮件地址或者电话，接受咨询、投诉、举报。对查证属实的举报，给予举报人奖励。《药品管理法》规定，药品监督管理部门应当公布本部门的电子邮件地址、电话，接受咨询、投诉、举报，并依法及时答复、核实、处理。对查证属实的举报，按照有关规定给予举报人奖励。在贡献褒奖方面，《食品安全法》规定，对在食品安全工作中做出突出贡献的单位和个人，按照国家有关规定给予表彰、奖励。《药品管理法》规定，县级以上人民政府及其有关部门对在药品研制、生产、经营、使用和监督管理工作中做出突出贡献的单位和个人，按照国家有关规定给予表彰、奖励。在信息公开方面，《食品安全法》规定，国家建立统一的食品安全信息平台，实行食品安全信息统一公布制度。公布食品安全信息，应当做到准确、及时，并进行必要的解释说明，避免误导消费者和社会舆论。任何单位和个人不得编造、散布虚假食品安全信息。《药品管理法》规定，国家实行药品安全信息统一公布制度。公布药品安全信息，应当及时、准确、全面，并进行必要的说明，避免误导。任何单位和个人不得编造、散布虚假药品安全信息。此外，在食品药品安全信息通报方面，《食品安全法》《药品管理法》《疫苗管理法》《医疗器械监督管理条例》《化妆品监督管理条例》都有许多规定，这为部门协同、社会协同奠定了良好的基础。

积极推进食品药品安全社会共治理念的第二次转化——机制化。制度是纸面上的法律，机制是行动中的法律。机制具有较强的适应性、灵活性、导向性、实操性和弥补性。在社会转型期，在相关法律制度成熟定型前，机制往往具有较大的灵活性和适应性。食品药品安全治理涉及众多利益相关者，这些不同的利益相关者的条件和期待不同，可以采取灵活多样的机制对其进行牵引和驱动。具体机制的设计往往体现着一定的目的性和方向性，不同利益相关者期待实现的目标不同，对其所运用的机制也有所不同。恰当的机制能够较好地导引有关利益主体向着预期的目标迈进。任何机制都是针对特殊的问题设计的。不同问题的破解，往往需要不同的治理机制。机制运行的效果可以在一定程度上检验体制和法制的设计是否科学、合理。从这个意义上来讲，机制可以对体制、法制进行适度的纠偏。

目前，治理机制分为平台意义上的机制和动力意义上的机制。前者的主要功能是实现从分散治理到统一治理的转变，后者的主要功能是实现从被动治理到能力制度的跨越。两类机制均可为社会共治添砖加瓦。一般来说，实行多元型监管体制的，需要强调综合统筹、共筑合力的机制；实行单一型监管体制的，则更加需要强调汇聚力量、强化共治的机制。这是对立统一规律的基本要求。平台意义上的机制，主要有全程协作机制、信息共享机制、风险交流机制和行刑衔接机制等。例如，《食品安全法》规定，县级以上地方人民政府对本行政区域的食品安全监督管理工作负责，统一领导、组织、协调本行政区域的食品安全监督管理工作以及食品安全突发事件应对工作，建立健全食品安全全程监督管理工作机制和信息共享机制。国务院食品安全监督管理部门会同国务院农业行政等有关部门建立食品安全全程追溯协作机制。《药品管理法》规定，县级以上地方人民政府对本行政区域内的药品监督管理工作负责，统一领导、组织、协调本行政区域内的药品监督管理工作以及药品安全突发事件应对工作，建立健全药品监督管理工作机制和信息共享机制。动力意义上的机制，主要有有奖举报机制、贡献褒奖机制、典型示范机制和责任保险机制等。目前，有的机制已经法制化，例如，《疫苗管理法》规定，国家实行疫苗责任强制保险制度。疫苗上市许可持有人应当按照规定投保疫苗责任强制保险。因疫苗质量问题造成受种者损害的，保险公司在承保的责任限额内予以赔付。这是保险公司参与药品安全治理的重要途径。有的机制还没有实现法制化，如近年来监管部门注重典型示范机制建设，树典型、推示范、出经验，以点带面、以面扩域，努力形成比学赶超、奋勇争先的良好局面，但严格说来，典型示范机制还没有法制化。

积极推进食品药品安全社会共治理念的第三次转化——体系化。食品药品属于高风险产品，体系治理是食品药品安全治理最鲜明的特色。食品药品安全社会共治理念的落地生根，需要制度和机制的“云梯”支持。无论从制度的角度来看，还是从机制的角度来看，社会共治都需要建立系统完备的科学体系。下一步，要从食品药品安全各利益相关者的角度，加快建立推动各类主体积极有序参与食品药品安全社会共治的制度和机制。例如，在推进企业履行主体责任方面，可以进一步完善信用奖惩制度、信息公示制度和典型示范制度等。在推进地方政府履责方面，可以进一步完善贡献褒奖制度、典型示范制度和考核评价制度等。在推进行业协会、新闻媒体、广大消费者等主体参与共治方面，可以进一步完善有奖举报制度、典型示范制度和贡献褒奖制度等。在推进部门协同或者社会协同方面，可以进一步完善信息通报机制、区域合作机制、联合督查机制、行刑衔接机制和行纪衔接机制等。

我们的心灵中有着不同的能力，正如我们的身体有着不同的器官一样，每一种能力都有其特定的功能和对象。

——亚里士多德

世界各国的社会秩序纷繁复杂，多种多样，但人类社会的秩序其实只有两大类：开放进入的社会秩序和有限进入的社会秩序。

——道格拉斯·诺思

地方抓改革要坚持问题导向，对一些起关键作用的改革，要加强形势分析和研判，抓住机遇、赢得主动。指导和推动地方改革要注意分类指导，既要有全局的统一性，也要有局部的灵活性，发挥好导向和激励作用。

——习近平

第五章　食品药品安全分类治理理念

在食品药品安全治理理念中，分类治理主要解决的是治理的策略与方式方法的问题。所谓分类，通常是指通过比较事物间的共同性或者相似性，把具有某些共同或者相似特征的事物归属于一个集合的逻辑方法。分类是认识事物和管理事物的重要方法。分类的目的在于科学把握事物的本质和规律，使复杂事物条理化、体系化和简约化，提高治理的质量和效率。通过分类，可以将大量庞杂的事物按照一定的标准进行划分和归类，建立起层次分明、结构清晰、逻辑一致的事物运行体系，发现事物的普遍共性与鲜明个性，帮助人们快速理解和掌握事物的总体特征和不同特点，从而实施目标性、针对性、靶向性更强的差异化、个性化管理。诚如哈佛大学莫里斯教授所指出的，"定义的目的并不在于定义本身，而在于定义所服务的目的"。同样，分类的目的不在于分类本身，而在于分类所要达到的目的。关于分类，西方学者指出："科学是对经验的系统分类。""分类是包含一系列定义的一个定义。""分类表现为普遍的东西、最初的东西的判分。""存在不同的视角，应当综合不同定义的部分来对自然界中的事物进行定义。""程序和简化是掌握一门科学的第一步，真正的敌人是未知。""世界上所有的分类都没有清晰的界限，所有的过渡都是渐进的。"上述论述提出了分类的目的、基础、方法以及需要特别关注的问题。它告诫我们：对事物可以进行多角度、多层次、多目的的分类，但分类应当科学化、系统化、条理化，避免简单化、片面化、碎片化。推进食品药品安全分类治理，要有助于推进食品药品安全治理的科学化、法治化、国际化和现代化。

实行食品药品安全分类治理，是根据一定的标准将食品药品进行类型化，并据此实行不同的治理政策和制度，以达到治理的最佳效果。综合与具体，是认识事物的两种重要手段。将纷繁复杂的事物进行综合，形成一定价值、目标统领下的事物集合，可以有效提升事物的统摄力、包容力和延展力，更好地从全局上把握事物发展的内在规律。而对每一事物按照一定的标准进行细化分类，则可以在把握事物共性的同时，更好地把握每一事物的特性，进一步增强治理的针对性、靶向性和有效性。基于一定的标准对事物进行科学分类，有利于以最小的成本获得最大的效益。最小负担原则，不仅是对企业管理的要求，也是对政府监管的要求。无论是解决历史遗留问题，还是处理复杂疑难事件，分类施策、分级管理都是一种行之有效的方法。

长期以来，在食品药品安全领域，分类的标准有很多，如按照产品属性、企业规模、商业模式、经营业态、诚信水平等进行分类。应当看到，以风险为视角进行的分类，是食品药品安全中最本质、最精要、最透彻的分类。因为食品药品安全治理的目标是安全，而风险与安全两者对立统一。从绝对角度来看，风险无处不在、无时不有；从相对角度来看，风险有轻有重、有缓有急。这就要求在治理策略上实行分类监管、分步实施。只有将风险类型研究透彻，将治理策略实施到位，食品药品安全才能实现长治久安。

食品药品安全风险可从多个角度进行分类。例如，按照风险来源的性质，可分为物理性风险、化学性风险和生物性风险；按照风险表现的形态，可分为自然风险、技术风险、社会风险和道德风险；按照风险与行为人的关系，可分为天然风险和人为风险；按照风险认知的难易程度，可分为显性风险和隐性风险；按照风险诱发因素的来源，可分为外部风险和内部风险；按照风险的演变过程，可分为原发性风险和继发性风险或者次生性风险。坚守食品药品安全分类治理理念，需要科学把握以下重要关系。

一、普遍规则与特殊要求的关系

科学是分类治理的基本原则，效能是分类治理的根本目标。推进食品药品安全分类治理，既要从食品药品安全的本质属性出发，把握食品药品安全风险的基本规律，也要在我国食品药品安全的特殊属性上着力，揭示我国现阶段食品药品安全风险的特殊属性，这样既可以避免大而化之、笼而统之的粗放治理，也可以避免密而杂之、细而扰之的烦琐治理。

分类治理，既是一种科学，也是一种艺术。世界本身是完整的、统一的。基于不同的标准，事物被区分为不同的类别，并被赋予不同的管理要求。分类应当做到科学、合理、恰当。分类过宽过窄、过粗过细，都可能失之毫厘、谬以千里，给事物的管理带来不利的影响。各国经济发展阶段、产业发展基础、政府管理体制和社会诚信发育不同，与之相应的监管理念、监管制度、监管机制和监管方式也存在一定的差别。药品、医疗器械和化妆品，在不同的国家和地区，分类的标准不同，管理的方式也不尽相同。

从哲学的角度来看，矛盾的普遍性寓于特殊性之中，并通过特殊性表现出来，没有特殊性就没有普遍性；同时，特殊性也离不开普遍性，不包含普遍性的事物是不存在的。矛盾的普遍性和特殊性在一定条件下可以相互转化。研究食品药品安全治理，既要善于掌握矛盾的普遍性，揭示食品药品安全治理的普遍规律；也要善于掌握矛盾的特殊性，探索食品药品安全治理的独特性。从哲学的角度来看，世间万事万物都统括在物质之下，而物质又可以按照一定的标准进行分类。同一类物质具有相同的属性，而事物是否具有相同的属性，则往往取决于人们认识事物的高度、广度和深度。例如，食品、药品、医疗器械和化妆品之间存在一定的差异，但它们都同属于健康产品，其监管都应当遵循健康产品监管的基本规律。但食品、药品、医疗器械和化妆品使用的主体、使用的目的、使用的方式等不同，其承受的风险、所预期的获益也有所不同，则监管必然存在一定的差异。再例如，特殊食品属于食品，应当遵循食品监管的基本规律，但特殊食品与普通食品又有所不同，因其安全风险比普通食品更大，特别是在适用人群、使用方法和剂量等方面与药品更为相似，所以，对特殊食品的监管往往借鉴药品监管的一些要求，如对产品实行注册或者备案管理，对原料、配方等实行特殊要求；对生产过程实行质量体系管理，对产品说明书、标签和广告往往实行类似药品的严格管理，其目的就是最大限度地控制安全风险。

在食品领域，分类方法主要有以下五种：一是根据产品上市是否需要注册或备案等特殊要求，将食品分为普通食品和特殊食品。特殊食品还分为保健食品、婴幼儿配方食品和特殊医学用途配方食品等，其中，婴幼儿配方乳粉的产品配方还需进行注册。二是根据食品生产工艺方法等不同，将食品分为粮食加工品、食用油、油脂及其制品、调味品、肉制品、乳制品、饮料、方便食品、饼干、罐头、冷冻饮品、速冻食品、薯类和膨化食品、糖果制品、茶叶及相关制品、酒类、蔬菜制品、水果制品、炒货食品及坚果制品、蛋制品、可可及焙烤咖啡产品、食糖、水产制品、淀粉及淀粉制品、糕点、豆制品、蜂产品、保健食品、特殊医学用途配方食品、婴幼儿配方食品、特殊膳食食品、其他食品、食品添加剂等。三是根据食品安全标准制定需要，将食品分为26类：A. 乳与乳制品；B. 养殖动物肉与肉制品；C. 蛋与蛋制品；D. 动物性水产及其制品；E. 蜂产品；F. 谷物及其制品；G. 豆类及其制品；H. 蔬菜及其制品；I. 水果及其制品；

J. 食用菌及其制品；K. 藻类及其制品；L. 坚果与籽类及其制品；M. 水、饮料及冷冻饮品；N. 酒类；O. 油脂及其制品；P. 食用淀粉及其制品；Q. 糖类；R. 糖果、巧克力和果冻；S. 茶及其制品和代茶制品；T. 调味品；U. 以谷物、豆类和薯类粉（颗粒）为主要原料的产品；V. 特殊膳食用食品；W. 用于食品的微生物原料；X.（空）；Y.（空）；Z. 其他。四是根据食品是否加工及加工方式，将食品分为食用农产品、生产加工食品和餐饮食品。五是根据食品原产国的不同，将食品分为国产食品和进口食品。此外，根据食品产区的不同，还有地方特色食品。根据食品创新性情况，还有新食品原料、食品添加剂新品种。根据食用传统情况，还有既是食品又是中药材的物质。根据食品生产经营者条件能力的不同，还区分为企业、生产加工小作坊和食品摊贩等。监管实践中还有一些其他的分类方式，例如，结合长期监管总结出的高风险品种，包括乳及乳制品、肉及肉制品等；综合各方因素，将生产经营者按照风险从低到高划分为 A、B、C、D 等不同风险等级；考虑社会及地域因素，将学校及校园周边、农村等列为高风险区域。

在药品领域，分类方法主要有以下七种。一是根据医药理论体系、工艺（制法）、给药途径、物质结构和药理作用的不同，将药品分为传统药和现代药。我国《宪法》第二十一条规定："国家发展医疗卫生事业，发展现代医药和我国传统医药。"《药品管理法》规定："国家发展现代药和传统药，充分发挥其在预防、医疗和保健中的作用。"二是根据药品物质基础和特性等的不同，将药品分为化药、生物制品和中药，分别建立独立的注册路径。三是根据药品创新性的不同，将药品分为新药和仿制药。新药注册时一般需要提交完整的药学、非临床和临床试验资料以证明药品的安全性、有效性和质量，而仿制药注册时只需证明与原研药品质量和疗效相一致。四是根据药品使用人群、管理要求等的不同，将药品分为普通药品和特殊管理的药品。因风险更高，麻醉药品、精神药品、医疗用毒性药品、放射性药品和药品类易制毒化学品等均属于特殊管理的药品。五是根据药品是否属于基本药物，将药品分为基本药物和非基本药物。基本药物是指适应基本医疗卫生需求、剂型适宜、价格合理，能够保障供应，公众可公平获得的药物。六是根据药品的购买是否需要处方，将药品分为处方药和非处方药。处方药是指凭执业医师和执业助理医师处方可购买、调配和使用的药品。非处方药是指由国务院药品监督管理部门公布的，不需要凭执业医师和执业助理医师处方，消费者可以自行判断、购买和使用的药品。七是根据药品原产国的不同，将药品分为国产药品和进口药品。进口药品在进口时需要办理口岸药监局备案和进口通关手续方能进口。此外，在实践中，对药品还有以下分类：若按来源进行分类，有天然药物、化学合成药物和生物技术药物；若按药品剂型进行分类，有片剂、胶囊剂、注射剂、口服制剂、外用制剂等；若按药品功能进行分类，有治疗药物、预防药物、诊断药物等。

在医疗器械领域，分类方法主要有以下五种。一是根据医疗器械的预期目的、结构特征和使用方法等因素，按照风险程度从低到高，将医疗器械分为第一类医疗器械、第二类医疗器械和第三类医疗器械。第一类是风险程度低，实行常规管理可以保证其安全、有效的医疗器械。第二类是具有中度风险，需要严格控制管理以保证其安全、有效的医疗器械。第三类是具有较高风险，需要采取特别措施严格控制管理以保证其安全、有效的医疗器械。第一类医疗器械实行产品备案管理，第二类、第三类医疗器械实行产品注册管理。二是根据医疗器械结构特征或者动力来源的不同，将医疗器械分为有源医疗器械和无源医疗器械。有源医疗器械，是指依靠电能或者其他能源，而不是直接由人体或者重力产生的能量发挥其功能的医疗器械。无源医疗器械，是指不依靠任何电能或其他能源，而是直接由人体或者重力产生的能量发挥其功能的医疗器械。三是根据医疗器械是否具有创新性，将医疗器械分为创新医疗器械和非创新医疗器械。四是根据医疗器械原产国的不同，将医疗器械分为国产医疗器械和进口医疗器械。五是根据使用次数或者使用形式的不同，将医疗器械分为一次性使用的医疗器械和可重复使用的医疗器械，前者是仅供一次性使用，用后即处理的医疗器械，如一次性注射器、输液器；后者是指经适当处理后可多次使用的医疗器械，如手术刀。

在化妆品领域，分类方法主要有以下两种：一是根据产品风险程度，将化妆品分为特殊化妆品和普通化妆品。用于染发、烫发、祛斑美白、防晒、防脱发的化妆品以及宣称新功效的化妆品为特殊化妆品。特殊化妆品以外的化妆品为普通化妆品。国家对特殊化妆品实行注册管理，对普通化妆品实行备案管理。特殊化妆品经国务院药品监督管理部门注册后方可生产、进口。国产普通化妆品应当在上市销售前向备案人所在地省、自治区、直辖市人民政府药品监督管理部门备案。进口普通化妆品应当在进口前向国务院药品监督管理部门备案。化妆品原料分为新原料和已使用的原料。国家对风险程度较高的化妆品新原料实行注册管理，对其他化妆品新原料实行备案管理。二是根据化妆品注册人、备案人以及化妆品产地的不同，将化妆品分为国产化妆品和进口化妆品。在实践中，化妆品还有按照使用目的、使用部位、产品功能和剂型进行的分类。

分类治理贯穿于食品药品安全治理的全生命周期。分类治理，既涉及产品上市前，也涉及产品上市后。例如，2017 年 1 月 24 日《国务院办公厅关于进一步改革完善药品生产流通使用政策的若干意见》（国办发〔2017〕13 号）明确指出："借鉴国际先进经验，探索按罕见病、儿童、老年人、急（抢）救用药及中医药（经典方）等分类审评审批，保障儿童、老年人等人群和重大疾病防治用药需求。""落实药品分类采购政策，按照公开透明、公平竞争的原则，科学设置评审因素，进一步提高医疗机构在药品集中采购中的参与度。""推进零售药店分级分类管理，提高零售连锁率。"2019 年 7 月 9 日《国务院办公厅关于建立职业化专业化药品检查员队伍的意见》（国办发〔2019〕36 号）明确规定："实行检查员分级分类管理。国务院药品监管部门建立检查员分级分类管理制度。按照检查品种，将检查员分为药品、医疗器械、化妆品 3 个检查序列，并根据专业水平、业务能力、工作资历和工作实绩等情况，将检查员划分为初级检查员、中级检查员、高级检查员、专家级检查员 4 个层级，每个层级再细分为若干级别，实践对应不同的任职条件、职责权限、技术职称和考核标准，享有相应的薪酬待遇。"2021 年 4 月 27 日《国务院办公厅关于全面加强药品监管能力建设的实施意见》（国办发〔2021〕16 号）提出："优化中成药注册分类，加强创新药、改良型新药、古代经典名方中药复方制剂、同名同方药管理。完善技术指导原则体系，加强全过程质量控制，促进中药传承创新发展。"

对不同类型的产品生产经营者应当采取不同的检查频次。根据产品风险的不同，确定不同的检查频次。例如，《食品安全法》规定，县级以上人民政府食品安全监督管理部门根据食品安全风险监测、风险评估结果和食品安全状况等，确定监督检查的重点、方式和频次，实施风险分级管理。县级以上人民政府食品安全监督管理部门应当建立食品生产经营者食品安全信用档案，记录许可颁发、日常监督检查结果、违法行为查处等情况，依法向社会公布并实时更新；对有不良信用记录的食品生产经营者增加监督检查频次，对违法行为情节严重的食品生产经营者，可以通报投资主管部门、证券监督管理机构和有关的金融机构。《药品管理法》规定，药品监督管理部门建立药品上市许可持有人、药品生产企业、药品经营企业、药物非临床安全性评价研究机构、药物临床试验机构和医疗机构药品安全信用档案，记录许可颁发、日常监督检查结果、违法行为查处等情况，依法向社会公布并及时更新；对有不良信用记录的，增加监督检查频次，并可以按照国家规定实施联合惩戒。《医疗器械监督管理条例》《化妆品监督管理条例》也均有类似的规定。

根据行为人过错以及危害后果的不同予以不同的处罚。在处罚方面，根据行为人行为及其后果情况的不同，如“情节严重的”“造成严重后果的”等予以不同的法律制裁。例如，《医疗器械监督管理条例》规定，备案时提供虚假资料的，由负责药品监督管理的部门向社会公告备案单位和产品名称，没收违法所得、违法生产经营的医疗器械；违法生产经营的医疗器械货值金额不足1万元的，并处2万元以上5万元以下罚款；货值金额1万元以上的，并处货值金额5倍以上20倍以下罚款；情节严重的，责令停产停业，对违法单位的法定代表人、主要负责人、直接负责的主管人员和其他责任人员，没收违法行为发生期间自本单位所获收入，并处所获收入30%以上3倍以下罚款，10年内禁止其从事医疗器械生产经营活动。同时规定，医疗器械临床试验机构开展医疗器械临床试验未遵守临床试验质量管理规范的，由负责药品监督管理的部门责令改正或者立即停止临床试验，处5万元以上10万元以下罚款；造成严重后果的，5年内禁止其开展相关专业医疗器械临床试验，由卫生主管部门对违法单位的法定代表人、主要负责人、直接负责的主管人员和其他责任人员，没收违法行为发生期间自本单位所获收入，并处所获收入30%以上3倍以下罚款，依法给予处分。

二、风险高低与事件紧急的关系

研究食品药品安全治理，必须科学把握风险的高低，而对于风险的高低往往需要从多角度、多层次进行判断和识别。监管实践中要注意把握以下两点关系。一是风险与收益的量效关系。风险往往与消费或者使用的数量之间存在一定的比例关系。现代医学鼻祖、希腊医生巴拉塞尔士（Paracelsus，1493年—1541年）提出：“万物皆有毒，关键在剂量。”巴拉塞尔士原则为“过犹不及，适量即可”。中国古语也有类似的说法：“万物皆有毒，只要剂量足。”离开量的确定，考量事物的风险往往是没有意义的。二是可接受度或者可承受度。对于一些疾病，患者、医生往往需要进行风险与获益的衡平考量。同样的一种风险，对于不同的人群或者个体，甚至在不同的时期内，结论有时是不同的。从概率的角度来看，国际医学科学组织委员会（CIOMS）建议将不良反应的发生率表示为：十分常见（≥10%），常见（1%~10%，含1%），偶见（0.1%~1%，含0.1%），罕见（0.01%~0.1%，含0.01%），十分罕见（<0.01%）。世界卫生组织一般毒性

药物的分度标准：将肿瘤化疗的不良反应分为4度（0度～Ⅳ度）。0度即无反应；Ⅰ度即轻度反应，不需治疗；Ⅱ度即有中度反应，需治疗；Ⅲ度即出现重度反应，威胁生命，但可恢复；Ⅳ度即严重反应，直接致死或促进死亡。对于不同年龄、不同危重程度的患者，药品、医疗器械带来的风险可能有所不同，患者可接受的风险程度也可能有所不同。通常情况下，监管机构根据群体风险获益判断风险可接受性，采取必要的风险控制措施。

目前，《医疗器械监督管理条例》《化妆品监督管理条例》是直接按照风险程度对医疗器械、化妆品品种进行分类的。例如，《医疗器械监督管理条例》规定："医疗器械产品注册、备案，应当进行临床评价；但是符合下列情形之一，可以免于进行临床评价：（一）工作机理明确、设计定型，生产工艺成熟，已上市的同品种医疗器械临床应用多年且无严重不良事件记录，不改变常规用途的；（二）其他通过非临床评价能够证明该医疗器械安全、有效的。""进行医疗器械临床评价，可以根据产品特征、临床风险、已有临床数据等情形，通过开展临床试验，或者通过对同品种医疗器械临床文献资料、临床数据进行分析评价，证明医疗器械安全、有效。""开展医疗器械临床试验，应当按照医疗器械临床试验质量管理规范的要求，在具备相应条件的临床试验机构进行，并向临床试验申办者所在地省、自治区、直辖市人民政府药品监督管理部门备案。""第三类医疗器械临床试验对人体具有较高风险的，应当经国务院药品监督管理部门批准。"上述规定明确了三次分类：第一次分类是需要进行临床评价的产品和免于进行临床评价的产品；第二次分类是需要进行临床评价的产品可以分为需要进行临床试验的产品和再通过同品种比对分析评价的产品；第三次分类是需要进行临床试验的项目分为需要国家药品监督管理局批准的项目和需要在省级药品监管部门备案的项目。再如，按照经营是否需要备案，产品分为需要经营备案的产品和免于经营备案的产品。《医疗器械监督管理条例》规定，从事第二类医疗器械经营的，由经营企业向所在地设区的市级人民政府负责药品监督管理的部门备案。按照国务院药品监督管理部门的规定，对产品安全性、有效性不受流通过程影响的第二类医疗器械，可以免于经营备案。

突发事件发生时，可以进行分类管理。因为突发事件或者紧急事件发生时，往往面临着产品供给的特殊需求。在这种特殊情形下，如何将积极担当与严格尽责有机结合，面临着极大的考验。对于风险获益的衡平，战时机制与平时机制的要求有着显著的差别。战时机制下，在保障基本安全的前提下，应当采取灵活的政策，科学衡平风险获益的关系，努力做到“两害相权取其轻、两利相权取其重”。战时机制下的风险获益的衡平，往往需要从更为广阔的视野进行综合考量，既考量数量安全，也考量质量安全。需要特别强调的是，即便在战时机制时，质量安全也不能突破底线。如在新冠疫情防控期间，将涉疫进口冷链食品根据相关标准进行分级分类处置，既能够有效防控疫情输入风险，保障安全，也可以最大限度减少损失，确保市场供应。

出现紧急需要时，可以实行附条件批准。例如，《药品管理法》规定，对治疗严重危及生命且尚无有效治疗手段的疾病以及公共卫生方面急需的药品，药物临床试验已有数据显示疗效并能预测其临床价值的，可以附条件批准，并在药品注册证书中载明相关事项。对附条件批准的药品，药品上市许可持有人应当采取相应风险管理措施，并在规定期限内按照要求完成相关研究；逾期未按照要求完成研究或者不能证明其获益大于风险的，国务院药品监督管理部门应当依法处理，直至注销药品注册证书。《医疗器械监督管理条例》规定，对用于治疗罕见疾病、严重危及生命且尚无有效治疗手段的疾病和应对公共卫生事件等急需的医疗器械，受理注册申请的药品监督管理部门可以作出附条件批准决定，并在医疗器械注册证中载明相关事项。

出现紧急事件时，可以实行紧急使用。例如，《疫苗管理法》规定，出现特别重大突发公共卫生事件或者其他严重威胁公众健康的紧急事件，国务院卫生健康主管部门根据传染病预防、控制需要提出紧急使用疫苗的建议，经国务院药品监督管理部门组织论证同意后可以在一定范围和期限内紧急使用。《医疗器械监督管理条例》规定，出现特别重大突发公共卫生事件或者其他严重威胁公众健康的紧急事件，国务院卫生主管部门根据预防、控制事件的需要提出紧急使用医疗器械的建议，经国务院药品监督管理部门组织论证同意后可以在一定范围和期限内紧急使用。在新冠疫情防控中，根据工业和信息化部和国家卫生健康委员会的建议，国家药品监督管理局医疗器械技术审评中心（以下简称“国家药监局器审中心”）组织相关专家进行遴选后，国家药品监督管理局同意相关抗原检测试剂纳入紧急使用。

符合法定条件的，可以优先审评审批。优先审评审批是保护和促进公众健康的重要制度安排。加快产品上市，必须符合相应的条件和程序。例如，《药品管理法》规定：“国家采取有效措施，鼓励儿童用药品的研制和创新，支持开发符合儿童生理特征的儿童用药品新品种、剂型和规格，对儿童用药品予以优先审评审批。”“国家鼓励短缺药品的研制和生产，对临床急需的短缺药品、防治重大传染病和罕见病等疾病的新药予以优先审评审批。”《药品注册管理办法》规定：“药品上市许可申请时，以下具有明显临床价值的药品，可以申请适用优先审评审批程序：（一）临床急需的短缺药品、防治重大传染病和罕见病等疾病的创新药和改良型新药；（二）符合儿童生理特征的儿童用药品新品种、剂型和规格；（三）疾病预防、控制急需的疫苗和创新疫苗；（四）纳入突破性治疗药物程序的药品；（五）符合附条件批准的药品；（六）国家药品监督管理局规定其他优先审评审批的情形。”“对纳入优先审评审批程序的药品上市许可申请，给予以下政策支持：（一）药品上市许可申请的审评时限为一百三十日；（二）临床急需的境外已上市境内未上市的罕见病药品，审评时限为七十日；（三）需要核查、检验和核准药品通用名称的，予以优先安排；（四）经沟通交流确认后，可以补充提交技术资料。”《医疗器械监督管理条例》《医疗器械注册与备案管理办法》亦对医疗器械优先审评审批制度做出了具体规定。

人才是创新的根基，是创新的核心要素。创新驱动实质上是人才驱动。为了加快形成一支规模宏大、富有创新精神、敢于承担风险的创新型人才队伍，要重点在用好、吸引、培养上下功夫。

——习近平

要以识才的慧眼、爱才的诚意、用才的胆识、容才的雅量、聚才的良方，广开进贤之路，把各方面知识分子凝聚起来，聚天下英才而用之。

——习近平

加强实践锻炼、专业训练，注重在重大斗争中磨砺干部，增强干部推动高质量发展本领、服务群众本领、防范化解风险本领。加强干部斗争精神和斗争本领养成，着力增强防风险、迎挑战、抗打压能力，带头担当作为，做到平常时候看得出来、关键时刻站得出来、危难关头豁得出来。

——习近平

第六章　食品药品安全专业治理理念

在食品药品安全治理理念中，专业治理主要解决的是治理人员的专业精神、专业思维、专业素养和专业能力问题。深化食品药品安全治理，必须培养和造就一大批专业人才。权威源于专业，经验源于实践。从事食品药品安全治理，既要有很高的政治素质，也要有很强的专业素养。21世纪以来，面对食品药品安全问题的多样性、广泛性、复杂性和食品药品安全治理的长期性、繁重性、艰巨性，许多国家和地区都在加快推进监管队伍的职业化专业化建设。如美国食品药品监督管理局前局长玛格丽特·汉伯格指出："食品药品监管领域，专业人才是我们最宝贵的资产，他们的知识和技能是保障公众健康的坚固防线。"美国食品药品监管局前副局长弗兰克·亚纳斯指出："在食品药品监管的复杂战场上，只有专业人才能够精准地识别风险，如同精准的导航仪，引领我们走向安全的彼岸。"有关专家指出："专业人才之于食品药品监管，犹如基石之于高楼，没有他们，监管体系将摇摇欲坠，公众的健康安全也将无从谈起。"

党中央、国务院高度重视专业人才队伍建设。2016年1月，习近平总书记在省部级主要领导干部学习贯彻党的十八届五中全会精神专题研讨班上强调："领导工作要有专业思维、专业素养、专业方法。把握新发展理念，不仅是政治性要求，而且是知识性、专业性要求，因为新发展理念包含大量充满时代气息的新知识、新经验、新信息、新要求。""要加强对干部的教育培训……开展精准化的理论培训、政策培训、科技培训、管理培训、法规培训……增强适应新形势新任务的信心和能力。"2017年10月，习近平总书记在党的十九大报告中指出："建设高素质专业化干部队伍。""注重培养专业能力、专业精神，增强干部队伍适应新时代中国特色社会主义发展要求的能力。"2018年5月，习近平总书记在中国科学院第十九次院士大会、中国工程院第十四次院士大会上强调："我们坚持创新驱动实质是人才驱动，强调人才是创新的第一资源，不断改善人才发展环境、激发人才创造活力，大力培养造就一大批具有全球视野和国际水平的战略科技人才、科技领军人才、青年科技人才和高水平创新团队。”2021年9月，习近平总书记在中央人才工作会议上强调：“当前，我国进入了全面建设社会主义现代化国家、向第二个百年奋斗目标进军的新征程，我们比历史上任何时期都更加接近实现中华民族伟大复兴的宏伟目标，也比历史上任何时期都更加渴求人才。实现我们的奋斗目标，高水平科技自立自强是关键。综合国力竞争说到底是人才竞争。人才是衡量一个国家综合国力的重要指标。国家发展靠人才，民族振兴靠人才。我们必须增强忧患意识，更加重视人才自主培养，加快建立人才资源竞争优势。”2022年3月，习近平总书记在中央党校（国家行政学院）中青年干部培训班开班式上强调：“党员干部一定要加强理论学习、厚实理论功底，自觉用新时代党的创新理论观察新形势、研究新情况、解决新问题，使各项工作朝着正确方向、按照客观规律推进。要坚持理论和实践相结合，注重在实践中学真知、悟真谛，加强磨练、增长本领。”2022年10月，习近平总书记在党的二十大会议上强调：“加强实践锻炼、专业训练，注重在重大斗争中磨砺干部，增强干部推动高质量发展本领、服务群众本领、防范化解风险本领。”习近平总书记有关加强专业人才队伍建设的一系列重要指示，对推进新时代食品药品安全专业治理具有重要的指导意义。

食品药品安全治理涉及自然科学、社会科学和管理科学的许多领域，如医学、药学、化学、生物学、食品学、营养学、工程学、社会学、经济学、法学和管理学等。实施食品药品安全战略，提升食品药品安全治理水平，需要大量专业型、复合型、高层次人才。强化食品药品安全专业治理，就是要适应时代发展的需要，加快培养和造就大批职业化专业化高素质的食品药品安全专业人才，全面提升监管人员的科学精神和职业素养，进一步提升食品药品安全治理现代化水平。坚守食品药品安全专业治理理念，需要科学把握以下重要关系。

一、职业准入与职业素养的关系

职业准入是推进专业治理的基本要求和重要前提。从事食品药品安全治理工作，首先应当明确专业人员的具体范围和基本条件。一般说来，专业人员主要包括两类：一是监管人员，包括审评、检查、检验、监测、评估、评价、标准、执法等专业技术人员；二是生产经营企业的管理人员，包括法定代表人、主要负责人、直接负责的主管人员、安全管理人员等。当前，部分食品药品企业管理人员和部分基层监管执法人员为非专业人员，专业素质不足，专业能力不强，在一定程度上影响了食品药品安全治理效果。

中央对加快推进食品药品监管队伍职业化专业化建设提出明确要求。党中央、国务院对加强食品药品安全队伍的职业化专业化建设一以贯之。例如，2004年9月《国务院关于进一步加强食品安全工作的决定》提出："要加强基层执法队伍的思想建设、业务建设和作风建设，强化法律法规培训，提高队伍整体素质和依法行政的能力，做到严格执法、公正执法、文明执法；充实基层执法人员力量，严把人员'入口'，畅通'出口'，加强监督，严肃法纪。"2012年1月《国务院关于印发国家药品安全"十二五"规划的通知》提出："推进专职化的药品检查员队伍建设。"这是我国相关文件对职业化专业化检查员制度建设的最早安排。2016年4月《国务院办公厅关于印发2016年食品安全重点工作安排的通知》提出："增强食品安全监管工作的专业性和系统性。""建立职业化检查员队伍。"2017年2月《国务院关于印发"十三五"国家食品安全规划和"十三五"国家药品安全规划的通知》（国发〔2017〕12号）提出，在食品安全方面，到2020年："职业化检查员队伍基本建成，实现执法程序和执法文书标准化、规范化。""加快建立职业化检查员队伍。依托现有资源建立职业化检查员制度，明确检查员的资格标准、检查职责、培训管理、绩效考核等要求。加强检查员专业培训和教材建设，依托现有资源设立检查员实训基地。"在药品安全方面，到2020年："依托现有资源，使职业化检查员的数量、素质满足检查需要，加大检查频次。""加快建立职业化检查员队伍。依托现有资源建立职业化检查员制度，明确检查员的岗位职责、条件要求、培训管理、绩效考核等要求。加强检查员专业培训和教材建设。在人事管理、绩效工资分配等方面采取多种激励措施，鼓励人才向监管一线流动。"2019年5月《中共中央 国务院关于深化改革加强食品安全工作的意见》提出："生产经营者是食品安全第一责任人，要结合实际设立食品质量安全管理岗位，配备专业技术人员，严格执行法律法规、标准规范等要求，确保生产经营过程持续合规，确保产品符合食品安全标准。""提高监管队伍专业化水平。强化培训和考核，依托现有资源加强职业化检查队伍建设，提高检查人员专业技能，及时发现和处置风险隐患。完善专业院校课程设置，加强食品学科建设和人才培养。加大公安机关打击食品安全犯罪专业力量、专业装备建设力度。"2019年7月《国务院办公厅关于建立职业化专业化药品检查员队伍的意见》提出："坚持职业化方向和专业性、技术性要求，到2020年底，国务院药品监管部门和省级药品监管部门基本完成职业化专业化药品检查员队伍制度体系建设。在此基础上，再用三到五年时间，构建起基本满足药品监管要求的职业化专业化药品检查员队伍体系，进一步完善以专职检查员为主体、兼职检查员为补充，政治过硬、素质优良、业务精湛、廉洁高效的职业化专业化药品检查员队伍，形成权责明确、协作顺畅、覆盖全面的药品监督检查工作体系。”2024年7月印发的《中共中央关于进一步全面深化改革 推进中国式现代化的决定》提出：“深化干部人事制度改革，鲜明树立选人用人正确导向，大力选拔政治过硬、敢于担当、锐意改革、实绩突出、清正廉洁的干部，着力解决干部乱作为、不作为、不敢为、不善为问题。”“健全常态化培训特别是基本培训机制，强化专业训练和实践锻炼，全面提高干部现代化建设能力。”2024年12月30日印发的《国务院办公厅关于全面深化药品医疗器械监管改革促进医药产业高质量发展的意见》（国办发〔2024〕53号）提出：“优化监管技术支撑机构设置，加强专业化队伍建设，充实高素质专业化技术力量。”“推进省级药品监管部门医疗器械审评机构和审评人员能力评价。”“鼓励各地结合医药产业发展实际，完善地方监管体制机制，加强队伍能力建设。”加强食品药品安全专业治理，应当坚持源头把关，严格职业准入条件，未取得食品药品安全相关职业资格或者不具备食品药品安全专业能力，不得从事食品药品安全相关工作。从2012年1月国务院提出“推进专职化的药品检查员队伍建设”到现在，我国职业化专业化检查员队伍建设有了显著的进步。截至2024年12月31日，全国共有药物非临床检查员134人，药物临床检查员385人，药品生产检查员1228人，医疗器械生产检查员541人，化妆品检查员123人。

食品药品安全法律法规对食品药品安全专业治理做出重要制度安排。《食品安全法》规定，食品生产经营企业应当配备食品安全管理人员，加强对其培训和考核。经考核不具备食品安全管理能力的，不得上岗。食品安全监管部门应当对企业食品安全管理人员随机进行监督抽考并公布考核情况。食品生产经营企业未按规定配备或者培训、考核食品安全管理人员，由县级以上人民政府食品安全监督管理部门责令改正，给予警告；拒不改正的，处五千元以上五万元以下罚款；情节严重的，责令停产停业，直至吊销许可证。被吊销许可证的食品生产经营者及其法定代表人、直接负责的主管人员和其他直接责任人员自处罚决定作出之日起五年内不得申请食品生产经营许可，或者从事食品生产经营管理工作、担任食品生产经营企业食品安全管理人员。因食品安全犯罪被判处有期徒刑以上刑罚的，终身不得从事食品生产经营管理工作，也不得担任食品生产经营企业食品安全管理人员。县级以上人民政府食品安全监督管理等部门应当加强对执法人员食品安全法律、法规、标准和专业知识与执法能力等的培训，并组织考核。不具备相应知识和能力的，不得从事食品安全执法工作。《药品管理法》规定，从事药品经营活动应当有依法经过资格认定的药师或者其他药学技术人员。医疗机构应当配备依法经过资格认定的药师或者其他药学技术人员。国家建立职业化、专业化药品检查员队伍。检查员应当熟悉药品法律法规，具备药品专业知识。《疫苗管理法》规定，国家建设中央和省级两级职业化、专业化药品检查员队伍，加强对疫苗的监督检查。《医疗器械监督管理条例》规定，国家建立职业化专业化检查员制度，加强对医疗器械的监督检查。《地方党政领导干部食品安全责任制规定》规定，加强食品安全监管能力、执法能力建设，整合监管力量，优化监管机制，提高监管、执法队伍专业化水平。

全面提升队伍专业素质必须强化专业实战训练。食品药品安全治理具有极强的实践性。全面提升监管队伍的专业素质，除了严格的职业准入外，丰富的实践经验至关重要。多年来，为了适应形势快速发展的需要，食品药品监管部门通过多种途径，接续强化职业继续教育，不断丰富监管人员的专业知识，努力提升职业素养和专业能力。例如，2017 年 4 月《国务院办公厅关于印发 2017 年食品安全重点工作安排的通知》提出："依托现有资源，加快建设职业化食品药品检查员队伍，设置相应的技术岗位、技术职务，开展技能培训，合理确定薪酬待遇，用专业性保证权威性。" 2019 年 7 月《国务院办公厅关于建立职业化专业化药品检查员队伍的意见》提出："强化检查员业务培训。着眼检查能力提升，分类开展各类药品检查员培训，建立统一规范的职业化专业化药品检查员培训体系，构建教、学、练、检一体化的教育培训机制。创新培训方式，建立检查员岗前培训和日常培训制度，初任检查员通过统一培训且考试考核合格后，方可取得药品监管部门颁发的检查工作资质。加大检查员培训机构、培训师资建设力度，构筑终身培训体系。检查员每年接受不少于 60 学时的业务知识和法律法规培训。建立检查员实训基地，突出检查工作模拟实操训练，强化培训全过程管理和考核评估，切实提升培训成效。" 2021 年 12 月国家药品监督管理局等 8 部门联合印发的《"十四五"国家药品安全及促进高质量发展规划》提出："实施专业素质提升工程，大力开展专业能力教育培训，有计划地开展各级负责药品监管的部门负责人领导能力培训。"其中，专业素质提升工程包括加强专业教育培训能力建设、加大教育培训力度、加强执业药师队伍建设。近年来，国家药监局依托医疗器械产业较为发达、审评力量较强的北京、山东、江苏、上海、广东、浙江6个省（市）局作为第二类医疗器械审评实训基地，分专业成体系开展第二类医疗器械审评能力实训，收到良好效果。

目前，在创新专业能力教育培训方面，有必要引进和深化案例教学法。一般说来，案例教学法具有以下四点优势。一是注重实践。面对新技术、新材料、新工艺、新方法、新产品、新业态、新模式的出现，案例教学法注重回答实践中不断出现的新问题、新挑战、新要求。二是强化综合。案例教学法强调基本理论、基本知识和基本技能的系统分析，避免了知识体系的分割与断裂。三是激励创新。案例教学法强化知识、能力和素养的综合运用，创新力度更大。四是引向深入。案例教学法往往更加注重将问题从理论向实践、从宏观向微观的导引，细微之处见精深。当前，要克服案例教学法学术性低、系统性差的错误观念，分类探索食品药品安全案例教学法，全面提升监管人员分析、判断和解决实际问题的能力和水平。

二、吸引人才与留住人才的关系

发展是第一要务，人才是第一资源。早在2003年12月《中共中央　国务院关于进一步加强人才工作的决定》就指出，人才问题是关系党和国家事业发展的关键问题。当今世界，多极化趋势曲折发展，经济全球化不断深入，科技进步日新月异，人才资源已成为最重要的战略资源，人才在综合国力竞争中越来越具有决定性意义。在建设中国特色社会主义伟大事业中，要把人才作为推进事业发展的关键因素，努力造就数以亿计的高素质劳动者、数以千万计的专门人才和一大批拔尖创新人才，建设规模宏大、结构合理、素质较高的人才队伍，开创人才辈出、人尽其才的新局面，把我国由人口大国转化为人才资源强国，大力提升国家核心竞争力和综合国力，完成全面建设小康社会的历史任务，实现中华民族的伟大复兴。2021年9月，习近平总书记在中央人才工作会议上强调："做好新时代人才工作，必须坚持党管人才，坚持面向世界科技前沿、面向经济主战场、面向国家重大需求、面向人民生命健康，深入实施新时代人才强国战略，全方位培养、引进、用好人才，加快建设世界重要人才中心和创新高地，为2035年基本实现社会主义现代化提供人才支撑，为2050年全面建成社会主义现代化强国打好人才基础。"

全球食品药品安全竞争的核心与关键就是监管人才的竞争。2017年7月时任美国食品药品监督管理局（Food and Drug Administration，FDA）局长斯科特·戈特利布（Scott Gottlieb，1972 年—）指出："FDA 审评的产品越来越复杂且专业化，对员工的技术要求也越来越高。FDA 的员工必须紧紧跟上科学和药学的最新进展，满足全球化和其他发展形势带来的对 FDA 保护消费者核心职能日益提高的现实要求。FDA 必须持续应对建立和保持多元化、专业化及具有奉献精神的员工队伍的挑战。"党中央、国务院高度重视药品监管人才队伍建设。2015 年 8 月《国务院关于改革药品医疗器械审评审批制度的意见》提出："加强审评队伍建设。改革事业单位用人制度，面向社会招聘技术审评人才，实行合同管理，其工资和社会保障按照国家有关规定执行。""建立首席专业岗位制度，科学设置体现技术审评、检查等特点的岗位体系，明确职责任务、工作标准和任职条件等，依照人员综合能力和水平实行按岗聘用。""推进职业化的药品医疗器械检查员队伍建设。健全绩效考核制度，根据岗位职责和工作业绩，适当拉开收入差距，确保技术审评、检查人员引得进、留得住。"2019 年 7 月《国务院办公厅关于建立职业化专业化药品检查员队伍的意见》进一步提出："建立激励约束机制。拓宽检查员职业发展空间，合理设定各级检查机构高级专业技术岗位数量，满足职业化专业化药品检查员队伍发展需要。建立检查员薪酬待遇保障机制，按照体现专业技能和劳动价值的原则，健全和完善职业化专业化药品检查员队伍薪酬待遇分配机制。检查员薪酬待遇水平与检查员技术职称、检查工作难易程度及检查任务量相挂钩，构建向现场检查一线倾斜的薪酬激励机制。"

对于高端人才、创新人才、领军人才等，引得来、留得住、用得好，是关键、是要害。2014 年 8 月，习近平总书记在中央财经领导小组第七次会议上强调："人才是创新的根基，是创新的核心要素。创新驱动实质上是人才驱动。为了加快形成一支规模宏大、富有创新精神、敢于承担风险的创新型人才队伍，要重点在用好、吸引、培养上下功夫。"2021 年 4 月《国务院办公厅关于全面加强药品监管能力建设的实施意见》（国办发〔2021〕16 号）提出："加强药品监管队伍思想政治建设，教育引导干部切实增强干事创业的积极性、主动性、创造性，忠实履行药品监管政治责任。树立鲜明用人导向，坚持严管和厚爱结合、激励和约束并重，鼓励干部锐意进取、担当作为。加强人文关怀，努力解决监管人员工作和生活后顾之忧。优化人才成长路径，健全人才评价激励机制，激发监管队伍的活力和创造力。对作出突出贡献的单位和个人，按照国家有关规定给予表彰奖励，推动形成团结奋进、积极作为、昂扬向上的良好风尚。"面对竞争日益激烈的市场环境，必须采取更加有力的制度和措施，吸引和留住大批优秀人才。

要用伟大的事业吸引和留住一大批优秀人才。“人类一切的努力的目的在于获得幸福。”近年来，党中央、国务院确立了药品监管部门保护和促进公众健康的庄严使命，确立了加快推进从制药大国向制药强国跨越的发展目标，确立了科学化、法治化、国际化和现代化的发展道路。为落实国家区域发展重大战略，支持药品医疗器械产业创新发展，国家在长江三角洲地区和粤港澳大湾区设立 2 个药品审评检查分中心和 2 个医疗器械技术审评检查分中心。为适应日新月异的科技发展和产业进步，助力新产品早日上市，提升监管质量和效能，国家药品监督管理局启动中国药品监管科学行动计划，依托高等院校和科研机构，成立了 14 个监管科学研究基地，设立了 117 个国家药品监督管理局重点实验室，着重研究监管新工具、新标准和新方法。为适应融合创新时代发展的需要，助推产业创新发展高质量发展，国家药监局器审中心会同有关单位设立跨部门的人工智能医疗器械创新合作平台、生物材料创新合作平台和高端医疗器械创新合作平台。伟大的事业呼唤优秀的人才，优秀的人才创造伟大的事业。食品药品安全事业是护佑人类健康的崇高事业。近年来，我国药品审评审批制度改革持续深化，药品研发创新政策红利持续释放，截至 2024 年 12 月 31 日，我国已批准创新药品 190 个，创新医疗器械 315 个，我国已进入全球药品研发创新第二梯队的前列。良好的药品监管创新生态，必将吸引更多的优秀人才投身到伟大的药品监管事业中建功立业。

要用良好的制度吸引和留住一大批优秀人才。千秋基业，人才为本。落实习近平总书记关于加强人才工作的指示要求，必须坚持以识才的慧眼、爱才的诚意、用才的胆识、容才的雅量、聚才的良方，着力把各方面的优秀人才集聚到食品药品安全监管中来，努力建设一支政治坚定、业务精湛、素质优良、作风过硬的人才队伍，让各类人才的创造活力竞相迸发，让各类人才的聪明才智充分涌流。

激励是促进人才快速成长的第一要素。多年来，国家食品药品监管部门高度重视对做出突出贡献的单位和个人给予表彰和奖励。《食品安全法》规定：“对在食品安全工作中做出突出贡献的单位和个人，按照国家有关规定给予表彰、奖励。”《药品管理法》规定：“县级以上人民政府及其有关部门对在药品研制、生产、经营、使用和监督管理工作中做出突出贡献的单位和个人，按照国家有关规定给予表彰、奖励。”《医疗器械监督管理条例》规定：“对在医疗器械的研究与创新方面做出突出贡献的单位和个人，按照国家有关规定给予表彰奖励。”《国务院办公厅关于建立职业化专业化药品检查员队伍的意见》提出：“按照国家有关规定，对发现重大风险隐患、工作业绩突出的检查员给予表彰奖励，充分调动检查员认真履职尽责的积极性和主动性，提升职业荣誉感。”《国务院办公厅关于全面加强药品监管能力建设的实施意见》《“十四五”国家药品安全及促进高质量发展规划》提出：“对作出突出贡献的单位和个人，按照国家有关规定给予表彰奖励，推动形成团结奋进、积极作为、昂扬向上的良好风尚。”近年来，多名食品药品监管工作者因工作业绩突出受到党和国家的表彰和奖励。

近年来，国家药品监督管理局落实党中央、国务院的要求，持续推进职业化专业化队伍制度建设，目前已基本建立起职业化专业化检查员管理制度体系。国家药品监督管理局于2020年12月出台《国家药监局关于加快推进职业化专业化药品检查员队伍建设的实施意见》，于2021年6月出台《职业化专业化药品检查员分级分类管理办法》，于2021年9月出台《职业化专业化药品检查员教育培训管理办法》《职业化专业化药品检查员廉洁自律管理办法》《职业化专业化药品检查员证件管理办法》，于2022年4月出台《职业化专业化药品检查员调派使用管理办法》《职业化专业化药品检查员信息管理办法》。国家药品监督管理局正在加快推进职业化专业化检查员教材建设。《“十四五”国家药品安全及促进高质量发展规划》提出，“十四五”时期的发展目标包括：“专业人才队伍建设取得较大进展。培养一批具备国际先进水平的高层次审评员、检查员和检验检测领域专业素质过硬的学科带头人。药品监管队伍专业素质明显提升，队伍专业化建设取得积极成效。”为此，要加强专业人才队伍建设，建设高水平审评员队伍，建设职业化专业化检查员队伍，建设强有力的检验检测队伍，建设业务精湛的监测评价队伍，全面提升监管队伍专业素质。目前，国家药品监督管理局正在稳步推进监管队伍的分级分类管理、薪酬待遇管理、职业晋升管理、继续教育管理、调派使用管理、廉洁自律管理等制度建设，职业化专业化监管队伍建设步伐明显加快。

要用先进的文化吸引和留住一大批优秀人才。优秀的文化能够凝聚人、滋养人、激励人、塑造人、引领人。近年来，药品监管系统正在培育“健康、科学、创新、卓越”的新文化。健康，是药品监管的第一价值。药品监管的根本使命是保护和促进公众健康。在“保护公众健康”的基础上增加“促进公众健康”，这是药品监管使命的重大变革，这种变革体现了鲜明的人民性、时代性和创造性特点，是药品监管事业发展的“风向标”。科学，是药品监管的第一属性。药品审评、检查、检验以及监测评价等，无不属于科学实证活动。药品监管的本质在于科学，药品监管的精髓在于科学，药品监管的权威在于科学。目前，国家药品监管部门积极推进药品监管科学研究，努力以监管新制度、新工具、新标准和新方法助力产业创新和监管创新。创新，是药品监管的第一品格。创新是引领发展的第一动力。进入新时代，药品监管部门认真贯彻落实新发展理念，围绕创新、质量、效率、体系和能力五大主题，进行了许多重大改革创新，极大释放了创造力、发展了生产力、扩大了影响力，使得药品产业发展和药品监管事业焕然一新。卓越，是药品监管的第一目标。公众健康的至上性、人民重托的殷切性、社会期待的庄严性，决定了药品监管必须不断追求卓越，努力实现超越。面对人民对美好生活的向往，面对人民对药品监管的期待，卓越正日益成为药品监管部门的职业追求和部门风尚。健康、科学、创新、卓越的药品监管文化，必将滋养更多的优秀人才在伟大的药品监管事业中脱颖而出、茁壮成长。

借口集体管理而无人负责，是最危险的祸害。这种祸害威胁着一切没有集体管理工作经验的人，而在军事上往往导致无法避免的灾难、混乱、惊慌失措、权力分散和失败。

——列宁

没有个人分工负责，我们就不可能进行任何复杂的工作，就将陷于无人负责的灾难中。在任何一个组织中，不仅需要分工负责，而且需要有人负总责。

——邓小平

加强食品安全监管，关系全国13亿多人“舌尖上的安全”，关系广大人民群众身体健康和生命安全。要严字当头，严谨标准、严格监管、严厉处罚、严肃问责，各级党委和政府要作为一项重大政治任务来抓。要坚持源头严防、过程严管、风险严控，完善食品药品安全监管体制，加强统一性、权威性。

——习近平

第七章　食品药品安全责任治理理念

食品药品安全责任治理是指明确各相关主体在食品药品安全治理中的责任，运用多种制度、机制和方式，确保实现食品药品全领域、全过程、全链条、全环节安全的治理。法律关系是一种特定主体间的权利与义务关系，简言之，就是一种责任关系。食品药品安全法律制度是围绕风险的全面防控和责任的全面落实展开设计的。如果说，风险的全面防控是食品药品安全法律制度的目标，责任的全面落实则是食品药品安全法律制度的要义。近年来，我国食品药品安全责任治理的高度、深度和力度不断拓展，步伐更加坚定、足音更加清晰、效果更加显著。

美国思想家、文学家、诗人拉尔夫·沃尔多·爱默生（Ralph Waldo Emerson，1803 年—1882 年）说："责任是一种伟大的品格，它具有至高无上的价值，在所有价值中处于最高的位置。"捷克小说家弗兰兹·卡夫卡（Franz Kafka，1883 年—1924 年）说："人只因为承担责任才是自由的，这是生活的真谛。"丘吉尔指出："机会伴随着责任而来。""高尚、伟大的代价就是责任。"亚伯拉罕·林肯（Abraham Lincoln，1809 年—1865 年）指出："每个人都应当有这样的信心：人所能负的责任，我必能负；人所不能负的责任，我亦能负。如此，你才能磨炼自己，求得更高的知识而进入更高的境界。"责任是使命的制度安排，是对使命的忠诚、担当和坚守。承担责任是拥有价值的前提，享有价值是履行责任的结果。在食品药品安全治理领域，有效供给理论、风险管理理论、责任共享理论、社会共治理念，分别从经济、科学、政治、社会的角度，阐释了食品药品安全治理的内在逻辑和运行规律。因此，基于适应新时代新发展阶段的需要，有必要深化食品药品安全责任治理研究，通过"在所有价值中处于最高的位置"的责任，激励与约束所有的利益相关者，肩扛使命，积极履责，担当作为，加快推进食品药品安全治理的科学化、法治化、国际化和现代化进程。

自 21 世纪监管体制改革以来，我国食品药品安全责任治理不断向纵深发展。一是责任治理思路更加清晰。经过多年的实践探索，从"地方政府负总责、监管部门各负其责、企业是第一责任人”，到“企业负责、政府监管、行业自律、社会协同、公众参与、媒体监督、法治保障”，再到“党政同责、一岗双责、齐抓共管”的治理格局，责任治理的视野更加宽广、思路更加清晰。二是责任治理制度逐步完善。《食品安全法》《药品管理法》《疫苗管理法》《医疗器械监督管理条例》《化妆品监督管理条例》，确立了企业主责、政府监管和社会共治三大责任体系。三是责任治理机制逐步健全。多项推动责任落实的治理机制已建立并实施。以风险为例，建立了风险会商机制、风险交流机制；以责任为例，建立了责任约谈机制、责任连带机制、责任落实机制、责任追究机制。

然而，在监管实践中，责任治理方面依然存在三大突出问题。一是责任配置有待进一步清晰。省、市、县三级监管部门监管职能的划分不够具体，食品经营环节和药品使用环节监管职能划分不够清晰。二是责任履行有待进一步强化。基层监管资源和力量较为薄弱，有的执法人员风险意识、责任意识、法治意识不强，在履职尽责、担当作为方面存在差距，及时发现问题、迅速查控风险、有效破解难题的能力还存在不足。三是责任追究有待进一步科学。在食品药品安全领域，有些责任的追究需要科学区分政治责任和法律责任、民事责任和行政责任，防止形成行政责任与民事责任的事实连带。坚守食品药品安全责任治理理念，需要科学把握以下重要关系。

一、责任配置、履责保障与责任追究的关系

从运行程序来看，责任治理包括责任配置、责任履行、履责保障和责任追究等。责任配置的基本要求是科学、清晰；责任履行的基本要求是全面、到位；履责保障的基本要求是充分、有力；责任追究的基本要求是理性、严格。

第一，责任配置应当科学、清晰。食品药品安全责任主体可分为企业、政府和社会三大体系，每一类主体又可进行细分。例如，《食品安全法》涉及的主体包括食品生产经营者、食品添加剂生产经营者、食品相关产品生产经营者、网络食品交易第三方平台提供者、集中交易市场的开办者、柜台出租者、展销会举办者、保健食品企业、特殊医学用途配方食品企业、婴幼儿配方食品生产企业、餐具和饮具集中消毒服务单位、食用农产品销售者、境外出口商、境外生产企业、食品生产加工小作坊、食品摊贩、食品安全管理人员、食品行业协会、消费者协会和其他消费者组织、新闻媒体、食品安全监管部门、食品安全委员会、农业行政部门、卫生行政部门、疾病预防控制机构、国家出入境检验检疫部门、公安机

关、地方各级人民政府、风险监测机构及工作人员、风险评估机构及工作人员、风险评估专家委员会、风险交流机构及工作人员、食品检验机构及工作人员、食品复检机构、食品认证机构及工作人员、食品广告经营者、食品广告发布者、食品安全举报人、食品安全事故单位等。这是一个复杂的网状结构。那么，在食品药品安全方面，如何科学配置这些主体的义务与责任呢？

按照收益与风险平衡、权利与义务对等的原则，科学配置民事权利与义务。食品药品企业享有利益的同时，应当承担相应的义务。保障食品药品安全，是企业与生俱来的义务、天经地义的责任。企业对食品药品安全的责任，不以政府监管和社会共治的存在或者作为为前提。任何强化政府监管和深化社会共治的举措，都不免除或者减轻企业应尽的责任。《食品安全法》规定，食品生产经营者对其生产经营食品的安全负责。食品生产经营者应当依照法律、法规和食品安全标准从事生产经营活动，保证食品安全，诚信自律，对社会和公众负责，接受社会监督，承担社会责任。《药品管理法》规定，药品上市许可持有人依法对药品研制、生产、经营、使用全过程中药品的安全性、有效性和质量可控性负责。从事药品研制、生产、经营、使用活动，应当遵守法律、法规、规章、标准和规范，保证全过程信息真实、准确、完整和可追溯。药品上市许可持有人应当依照本法规定，对药品的非临床研究、临床试验、生产经营、上市后研究、不良反应监测及报告与处理等承担责任。其他从事药品研制、生产、经营、储存、运输、使用等活动的单位和个人依法承担相应责任。药品上市许可持有人是药品的"出品人"，不仅要对药品的研发和生产活动负责，而且要对药品全生命周期质量负责。如何强化药品上市许可持有人对药品经营、使用环节的责任担当，是未来完善我国药品管理制度需要考量的重要一环。

食品药品生产经营者之间根据安全与风险平衡、权利与义务对等的原则配置权利与义务的背后，有时还包含着一些更为复杂、更为深刻的因素。首先，创新意味着风险，企业在创新领域往往承担更多的义务和责任。在食品药品生产经营全生命周期中，不同的生产经营活动的创新程度不同，所承担的风险也有所不同。如研制、生产、流通等不同活动，对药品的安全性、有效性和质量稳定性的影响不同。一般来说，创新性越大，承受的风险越大，获益也应当越大。药品上市许可持有人制度的设计，彰显了科学技术在药品价值构成中的绝对性、支配性力量，所以，上市许可持有人自然成为创造性劳动成果——药品上市许可证明文件的持有人，上市许可持有人对药品质量安全承担全生命周期的法律责任。其次，制度缺失意味着风险，企业在制度缺失的领域往往承担更多的责任。食品药品生产经营过程就是食品药品安全风险的防控过程。不同的风险因子需要不同的防控措施。同为食品，是否需要冷链运输，其风险防控的要求就大不相同。在制度或者标准缺失的领域，往往容易出现系统性、区域性风险。所以，在法律制度设计时，对于冷链运输的产品，运输环节相关主体往往需要承担更多的义务和责任。《食品安全法》没有为单独从事食品贮存、运输的经营活动设定许可制度，但却增加了食品贮存者、运输者相应的义务，将安全责任压在企业主体的肩上。

按照权、责、能、效一致原则，科学配置行政监管权责。食品药品安全行政管理机关是各级人民政府及其承担食品药品安全监管职责的具体职能部门。具体职能部门的职责配置包括横向的配置与纵向的职责划分两个方面。应当根据产品全生命周期不同阶段的风险类型及级别，合理配备监管职责、资源和力量，使权、责、能、效相协调、相匹配、相统一。从横向来看，主要是本级政府食品药品监管职责的具体配置问题，核心是统一监管还是多元监管。目前，我国对食品药品安全实行相对集中统一的监管模式。从纵向来看，主要是同一监管体系内部上下级监管职责的具体划分问题，核心是垂直管理还是分级管理。此外，纵向配置还涉及具体职责的层级划分，这与依法行政、履责尽职密切相关。将食品药品安全监管职责中哪些职能配置给哪级监管部门，这主要取决于各级监管部门的监管资源、监管力量和监管手段等情况。

从各国的监管实践来看，对于需要严格审评审批的药品医疗器械，监管职责更多集中在中央政府的监管部门。《药品管理法》规定，国务院药品监督管理部门主管全国药品监督管理工作。国务院有关部门在各自职责范围内负责与药品有关的监督管理工作。省、自治区、直辖市人民政府药品监督管理部门负责本行政区域内的药品监督管理工作。设区的市级、县级人民政府承担药品监督管理职责的部门负责本行政区域内的药品监督管理工作。县级以上地方人民政府有关部门在各自职责范围内负责与药品有关的监督管理工作。县级以上地方人民政府对本行政区域内的药品监督管理工作负责，统一领导、组织、协调本行政区域内的药品监督管理工作以及药品安全突发事件应对工作，建立健全药品监督管理工作机制和信息共享机制。地方食品药品监管部门包括省、市、县三级监管部门。有必要按照分级管理的要求，对省、市、县三级责任配置进行适当调整和完善，避免权、责、能、效的脱节与失衡。目前，国家局主要负责药品研制环节的监管，省局主要负责药品生产环节以及药品批发企业、连锁企业总部、网络交易平台的监管，市县局主要负责药品零售和使用环节的监管。按照推进监管体系和监管能力现代化，实现社会资源配置效用的最大化，推进监管工作落实落地落细的要求，有必要对省、市、县三级监管机构的监管职责进行适度优化，使其与我国社会发展的战略目标和价值取向保持高度一致。

第二，履责保障应当充分、有力。食品药品安全监管属于科学性、系统性、专业性很强的监管，职责的履行需要有充足的资源作为保障。将食品药品安全治理的目标定位于秩序、安全，还是健康，在一定程度上体现着经济社会发展进步的程度。实践证明，只有建立起强大的食品药品监管部门，才能有效保障公众的饮食用药权益。《食品安全法》规定，县级以上人民政府应当将食品安全工作纳入本级国民经济和社会发展规划，将食品安全工作经费列入本级政府财政预算，加强食品安全监督管理能力建设，为食品安全工作提供保障。《药品管理法》规定，县级以上人民政府应当将药品安全工作纳入本级国民经济和社会发展规划，将药品安全工作经费列入本级政府预算，加强药品监督管理能力建设，为药品安全工作提供保障。

实践证明，最严格的法律必须由最强大的监管部门去实施。强化食品药品安全监管职责履行到位，应当明确各级监管职权履行保障的基本条件，建立健全食品药品安全监管能力建设标准，明确各级监管部门尤其是市县两级监管部门履行监管职责所需要的人、财、物等条件。我国幅员辽阔，区域差别明显，可根据东部、中部和西部的不同情况，确定不同的配置标准。与此同时，要按照监管能力建设标准，对各地食品药品监管能力进行考核评价并向社会公开，激励和约束地方政府加大对食品药品安全工作的投入。对达不到标准的地区，应当加大监督检查和行政问责力度。2021 年 4 月《国务院办公厅关于全面加强药品监管能力建设的实施意见》（国办发〔2021〕16 号）提出，推动落实市县药品监管能力标准化建设要求，市县级市场监管部门要在综合执法队伍中加强药品监管执法力量配备，确保其具备与监管事权相匹配的专业监管人员、经费和设备等条件。落实监管事权划分，加强跨区域跨层级药品监管协同指导，强化国家、省、市、县四级负责药品监管的部门在药品全生命周期的监管协同。加强省级药品监管部门对市县级市场监管部门药品监管工作的监督指导，健全信息通报、联合办案、人员调派等工作衔接机制，完善省、市、县药品安全风险会商机制，形成药品监管工作全国一盘棋格局。省级检验检测机构要加强对市县级检验检测机构的业务指导，开展能力达标建设。

第三，责任追究应当理性、严格。食品药品安全法治建设必须全面贯彻“四个最严”的要求。食品药品安全责任可以分为政治责任、法律责任和社会责任三大类。政治责任，通常是指承担重大决策与管理职责的政府官员因决策失误或者失职渎职导致人民群众生命财产或者国家利益、公共利益遭受重大损失时所承担的消极法律后果。《食品安全法》规定，发生隐瞒、谎报、缓报食品安全事故等法定情形之一的，造成严重后果的，其主要负责人应当引咎辞职。法律责任包括民事责任、行政责任和刑事责任。对于法律责任的追究，应当严格依法区分各类主体的不同责任，避免不同主体之间责任的事实连带。社会责任，通常是指企业在对股东利益负责的同时，还要对社会所承担的其他责任。食品药品生产经营企业的社会责任，主要是适应社会发展的需要，生产经营更高质量、更加经济、更加健康的产品。《食品安全法》规定，食品生产经营者应当依照法律、法规和食品安全标准从事生产经营活动，保证食品安全，诚信自律，对社会和公众负责，接受社会监督，承担社会责任。《药品管理法》规定，经国务院药品监督管理部门核准的药品质量标准高于国家药品标准的，按照经核准的药品质量标准执行。推进企业积极履行社会责任，需要从制度机制层面做出进一步的安排，这也是食品药品安全领域推动供给侧结构性改革、实现高质量发展的内在需要。

二、民事责任、行政责任与刑事责任的关系

食品药品安全法律关系是由一系列权利和义务构成的复杂社会关系群。这里既涉及行政法律关系，也涉及民事法律关系，还涉及刑事法律关系；既涉及内部管理关系，也涉及外部监管关系。立法是配置权利、义务和责任的一门精妙的艺术。如何科学设定食品药品安全领域各利益相关方的法律责任，是一个需要认真研究的重要问题。

第一，充分运用民事法律手段。在食品药品安全治理中，人们往往习惯采用具有一定的权威性和威慑力的行政法律手段或者刑事法律手段。事实上，民事法律手段往往具有适用范围广、参与主体多、运行成本低、社会效果好的独特优势。从某种意义上讲，民事法律手段的充分运用是市场经济成熟程度的重要标志。保障食品药品安全，应当坚持市场在配置资源中的决定性地位，最大限度地利用民事法律手段。

食品药品安全民事法律关系，主要是指食品药品生产经营者（包括研制者、生产者、贮存者、运输者、销售者等）与消费者之间的关系，以及食品药品生产

经营者之间的关系。从食品的生产到食品的消费，从药品的研制到药品的使用，是一个涉及多主体、多环节、多链条的复杂体系。是由所有的食品药品生产经营者对消费者共同承担责任，还是由各生产经营者依法承担各自的责任，或者是由其中一个生产经营者对消费者承担全部责任，这一问题需要认真思考。食品药品生产经营的目的在于满足消费者的饮食用药需求，保障食品药品安全是维护消费者健康权益的重要前提。

食品药品安全民事法律制度的设计，存在着一个基本前提——默示合同关系的存在，即生产经营的产品必须符合法定或者约定的要求。随着社会的发展和法律的进步，这种默示合同关系的一些重要内容已逐步被纳入法律法规，共同构成完整的食品药品安全民事法律制度。保障食品药品安全是所有食品药品生产经营者共同的责任。

食品药品安全民事法律制度设计主要围绕以下五个领域展开。一是民事侵权赔偿问题。《民法典》规定了民事侵权的一般原则，《食品安全法》《药品管理法》作出了具体补充规定。如《食品安全法》规定，媒体编造、散布虚假食品安全信息，使公民、法人或者其他组织的合法权益受到损害的，依法承担消除影响、恢复名誉、赔偿损失、赔礼道歉等民事责任。《药品管理法》规定，药品上市许可持有人、药品生产企业、药品经营企业或者医疗机构违反本法规定，给用药者造成损害的，依法承担赔偿责任。药品检验机构出具的检验结果不实，造成损失的，应当承担相应的赔偿责任。二是侵权责任连带问题。多种行为共同导致侵权行为发生时，如果不能、不便、不宜进行区分，可以设定行为人共同对侵权行为承担民事连带责任。如《食品安全法》规定，明知他人未取得食品生产经营许可从事食品生产经营活动的违法行为，仍为其提供生产经营场所或者其他条件，使消费者的合法权益受到损害的，应当与食品生产经营者承担连带责任。集中交易市场的开办者、柜台出租者、展销会的举办者允许未依法取得许可的食品经营者进入市场销售食品，或者未履行检查、报告等义务，使消费者的合法权益受到损害的，应当与食品经营者承担连带责任。《药品管理法》规定，药品上市许可持有人为境外企业的，应当由其指定的在中国境内的企业法人履行药品上市许可持有人义务，与药品上市许可持有人承担连带责任。三是惩罚性赔偿问题。惩罚性赔偿是指生产不符合标准的食品药品，或者经营明知是不符合标准的食品药品，消费者除要求赔偿损失外，还可以向生产者或者经营者要求一定数量的赔偿金。如《食品安全法》规定，生产不符合食品安全标准的食品或者经营明知是不符合食品安全标准的食品，消费者除要求赔偿损失外，还可以向生产者或者经营者要求支付价款十倍或者损失三倍的赔偿金；增加赔偿的金额不足一千元的，为一千元。但是，食品的标签、说明书存在不影响食品安全且不会对消费者造成误导的瑕疵的除外。《药品管理法》规定，生产假药、劣药或者明知是假药、劣药仍然销售、使用的，受害人或者其近亲属除请求赔偿损失外，还可以请求支付价款十倍或者损失三倍的赔偿金；增加赔偿的金额不足一千元的，为一千元。四是民事赔偿责任优先问题。无论是民事责任，还是行政责任，乃至刑事责任，都可能涉及财产利益。如果行为人的行为违反食品药品安全法律规定，造成他人人身、财产或者其他损害，需要依法承担民事赔偿责任的，生产经营者的财产不足以同时承担民事赔偿责任和缴纳罚款、罚金时，可以设定生产经营者优先承担民事赔偿责任。五是首负责任制问题。如前所述，食品药品生产经营者之间实际上存在着一种共同保障消费者的健康权益的默示契约关系。消费者因使用不符合标准的食品药品受到损害的，可以向食品药品研制者、生产者、经营者等任何一方要求赔偿。接到消费者赔偿要求的研制者、生产者、经营者等，应当实行首负责任制，先行赔付，不得推诿。属于他人责任的，先行赔付后，有权向实际责任方追偿。如《药品管理法》规定，因药品质量问题受到损害的，受害人可以向药品上市许可持有人、药品生产企业请求赔偿损失，也可以向药品经营企业、医疗机构请求赔偿损失。接到受害人赔偿请求的，应当实行首负责任制，先行赔付；先行赔付后，可以依法追偿。

第二，积极创新行政法律手段。目前，行政法律手段仍然是基层监管实践中广泛应用的手段。传统的食品药品安全行政法律手段主要有“审、查、罚”。“审”，包括产品注册和企业生产经营许可。我国在食品的部分领域和药品的全部领域实行双重许可管理制度，其中产品注册制度主要是在企业自我评估的基础上，利用国家资源和力量，对产品安全性等相关属性进行科学评价。“查”，包括行政检查及产品抽验等。行政检查包括例行检查、飞行检查、体系检查等。近年来，“查”的制度不断创新，包括查的范围、查的事项、查的手段、查的频次、查的效用等。“罚”，包括财产罚、资格罚、声誉罚、自由罚等。近年来，食品药品安全领域的处罚力度明显提升。

除了上述手段外，多年来，食品药品监管部门还积极探索分级管理、责任约谈、信息公开、信用奖惩、考核评价等新型制度机制，持续推进食品药品安全智慧监管。在食品药品安全领域，行政法律手段有许多创新，其中最具特色和亮点的就是违法行为处罚到人。对故意实施严重违法行为的企业法定代表人、主要负责人、直接负责的主管人员和其他责任人，在依法追究单位责任的同时，对上述人员依法予以财产罚、资格罚和自由罚，有效提升法律的震慑力。如生产、销售假药的，没收违法生产、销售的药品和违法所得，责令停产停业整顿，吊销药品批准证明文件，并处违法生产、销售的药品货值金额十五倍以上三十倍以下的罚款；货值金额不足十万元的，按十万元计算；情节严重的，吊销药品生产许可证、药品经营许可证或者医疗机构制剂许可证，十年内不受理其相应申请；药品上市许可持有人为境外企业的，十年内禁止其药品进口。药品使用单位使用假药、劣药的，按照销售假药、零售劣药的规定处罚；情节严重的，法定代表人、主要负责人、直接负责的主管人员和其他责任人员有医疗卫生人员执业证书的，还应当吊销执业证书。

第三，严格把握刑事法律手段。任何刑事责任制度的设定，都必须充分考量行为的社会危害后果。《食品安全法》在“法律责任”一章的最后一条规定：“违反本法规定，构成犯罪的，依法追究刑事责任。”《药品管理法》在“法律责任”一章的第一条规定：“违反本法规定，构成犯罪的，依法追究刑事责任。”食品药品犯罪行为所侵害的客体既包括公众的健康，也包括社会管理秩序等。对于何为“健康”，世界卫生组织在不同时期有不同的界定。食品药品安全对公众健康的影响，有的是显性的，有的是隐性的；有的是直接的，有的是间接的；有的是现实的，有的是未来的。应当从“大健康”的角度来审视食品药品安全违法犯罪行为的影响。对于何为“社会危害”，更需要进行综合判定。有的需要一定的危害后果，如足以造成严重食物中毒事故或者其他严重食源性疾病；有的则只要有行为，如掺杂使假，其本身就具有一定的社会危害性，应当予以严惩。《中华人民共和国刑法修正案（十一）》明确了生产、销售、提供假药罪，生产、销售、提供劣药罪以及妨害药品管理罪等。《最高人民法院　最高人民检察院关于办理危害药品安全刑事案件适用法律若干问题的解释》（高检发释字〔2022〕1号）进一步明确了药品领域犯罪的定罪量刑标准。全面提高食品药品安全水平，必须利剑高扬，加大对故意犯罪行为的打击力度。当前，为了适应形势发展的需要、促进医疗器械和化妆品法律制度的完善，应当及时研究对刑法中涉及医疗器械和化妆品犯罪条文的修改，确保刑事法律责任和行政法律责任之间的有效衔接和科学匹配。

三、政府责任、部门责任与企业责任的关系

保障食品药品安全，是企业、政府及其监管部门、其他主体的共同责任。美国前总统奥巴马（Barack Hussein Obama，1961 年—）指出："我不相信政府能解决所有问题，也不认为政府能为所有人包办一切。但有些事情我们靠自己是做不到的，有些事情只有政府才能做到。其中之一就是确保我们食用的食品和我们服用的药品是安全的，不会对我们造成伤害。"

我国食品药品安全法律法规坚持社会共治理念，基于一定的规则，科学配置食品药品安全利益相关者的权利、义务和责任，组织和动员全社会力量参与食品药品安全治理。

第一，各级人民政府依法承担食品药品安全属地管理责任。各级人民政府依法对食品安全负总责。一是统一领导、组织、协调食品安全监管工作。《食品安全法》规定，县级以上地方人民政府对本行政区域的食品安全监督管理工作负责，统一领导、组织、协调本行政区域的食品安全监督管理工作以及食品安全突发事件应对工作，建立健全食品安全全程监督管理工作机制和信息共享机制。二是明确食品安全监管职责。《食品安全法》规定，县级以上地方人民政府依照本法和国务院的规定，确定本级食品安全监督管理、卫生行政部门和其他有关部门的职责。三是建立食品安全监管责任制并实行评议、考核机制。《食品安全法》规定，县级以上地方人民政府实行食品安全监督管理责任制。上级人民政府负责对下一级人民政府的食品安全监督管理工作进行评议、考核。县级以上地方人民政府负责对本级食品药品监督管理部门和其他有关部门的食品安全监督管理工作进行评议、考核。四是将食品安全工作纳入发展规划并加强能力建设。《食品安全法》规定，县级以上人民政府应当将食品安全工作纳入本级国民经济和社会发展规划，将食品安全工作经费列入本级政府财政预算，加强食品安全监督管理能力建设，为食品安全工作提供保障。五是加强食品安全宣传教育。《食品安全法》规定，各级人民政府应当加强食品安全的宣传教育，普及食品安全知识，鼓励社会组织、基层群众性自治组织、食品生产经营者开展食品安全法律、法规以及食品安全标准和知识的普及工作，倡导健康的饮食方式，增强消费者食品安全意识和自我保护能力。六是对食品安全突出贡献者给予表彰、奖励。对在食品安全工作中做出突出贡献的单位和个人，按照国家有关规定给予表彰、奖励。七是对地方"多小"实行综合治理。《食品安全法》规定，县级以上地方人民政府应

当对食品生产加工小作坊、食品摊贩等进行综合治理，加强服务和统一规划，改善其生产经营环境，鼓励和支持其改进生产经营条件，进入集中交易市场、店铺等固定场所经营，或者在指定的临时经营区域、时段经营。八是鼓励规模化生产和集约化经营。《食品安全法》规定，地方各级人民政府应当采取措施鼓励食品规模化生产和连锁经营、配送。九是整合监管资源和力量。《食品安全法》规定，县级以上人民政府应当整合食品检验资源，实现资源共享。十是制定食品安全事故应急预案并指挥应对处置。《食品安全法》规定，县级以上地方人民政府应当根据有关法律、法规的规定和上级人民政府的食品安全事故应急预案以及本行政区域的实际情况，制定本行政区域的食品安全事故应急预案，并报上一级人民政府备案。发生食品安全事故需要启动应急预案的，县级以上人民政府应当立即成立事故处置指挥机构，启动应急预案，依照前款和应急预案的规定进行处置。十一是接受责任约谈。《食品安全法》规定，县级以上人民政府食品安全监督管理等部门未及时发现食品安全系统性风险，未及时消除监督管理区域内的食品安全隐患的，本级人民政府可以对其主要负责人进行责任约谈。地方人民政府未履行食品安全职责，未及时消除区域性重大食品安全隐患的，上级人民政府可以对其主要负责人进行责任约谈。被约谈的食品安全监督管理等部门、地方人民政府应当立即采取措施，对食品安全监督管理工作进行整改。十二是承担法律责任。《食品安全法》规定，违反本法规定，县级以上地方人民政府有下列行为之一的，对直接负责的主管人员和其他直接责任人员给予记大过处分；情节较重的，给予降级或者撤职处分；情节严重的，给予开除处分；造成严重后果的，其主要负责人还应当引咎辞职：（一）对发生在本行政区域内的食品安全事故，未及时组织协调有关部门开展有效处置，造成不良影响或者损失；（二）对本行政区域内涉及多环节的区域性食品安全问题，未及时组织整治，造成不良影响或者损失；（三）隐瞒、谎报、缓报食品安全事故；（四）本行政区域内发生特别重大食品安全事故，或者连续发生重大食品安全事故。违反本法规定，县级以上地方人民政府有下列行为之一的，对直接负责的主管人员和其他直接责任人员给予警告、记过或者记大过处分；造成严重后果的，给予降级或者撤职处分：（一）未确定有关部门的食品安全监督管理职责，未建立健全食品安全全程监督管理工作机制和信息共享机制，未落实食品安全监督管理责任制；（二）未制定本行政区域的食品安全事故应急预案，或者发生食品安全事故后未按规定立即成立事故处置指挥机构、启动应急预案。

各级人民政府依法承担药品安全属地监管责任。一是统一领导、组织、协调药品安全监管工作。《药品管理法》规定，县级以上地方人民政府对本行政区域内的药品监督管理工作负责，统一领导、组织、协调本行政区域内的药品监督管理工作以及药品安全突发事件应对工作，建立健全药品监督管理工作机制和信息共享机制。二是将药品安全工作纳入发展规划。《药品管理法》规定，县级以上人民政府应当将药品安全工作纳入本级国民经济和社会发展规划，将药品安全工作经费列入本级政府预算，加强药品监督管理能力建设，为药品安全工作提供保障。三是加强药品安全宣传教育。《药品管理法》规定，各级人民政府及其有关部门、药品行业协会等应当加强药品安全宣传教育，开展药品安全法律法规等知识的普及工作。四是对药品安全突出贡献者给予表彰、奖励。《药品管理法》规定，县级以上人民政府及其有关部门对在药品研制、生产、经营、使用和监督管理工作中做出突出贡献的单位和个人，按照国家有关规定给予表彰、奖励。五是医疗机构临床急需进口少量药品批准。《药品管理法》规定，医疗机构因临床急需进口少量药品的，经国务院药品监督管理部门或者国务院授权的省、自治区、直辖市人民政府批准，可以进口。六是制定药品应急预案并妥善应对处置。《药品管理法》规定，县级以上人民政府应当制定药品安全事件应急预案。发生药品安全事件，县级以上人民政府应当按照应急预案立即组织开展应对工作；有关单位应当立即采取有效措施进行处置，防止危害扩大。七是接受责任约谈并进行整改。《药品管理法》规定，地方人民政府未履行药品安全职责，未及时消除区域性重大药品安全隐患的，上级人民政府或者上级人民政府药品监督管理部门应当对其主要负责人进行约谈。被约谈的地方人民政府应当立即采取措施，对药品监督管理工作进行整改。八是禁止地区限制或者排斥。《药品管理法》规定，地方人民政府及其药品监督管理部门不得以要求实施药品检验、审批等手段限制或者排斥非本地区药品上市许可持有人、药品生产企业生产的药品进入本地区。九是承担法律责任。《药品管理法》规定，违反本法规定，县级以上地方人民政府有下列行为之一的，对直接负责的主管人员和其他直接责任人员给予记过或者记大过处分；情节严重的，给予降级、撤职或者开除处分：（一）瞒报、谎报、缓报、漏报药品安全事件；（二）未及时消除区域性重大药品安全隐患，造成本行政区域内发生特别重大药品安全事件，或者连续发生重大药品安全事件；（三）履行职责不力，造成严重不良影响或者重大损失。

各级人民政府依法承担医疗器械质量属地监管责任。一是领导、组织协调医疗器械监管工作。《医疗器械监督管理条例》规定，县级以上地方人民政府应当加强对本行政区域的医疗器械监督管理工作的领导，组织协调本行政区域内的医疗器械监督管理工作以及突发事件应对工作，加强医疗器械监督管理能力建设，为医疗器械安全工作提供保障。二是接受责任约谈并进行整改。《医疗器械监督管理条例》规定，地方人民政府未履行医疗器械安全职责，未及时消除区域性重大医疗器械安全隐患的，上级人民政府或者上级人民政府负责药品监督管理的部门应当对其主要负责人进行约谈。被约谈的部门和地方人民政府应当立即采取措施，对医疗器械监督管理工作进行整改。

各级人民政府依法承担化妆品质量属地监管责任。《化妆品监督管理条例》规定，国务院药品监督管理部门负责全国化妆品监督管理工作。国务院有关部门在各自职责范围内负责与化妆品有关的监督管理工作。县级以上地方人民政府负责药品监督管理的部门负责本行政区域的化妆品监督管理工作。县级以上地方人民政府有关部门在各自职责范围内负责与化妆品有关的监督管理工作。

第二，监管部门依法承担食品药品监管责任。各级人民政府相关职能部门依法承担食品药品监管具体责任。相关职能部门要依据自身的职责范围，对所辖区域的食品药品企业生产经营活动进行严格的监管。《食品安全法》《药品管理法》《疫苗管理法》《医疗器械监督管理条例》《化妆品监督管理条例》以及各级人民政府相关部门的“三定”规定，均明确了相关部门在相关领域的管理责任。《食品安全法》规定，县级以上地方人民政府依照本法和国务院的规定，确定本级食品安全监督管理、卫生行政部门和其他有关部门的职责。有关部门在各自职责范围内负责本行政区域的食品安全监督管理工作。县级以上人民政府食品安全监督管理部门和其他有关部门应当加强沟通、密切配合，按照各自职责分工，依法行使职权，承担责任。以《食品安全法》为例，除了各级人民政府食品安全监管部门职责外，还规定了其他部门的相关职责外，还规定了其他部门的职责。《食品安全法》中“卫生行政部门”一词出现 44 次。卫生行政部门的主要职责是组织开展风险监测、食品安全风险评估，组织制定食品安全标准、参与处置食品安全事故等。“出入境检验检疫部门（机构）”出现 19 次。出入境检验检疫部门的主要职责是负责进出口食品安全监管。“农业行政部门”出现 9 次。农业行政部门的主要职责是负责食用农产品监管。如省级以上人民政府卫生行政、农业行政部门应当及时相互通报食品、食用农产品安全风险监测信息。国务院卫生行政、农业行政部门应当及时相互通报食品、食用农产品安全风险评估结果等信息。食品中农药残留、兽药残留的限量规定及其检验方法与规程由国务院卫生行政部门、国务院农业行政部门会同国务院食品安全监督管理部门制定。县级以上人民政府农业行政部门应当加强对农业投入品使用的监督管理和指导，建立健全农业投入品安全使用制度。县级以上人民政府农业行政部门依据职责公布食品安全日常监督管理信息。县级以上人民政府食品安全监督管理、卫生行政、农业行政部门应当相互通报获知的食品安全信息。

第三，食品药品企业依法承担企业主体责任。企业是食品药品的研制者（种植养殖者）、生产者、经营者甚至是使用者，是食品药品质量安全的第一责任主体，对自身生产经营的食品药品质量安全负有直接的责任。《食品安全法》《药品管理法》《疫苗管理法》《医疗器械监督管理条例》《化妆品监督管理条例》对食品药品生产经营企业的责任作出了概括性与具体性相结合的规定。如《食品安全法》第四条第二款规定，食品生产经营者应当依照法律、法规和食品安全标准从事生产经营活动，保证食品安全，诚信自律，对社会和公众负责，接受社会监督，承担社会责任。《药品管理法》第十三条第二款规定，药品上市许可持有人应当依照本法规定，对药品的非临床研究、临床试验、生产经营、上市后研究、不良反应监测及报告与处理等承担责任。其他从事药品研制、生产、经营、储存、运输、使用等活动的单位和个人依法承担相应责任。《药品管理法》第三十五条规定，药品上市许可持有人、药品生产企业、药品经营企业委托储存、运输药品的，应当对受托方的质量保证能力和风险管理能力进行评估，与其签订委托协议，约定药品质量责任、操作规程等内容，并对受托方进行监督。《疫苗管理法》第五条第二款规定，从事疫苗研制、生产、流通和预防接种活动的单位和个人，应当遵守法律、法规、规章、标准和规范，保证全过程信息真实、准确、完整和可追溯，依法承担责任，接受社会监督。《医疗器械监督管理条例》第十三条第二款规定，医疗器械注册人、备案人应当加强医疗器械全生命周期质量管理，对研制、生产、经营、使用全过程中医疗器械的安全性、有效性依法承担责任。《化妆品监督管理条例》第六条规定，化妆品注册人、备案人对化妆品的质量安全和功效宣称负责。化妆品生产经营者应当依照法律、法规、强制性国家标准、技术规范从事生产经营活动，加强管理，诚信自律，保证化妆品质量安全。此外，食品药品安全法律法规对研制、生产、经营、使用环节的其他责任主体的法律责任也作出了具体规定。

需要特别强调的是，食品药品安全法律责任是一个统一的有机体系，地方政府监管责任、监管部门责任、企业主体责任是紧密相连、缺一不可的，绝不能以一种责任替代另一种责任 。若地方政府监管责任落实不到位，监管部门责任和企业主体责任有时就难以落实到位。若监管部门责任落实不到位，企业主体责任落实有时就难以到位。只有各责任主体都切实履行好自己的责任，食品药品安全才有坚实的保障。各级人民政府及其监管部门有义务监督企业等主体全面落实主体法律责任。监管部门如果没有履行监督责任，导致食品药品安全出现重大问题时，监管部门也需要依法承担相应的失职渎职责任。各级人民政府对其职能监管部门有管理责任，上级人民政府相关职能部门对地方人民政府相关职能部门有监督指导责任。地方监管部门如果没有履行法定责任，导致食品药品安全出现重大问题时，地方人民政府需要依法承担相应的管理责任，上级人民政府相关职能部门也需要承担相应的监督指导责任。必须全面落实“党政同责、齐抓共管、失职追责”的要求，压实地方政府、监管部门和企业主体责任，强化一体追责问责。要强化穿透式监管，坚决杜绝执法检查“宽松软虚”、走形式走过场的情况，提高监管工作的针对性、靶向性和实效性。

加强系统治理、依法治理、综合治理、源头治理，把我国制度优势更好转化为国家治理效能，为实现“两个一百年”奋斗目标、实现中华民族伟大复兴的中国梦提供有力保证。

——习近平

谋划和推进改革，必须坚持系统观念、全局观念，强化战略思维、辩证思维，分轻重缓急，更加注重系统集成。

——习近平

坚持系统观念，处理好经济和社会、政府和市场、效率和公平、活力和秩序、发展和安全等重大关系，增强改革系统性、整体性、协同性。

——习近平

第八章　食品药品安全系统治理理念

系统治理是以一定的价值目标为导向，将客观事物及其运动变化作为由诸多环节、诸多要素、诸多子系统构成的有机整体，并从环节之间、要素之间、子系统之间的相互联系、相互作用中认识和把握事物运行和发展规律的综合的、全面的治理。亚里士多德指出："整体大于部分之和。"英国哲学家、社会学家赫伯特·斯宾塞（Herbert Spencer，1820 年—1903 年）指出："除非理解错综复杂的事物如何相互关联，否则就不能明白社会的任何部分。"《第五项修炼》的作者彼得·圣吉（Peter Senge）指出："系统思考是一门看清楚整体的学科。它是一个用于看到相互关系而非事物本身，看到变化模式而非静态'拍照'的框架。"从治理对象看，系统治理是将治理对象作为一个有机整体来看待，充分考虑体系内各环节、各要素、各层次之间的相互关系、相互作用，对治理对象进行全周期、全要素、全链条、全方位治理，而不是孤立地、片面地、静止地看待和解决问题。从治理目标上看，系统治理注重长期、稳定、可持续的发展目标引领，努力通过科学规划、持续优化，不断提升系统的整体效能，以更好适应内外部环境和条件的变化，有效应对各种风险与挑战。从治理方式上看，系统治理注重多元主体参与和多手段运用，努力发挥各参与主体的优势，采取审评、检查、检验、监测评价以及风险会商、责任约谈等方式，综合施策以达到最佳目标。系统治理经历了早期萌芽阶段、近代发展阶段、现代形成阶段和当代深化阶段。随着大数据、互联网、云计算等快速发展，系统治理将向各领域纵深发展。全面推进食品药品安全治理科学化、法治化、国际化、现代化，实现高效能治理、保障高水平安全、促进高质量发展、助力高标准开放，必须坚持系统治理理念，加快完善制度、健全体系、创新方式、提升能力、保障安全。

党中央、国务院高度重视系统治理。2014 年 10 月 23 日，中国共产党第十八届中央委员会第四次全体会议通过的《中共中央关于全面推进依法治国若干重大问题的决定》提出："全面推进依法治国是一个系统工程，是国家治理领域一场广泛而深刻的革命，需要付出长期艰苦努力。”“要把公正、公平、公开原则贯穿立法全过程，完善立法体制机制，坚持立改废释并举，增强法律法规的及时性、系统性、针对性、有效性。”“坚持系统治理、依法治理、综合治理、源头治理，提高社会治理法治化水平。”2019 年 10 月 31 日，中国共产党第十九届中央委员会第四次全体会议通过的《中共中央关于坚持和完善中国特色社会主义制度推进国家治理体系和治理能力现代化若干重大问题的决定》提出：“突出坚持和完善支撑中国特色社会主义制度的根本制度、基本制度、重要制度，着力固根基、扬优势、补短板、强弱项，构建系统完备、科学规范、运行有效的制度体系，加强系统治理、依法治理、综合治理、源头治理，把我国制度优势更好转化为国家治理效能，为实现‘两个一百年’奋斗目标、实现中华民族伟大复兴的中国梦提供有力保证。”2024 年 7 月 18 日，中国共产党第二十届中央委员会第三次全体会议通过的《中共中央关于进一步全面深化改革　推进中国式现代化的决定》提出：“统筹国内国际两个大局，统筹推进‘五位一体’总体布局，协调推进‘四个全面’战略布局，以经济体制改革为牵引，以促进社会公平正义、增进人民福祉为出发点和落脚点，更加注重系统集成，更加注重突出重点，更加注重改革实效，推动生产关系和生产力、上层建筑和经济基础、国家治理和社会发展更好相适应，为中国式现代化提供强大动力和制度保障。”“坚持系统观念，处理好经济和社会、政府和市场、效率和公平、活力和秩序、发展和安全等重大关系，增强改革系统性、整体性、协同性。”坚守食品药品安全系统治理理念，需要科学把握以下重要关系。

一、全局治理与局部治理的关系

食品药品安全治理是一个庞大的系统工程。从事食品药品安全治理，必须增强全局意识，深刻把握全局和局部的关系。全局与局部两者相互依存、相互影响，且在一定条件下可以相互转化。全局由若干局部组成，没有局部就没有全局。全局的发展战略和生态对局部的生存发展产生指导和约束作用，可为局部的发展提供方向和保障。同时，局部是全局的一部分，局部的存在和发展离不开全局的支持和保障，局部的变化也会对全局的发展产生影响。局部问题如果没有得到及时解决，也可能逐步扩大进而影响全局的稳定和发展。同时，在一定的条件和形势下，全局和局部的地位和影响可以相互转化。在一定范围内的全局问题，在更大的范围内则是局部的问题，同样，在一定范围内的局部问题，在更小的范围内则是全局问题。“不谋全局者，不足谋一域。”毛泽东指出：“懂得了全局性的东西，就更会使用局部性的东西，因为局部性的东西是隶属于全局性的东西的，全局性的东西不能脱离局部而独立。全局是由它的一切局部构成的，”“没有全局在胸，是不会真的投下一颗好棋子的。”正确处理全局治理与局部治理的关系，必须坚持全局观、总体观、整体观、综合观、系统观，从全局出发、从整体出发、从系统出发，坚持大时代观、大健康观、大风险观、大安全观、大质量观、大治理观，系统思考和谋划食品药品安全的历史方位、基本方略、成就与经验、问题与原因、方向与措施，绝不能只顾局部而忽视全局。同时，必须高度重视局部发展，全局的发展与安全是由多个局部的发展和安全共同作用的结果，没有局部的发展和安全就不可能有全局的发展与安全。只有实现局部的发展和安全，全局的发展和安全才有了坚实的基础。

食品药品全局安全是由品种安全、环节安全、链条安全、要素安全、场所安全、区域安全等诸多局部安全构成的。从品种的角度看，无论是食品，还是药品，无论是医疗器械，还是化妆品，都存在一些风险较高的产品。对于这些高风险产品，如婴幼儿配方乳粉、特殊医学用途配方食品、特殊药品、血液制品、植入性医疗器械等，必须采取更加有力的措施加强监管。如《食品安全法》第七十四条规定，国家对保健食品、特殊医学用途配方食品和婴幼儿配方食品等特殊食品实行严格监督管理。《药品管理法》第一百一十二条规定，国务院对麻醉药品、精神药品、医疗用毒性药品、放射性药品、药品类易制毒化学品等有其他特殊管理规定的，依照其规定。《医疗器械监督管理条例》第六条第四款规定，第三类是具有较高风险，需要采取特别措施严格控制管理以保证其安全、有效的医疗器械。《化妆品监督管理条例》第四条第二款规定，国家对特殊化妆品实行注册管理，对普通化妆品实行备案管理。

对这些特殊产品的特殊管理措施，主要有以下几种。一是特殊市场准入。如保健食品、特殊医学用途配方食品和婴幼儿配方食品实行上市许可或者备案制度，而部分食品只有生产许可制度。二是生产活动限制。如《药品管理法》第三十二条第四款规定，血液制品、麻醉药品、精神药品、医疗用毒性药品、药品类易制毒化学品不得委托生产；但是，国务院药品监督管理部门另有规定的除外。如《医疗器械监督管理条例》第三十四条第三款规定，具有高风险的植入性医疗器械不得委托生产，具体目录由国务院药品监督管理部门制定、调整并公布。三是经营活动限制。如《食品安全法实施条例》第三十九条第二款规定，特殊食品不得与普通食品或者药品混放销售。《药品管理法》第六十一条第二款规定，疫苗、血液制品、麻醉药品、精神药品、医疗用毒性药品、放射性药品、药品类易制毒化学品等国家实行特殊管理的药品不得在网络上销售。四是其他特殊要求。《食品安全法》第七十五条第三款规定，列入保健食品原料目录的原料只能用于保健食品生产，不得用于其他食品生产。第八十一条第五款规定，不得以分装方式生产婴幼儿配方乳粉，同一企业不得用同一配方生产不同品牌的婴幼儿配方乳粉。《食品安全法实施条例》第十二条规定，保健食品、特殊医学用途配方食品、婴幼儿配方食品等特殊食品不属于地方特色食品，不得对其制定食品安全地方标准。《食品安全法实施条例》第三十八条规定，对保健食品之外的其他食品，不得声称具有保健功能。对添加食品安全国家标准规定的选择性添加物质的婴幼儿配方食品，不得以选择性添加物质命名。《药品管理法》第九十条第三款规定，非药品广告不得有涉及药品的宣传。

从环节的角度看，《食品安全法》第二条规定，在中华人民共和国境内从事下列活动，应当遵守本法：（一）食品生产和加工（以下称食品生产），食品销售和餐饮服务（以下称食品经营）；（二）食品添加剂的生产经营；（三）用于食品的包装材料、容器、洗涤剂、消毒剂和用于食品生产经营的工具、设备（以下称食品相关产品）的生产经营；（四）食品生产经营者使用食品添加剂、食品相关产品；（五）食品的贮存和运输；（六）对食品、食品添加剂、食品相关产品的安全管理。供食用的源于农业的初级产品（以下称食用农产品）的质量安全管理，遵守《中华人民共和国农产品质量安全法》的规定。但是，食用农产品的市场销售、有关质量安全标准的制定、有关安全信息的公布和本法对农业投入品作出规定的，应当遵守本法的规定。也就是说，《农产品质量安全法》和《食品安全法》对食品从农田到餐桌的全过程监管做出了有机安排。《药品管理法》第二条规定，在中华人民共和国境内从事药品研制、生产、经营、使用和监督管理活动，适用本法。《医疗器械监督管理条例》第二条规定，在中华人民共和国境内从事医疗器械的研制、生产、经营、使用活动及其监督管理，适用本条例。《化妆品监督管理条例》第二条规定，在中华人民共和国境内从事化妆品生产经营活动及其监督管理，应当遵守本条例。

这里需要特别说明的有两点。一是并不是所有环节都实行许可制。凡是不实行许可制度的环节，更要关注企业主体责任、监管责任和其他责任的配置与落实。《食品安全法》第二条规定的食品经营，包括食品销售和餐饮服务。同时，

《食品安全法》第三十三条第二款规定，非食品生产经营者从事食品贮存、运输和装卸的，应当符合前款第六项（贮存、运输和装卸食品的容器、工具和设备应当安全、无害，保持清洁，防止食品污染，并符合保证食品安全所需的温度、湿度等特殊要求，不得将食品与有毒、有害物品一同贮存、运输）的规定。《食品安全法》第一百三十二条规定，违反本法规定，未按要求进行食品贮存、运输和装卸的，由县级以上人民政府食品安全监督管理等部门按照各自职责分工责令改正，给予警告；拒不改正的，责令停产停业，并处一万元以上五万元以下罚款；情节严重的，吊销许可证。《药品管理法》第三十条第二款规定，药品上市许可持有人应当依照本法规定，对药品的非临床研究、临床试验、生产经营、上市后研究、不良反应监测及报告与处理等承担责任。其他从事药品研制、生产、经营、储存、运输、使用等活动的单位和个人依法承担相应责任。根据该条款的规定，药品的储存、运输、使用，不属于药品经营的范畴。《医疗器械监督管理条例》第四章为“医疗器械经营与使用”，其中，第四十七条规定，运输、贮存医疗器械，应当符合医疗器械说明书和标签标示的要求；对温度、湿度等环境条件有特殊要求的，应当采取相应措施，保证医疗器械的安全、有效。从立法逻辑看，这里的医疗器械运输、贮存，属于医疗器械经营范畴。《医疗器械监督管理条例》第八十八条规定，未按照医疗器械说明书和标签标示要求运输、贮存医疗器械的，由负责药品监督管理的部门责令改正，处 1 万元以上 5 万元以下罚款；拒不改正的，处 5 万元以上 10 万元以下罚款；情节严重的，责令停产停业，直至由原发证部门吊销医疗器械生产许可证、医疗器械经营许可证，对违法单位的法定代表人、主要负责人、直接负责的主管人员和其他责任人员，没收违法行为发生期间自本单位所获收入，并处所获收入 30% 以上 2 倍以下罚款，5 年内禁止其从事医疗器械生产经营活动。《化妆品监督管理条例》第三章为“生产经营”，其中，第三十九条规定，化妆品生产经营者应当依照有关法律、法规的规定和化妆品标签标示的要求贮存、运输化妆品，定期检查并及时处理变质或者超过使用期限的化妆品。从立法逻辑看，这里的化妆品贮存、运输，属于化妆品经营范畴。《化妆品监督管理条例》第六十二条规定，未依照本条例规定贮存、运输化妆品，由负责药品监督管理的部门责令改正，给予警告，并处 1 万元以上 3 万元以下罚款；情节严重的，责令停产停业，并处 3 万元以上 5 万元以下罚款，对违法单位的法定代表人或者主要负责人、直接负责的主管人员和其他直接责任人员处 1 万元以上 3 万元以下罚款。二是出口环节的特别规定。《食品安全法》第六章为“食品进出口”，其中，第九十九条规定，出口食品生产企业应当保证其出口食品符合进口国（地区）的标准或者合同要求。出口食品生产企业和出口食品原料种植、养殖场应当向国家出入境检验检疫部门备案。《药品管理法》第六十六条规定，进口、出口麻醉药品和国家规定范围内的精神药品，应当持有国务院药品监督管理部门颁发的进口准许证、出口准许证。第九十七条规定，对短缺药品，国务院可以限制或者禁止出口。必要时，国务院有关部门可以采取组织生产、价格干预和扩大进口等措施，保障药品供应。

从要素的角度看，食品药品安全管理的主要要素、主要手段、主要方式主要包括以下几点。一是审评审批。产品许可或者备案，包括产品上市许可、备案和企业许可。特殊食品，部分实行注册制，部分实行备案制；药品，实行注册制。医疗器械，第三类和第二类实行注册制，第一类实行备案制。化妆品、特殊化妆品实行注册制，普通化妆品实行备案制。此外，化学原料药、特殊化妆品原料，也涉及注册相关事宜。产品实行上市许可的，往往都需要审评审批。二是检查。《食品安全法》涉及“检查”一词有 14 次，包括监管部门的检查，以及企业等主体的检查。如健康检查、食品安全状况检查、库存食品检查、餐饮待加工食品及原料检查、集中交易市场的开办者（柜台出租者、展销会举办者）对其经营环境和条件检查、食品安全防范措施落实情况检查等。《药品管理法》涉及“检查”一词有 18 次，其中多处涉及企业等主体的检查，如健康检查、进货检查验收、入库和出库检查等。《医疗器械监督管理条例》涉及“检查”一词有 21 次，主要为监管部门的检查。《化妆品监督管理条例》涉及“检查”一词有 20 次，其中涉及企业等主体的检查有：对贮存或者运输的化妆品及时进行检查、交易市场开办者（展销会举办者）对入场的化妆品经营者定期进行检查等。三是检验。《食品安全法》涉及“检验”一词有 135 次，第 5 章为“食品检验”。检验制度涉及检验机构、检验人员、检验资质、检验活动、检验控制、检验资源、检验设备、检验规程、检验方法（临时检验方法）、抽样检验、检验数据、检验记录、检验报告、检验结果、检验合格证、检验费等。《药品管理法》涉及“检验”一词有 40 次。检验制度涉及检验机构、检验资格、抽样检验、抽查检验、检验仪器、检验记录、检验结果、检验结论、检验报告、检验报告书、检验费用等。《医疗器械监督管理条例》涉及“检验”一词有 54 次。检验制度涉及检验机构、检验人员、检验资质、检验设备、检验项目（补充检验项目）、检验方法（补充检验方法）、抽查检验、检验报告、检验结论、检验费等。《化妆品监督管理条例》涉及“检验”一词有 44 次。检验制度涉及检验机构、检验机构资质、检验报告、检验结论、检验结果、检验费用等。从目前来看，只有《食品安全法》将“食品检验”列为专章。四是监测（评价）或者警戒。《食品安全法》涉及“监测”一词有 27 次，主要为食品安全风险监测。《药品管理法》涉及“监测”一词有 7 次，主要涉及不良反应监测、价格监测和供求监测；涉及“药物警戒”一词有 1 次。《医疗器械监督管理条例》涉及“监测”一词有 22 次，主要涉及不良事件监测。《化妆品监督管理条例》涉及“监测”一词有 21 次，主要涉及化妆品风险监测和不良反应监测。

从场所安全的角度看，除了研制、生产、经营、使用主体的场所外，法律法规还对一些特殊场所安全做出了规定。如关于小作坊和食品摊贩等，《食品安全法》第三十六条规定，食品生产加工小作坊和食品摊贩等从事食品生产经营活动，应当符合本法规定的与其生产经营规模、条件相适应的食品安全要求，保证所生产经营的食品卫生、无毒、无害，食品药品监督管理部门应当对其加强监督管理。县级以上地方人民政府应当对食品生产加工小作坊、食品摊贩等进行综合治理，加强服务和统一规划，改善其生产经营环境，鼓励和支持其改进生产经营条件，进入集中交易市场、店铺等固定场所经营，或者在指定的临时经营区域、时段经营。食品生产加工小作坊和食品摊贩等的具体管理办法由省、自治区、直辖市制定。《食品安全法》第一百二十七条规定，对食品生产加工小作坊、食品摊贩等的违法行为的处罚，依照省、自治区、直辖市制定的具体管理办法执行。关于餐具、饮具集中消毒服务单位，《食品安全法》第五十八条规定，餐具、饮具集中消毒服务单位应当具备相应的作业场所、清洗消毒设备或者设施，用水和使用的洗涤剂、消毒剂应当符合相关食品安全国家标准和其他国家标准、卫生规范。餐具、饮具集中消毒服务单位应当对消毒餐具、饮具进行逐批检验，检验合格后方可出厂，并应当随附消毒合格证明。消毒后的餐具、饮具应当在独立包装上标注单位名称、地址、联系方式、消毒日期以及使用期限等内容。关于集中交易市场的开办者、柜台出租者和展销会举办者，《食品安全法》第六十一条规定，集中交易市场的开办者、柜台出租者和展销会举办者，应当依法审查入场食品经营者的许可证，明确其食品安全管理责任，定期对其经营环境和条件进行检查，发现其有违反本法规定行为的，应当及时制止并立即报告所在地县级人民政府食品安全监督管理部门。关于网络食品交易第三方平台提供者，《食品安全法》第六十二条规定，网络食品交易第三方平台提供者应当对入网食品经营者进行实名登记，明确其食品安全管理责任；依法应当取得许可证的，还应当审查其许可证。网络食品交易第三方平台提供者发现入网食品经营者有违反本法规定行为的，应当及时制止并立即报告所在地县级人民政府食品安全监督管理部门；发现严重违法行为的，应当立即停止提供网络交易平台服务。关于中药饮片生产企业履行上市许可持有人义务，《药品管理法》第三十九条规定，中药饮片生产企业履行药品上市许可持有人的相关义务，对中药饮片生产、销售实行全过程管理，建立中药饮片追溯体系，保证中药饮片安全、有效、可追溯。关于城乡集市贸易市场出售中药材，《药品管理法》第六十条规定，城乡集市贸易市场可以出售中药材，国务院另有规定的除外。关于药品网络交易第三方平台提供者，《药品管理法》第六十二条规定，药品网络交易第三方平台提供者应当按照国务院药品监督管理部门的规定，向所在地省、自治区、直辖市人民政府药品监督管理部门备案。第三方平台提供者应当依法对申请进入平台经营的药品上市许可持有人、药品经营企业的资质等进行审核，保证其符合法定要求，并对发生在平台的药品经营行为进行管理。第三方平台提供者发现进入平台经营的药品上市许可持有人、药品经营企业有违反本法规定行为的，应当及时制止并立即报告所在地县级人民政府药品监督管理部门；发现严重违法行为的，应当立即停止提供网络交易平台服务。

近年来，国家药监局在坚持系统治理方面，采取了许多行之有效的措施。例如，组织开展了风险会商和安全形势报告工作。如 2024 年 5 月 10 日，《国家药监局综合司关于定期开展风险会商和药品安全形势分析的通知》（药监综法函〔2024〕241 号）提出：请各省级药品监管部门聚焦风险、聚焦产品、聚焦企业、聚焦整治，按季度组织开展风险会商。同时，要指导市县药品监管部门认真开展风险会商，并加强风险处置，确保药品安全形势稳定向好。2024 年 5 月 30 日，《国家药监局综合司关于进一步完善药品安全形势分析和风险会商工作的通知》（药监综〔2024〕49 号）提出：国家药监局党组每季度定期听取药品安全形势分析汇报。会前，各分管局领导召开分管领域安全风险会商会，研究安全风险隐患排查工作情况，分析形势、问题原因，研究提出应对措施，明确工作安排。再如加强跨区域跨层级监管协同。2024 年 3 月 13 日，国家药监局、国家市场监管总局联合出台了《关于加强跨区域跨层级药品监管协同的指导意见》，强化重点区域、重点领域和关键环节的监管协同，进一步增强部门监管合力。江西、宁夏、辽宁等省、自治区出台了落实的具体实施意见。

二、内部治理与外部治理的关系

按照治理体制或者治理体系的不同，食品药品安全治理可以分为内部治理与外部治理。内部治理通常是指同一监管体制或者治理体系内的治理，包括横向体系内部治理和纵向体系内部治理。外部治理通常是指某一监管体制或者治理体系外的各相关体系的治理。内部治理和外部治理是相对的。分类标准不同，内部治理与外部治理可以调整甚至转换。内部治理与外部治理相互联系、相互影响、相互补充、相互促进，共同构成食品药品安全治理体系。例如，从具体监管的角度看，食品安全治理部门主要是市场监管部门，其他部门如卫生健康行政部门、农业行政部门、检验检疫部门等，都属于食品安全治理的重要部门。但从国务院食品安全综合协调的角度看，食品安全委员会的各成员单位都是食品安全的内部治理部门。药品安全治理部门主要是药品监管部门，其他部门如卫生健康行政部门、中医药部门、医保部门、工业与信息化部门、商务部门等，也是药品安全治理的重要部门。

食品药品安全治理是食品药品领域的特定要素"安全"方面的治理。然而，影响食品药品安全的直接或者间接要素很多，如原料（原料药、原材料）、辅料、包装材料、标准、信息、价格、广告、专利、商标等，这些要素的监管往往分属于不同部门。食品药品安全治理应当坚持多元联动、协同推进。主责部门应当认真履职，牵头部门应当牵头抓总，其他部门应当积极配合。以信息传递为例，事项报告在同一管理体系内的，属于内部治理，信息通报在不同部门之间的，属于外部治理。

在系统内事项报告上，《食品安全法》中的相关规定如下。一是食品安全风险监测存在安全隐患信息报告。《食品安全法》第十六条规定，食品安全风险监测结果表明可能存在食品安全隐患的，县级以上人民政府卫生行政部门应当及时将相关信息通报同级食品药品监督管理等部门，并报告本级人民政府和上级人民政府卫生行政部门。食品药品监督管理等部门应当组织开展进一步调查。二是食品安全标准执行存在问题情况报告。《食品安全法》第三十二条第三款规定，食品生产经营者、食品行业协会发现食品安全标准在执行中存在问题的，应当立即向卫生行政部门报告。三是食品安全事故潜在风险报告。《食品安全法》第四十七条规定，食品生产经营者应当建立食品安全自查制度，定期对食品安全状况进行检查评价。生产经营条件发生变化，不再符合食品安全要求的，食品生产经营者应当立即采取整改措施；有发生食品安全事故潜在风险的，应当立即停止食品生产经营活动，并向所在地县级人民政府食品安全监督管理部门报告。四是报告入场者存在违规行为。《食品安全法》第六十一条规定，集中交易市场的开办者、柜台出租者和展销会举办者，应当依法审查入场食品经营者的许可证，明确其食品安全管理责任，定期对其经营环境和条件进行检查，发现其有违反本法规定行为的，应当及时制止并立即报告所在地县级人民政府食品安全监督管理部门。五是报告入网者违规行为。《食品安全法》第六十二条第二款规定，网络食品交易第三方平台提供者发现入网食品经营者有违反本法规定行为的，应当及时制止并立即报告所在地县级人民政府食品安全监督管理部门；发现严重违法行为的，应当立即停止提供网络交易平台服务。六是报告食品召回和处理情况。《食品安全法》第六十三条第四款规定，食品生产经营者应当将食品召回和处理情况向所在地县级人民政府食品安全监督管理部门报告；需要对召回的食品进行无害化处理、销毁的，应当提前报告时间、地点。食品安全监督管理部门认为必要的，可以实施现场监督。七是报告批发市场食用农产品不符合食品安全标准情况。《食品安全法》第六十四条规定，食用农产品批发市场应当配备检验设备和检验人员或者委托符合本法规定的食品检验机构，对进入该批发市场销售的食用农产品进行抽样检验；发现不符合食品安全标准的，应当要求销售者立即停止销售，并向食品安全监督管理部门报告。八是报告生产质量管理体系自查情况。《食品安全法》第八十三条规定，生产保健食品，特殊医学用途配方食品、婴幼儿配方食品和其他专供特定人群的主辅食品的企业，应当按照良好生产规范的要求建立与所生产食品相适应的生产质量管理体系，定期对该体系的运行情况进行自查，保证其有效运行，并向所在地县级人民政府食品药品监督管理部门提交自查报告。九是报告食品安全事故处置情况。《食品安全法》第一百零三条第一款规定，发生食品安全事故的单位应当立即采取措施，防止事故扩大。事故单位和接收病人进行治疗的单位应当及时向事故发生地县级人民政府食品安全监督管理、卫生行政部门报告。《食品安全法》第一百零三条第三款规定，发生食品安全事故，接到报告的县级人民政府食品安全监督管理部门应当按照应急预案的规定向本级人民政府和上级人民政府食品安全监督管理部门报告。县级人民政府和上级人民政府食品安全监督管理部门应当按照应急预案的规定上报。十是报告食源性疾病病人入院情况。《食品安全法》第一百零四条规定，医疗机构发现其接收的病人属于食源性疾病病人或者疑似病人的，应当按照规定及时将相关信息向所在地县级人民政府卫生行政部门报告。十一是报告食品安全事故责任调查报告。《食品安全法》第一百零六条规定，发生食品安全事故，设区的市级以上人民政府食品安全监督管理部门应当立即会同有关部门进行事故责任调查，督促有关部门履行职责，向本级人民政府和上一级人民政府食品安全监督管理部门提出事故责任调查处理报告。十二是报告食品安全信息发布情况。《食品安全法》第一百一十九条规定，县级以上地方人民政府食品安全监督管理、卫生行政、农业行政部门获知本法规定需要统一公布的信息，应当向上级主管部门报告，由上级主管部门立即报告国务院食品安全监督管理部门；必要时，可以直接向国务院食品安全监督管理部门报告。

《药品管理法》规定的报告制度具体如下。一是临床试验风险报告。《药品管理法》第二十二条规定，药物临床试验期间，发现存在安全性问题或者其他风险的，临床试验申办者应当及时调整临床试验方案、暂停或者终止临床试验，并向国务院药品监督管理部门报告。必要时，国务院药品监督管理部门可以责令调整临床试验方案、暂停或者终止临床试验。二是落实年度报告要求。《药品管理法》第三十七条规定，药品上市许可持有人应当建立年度报告制度，每年将药品生产销售、上市后研究、风险管理等情况按照规定向省、自治区、直辖市人民政府药品监督管理部门报告。三是平台入网者违规行为报告。《药品管理法》第六十二条第三款规定，第三方平台提供者发现进入平台经营的药品上市许可持有人、药品经营企业有违反本法规定行为的，应当及时制止并立即报告所在地县级人民政府药品监督管理部门；发现严重违法行为的，应当立即停止提供网络交易平台服务。四是生产变更报告。《药品管理法》第七十九条规定，对药品生产过程中的变更，按照其对药品安全性、有效性和质量可控性的风险和产生影响的程度，实行分类管理。属于重大变更的，应当经国务院药品监督管理部门批准，其他变更应当按照国务院药品监督管理部门的规定备案或者报告。五是疑似不良反应报告。《药品管理法》第八十一条规定，药品上市许可持有人、药品生产企业、药品经营企业和医疗机构应当经常考察本单位所生产、经营、使用的药品质量、疗效和不良反应。发现疑似不良反应的，应当及时向药品监督管理部门和卫生健康主管部门报告。六是药品召回和处理报告。《药品管理法》第八十二条规定，药品存在质量问题或者其他安全隐患的，药品上市许可持有人应当立即停止销售，告知相关药品经营企业和医疗机构停止销售和使用，召回已销售的药品，及时公开召回信息，必要时应当立即停止生产，并将药品召回和处理情况向省、自治区、直辖市人民政府药品监督管理部门和卫生健康主管部门报告。七是药品短缺报告。《药品管理法》第九十五条第二款规定，药品上市许可持有人停止生产短缺药品的，应当按照规定向国务院药品监督管理部门或者省、自治区、直辖市人民政府药品监督管理部门报告。

在部门、机构间信息通报上，《食品安全法》中的相关规定如下。一是关于风险信息的通报，《食品安全法》第十四条第三款规定，国务院食品药品监督管理部门和其他有关部门获知有关食品安全风险信息后，应当立即核实并向国务院卫生行政部门通报。对有关部门通报的食品安全风险信息以及医疗机构报告的食源性疾病等有关疾病信息，国务院卫生行政部门应当会同国务院有关部门分析研究，认为必要的，及时调整国家食品安全风险监测计划。二是关于风险监测结果通报，《食品安全法》第十六条规定，食品安全风险监测结果表明可能存在食品安全隐患的，县级以上人民政府卫生行政部门应当及时将相关信息通报同级食品药品监督管理等部门，并报告本级人民政府和上级人民政府卫生行政部门。食品药品监督管理等部门应当组织开展进一步调查。三是通报风险评估结果。《食品安全法》第十九条规定，国务院食品药品监督管理、质量监督、农业行政等部门在监督管理工作中发现需要进行食品安全风险评估的，应当向国务院卫生行政部门提出食品安全风险评估的建议，并提供风险来源、相关检验数据和结论等信息、资料。属于本法第十八条规定情形的，国务院卫生行政部门应当及时进行食品安全风险评估，并向国务院有关部门通报评估结果。四是关于食品、食用农产品信息通报。《食品安全法》第二十条规定，省级以上人民政府卫生行政、农业行政部门应当及时相互通报食品、食用农产品安全风险监测信息。国务院卫生行政、农业行政部门应当及时相互通报食品、食用农产品安全风险评估结果等信息。五是标准执行问题通报。《食品安全法》第三十二条第二款规定，省级以上人民政府食品药品监督管理、质量监督、农业行政等部门应当对食品安全标准执行中存在的问题进行收集、汇总，并及时向同级卫生行政部门通报。六是认证撤销通报。《食品安全法》第四十八条第二款规定，对通过良好生产规范、危害分析与关键控制点体系认证的食品生产经营企业，认证机构应当依法实施跟踪调查；对不再符合认证要求的企业，应当依法撤销认证，及时向县级以上人民政府食品药品监督管理部门通报，并向社会公布。七是进口食品问题通报。《食品安全法》第九十五条规定，境外发生的食品安全事件可能对我国境内造成影响，或者在进口食品、食品添加剂、食品相关产品中发现严重食品安全问题的，国家出入境检验检疫部门应当及时采取风险预警或者控制措施，并向国务院食品药品监督管理、卫生行政、农业行政部门通报。接到通报的部门应当及时采取相应措施。县级以上人民政府食品药品监督管理部门对国内市场上销售的进口食品、食品添加剂实施监督管理。发现存在严重食品安全问题的，国务院食品药品监督管理部门应当及时向国家出入境检验检疫部门通报。国家出入境检验检疫部门应当及时采取相应措施。八是通报进出口食品安全信息。《食品安全法》第一百条规定，国家出入境检验检疫部门应当收集、汇总下列进出口食品安全信息，并及时通报相关部门、机构和企业：（一）出入境检验检疫机构对进出口食品实施检验检疫发现的食品安全信息；（二）食品行业协会和消费者协会等组织、消费者反映的进口食品安全信息；（三）国际组织、境外政府机构发布的风险预警信息及其他食品安全信息，以及境外食品行业协会等组织、消费者反映的食品安全信息；（四）其他食品安全信息。九是通报食品安全事故信息。《食品安全法》第一百零三条第二款规定，县级以上人民政府质量监督、农业行政等部门在日常监督管理中发现食品安全事故或者接到事故举报，应当立即向同级食品药品监督管理部门通报。十是通报食源性疾病入院信息。《食品安全法》第一百零四条规定，医疗机构发现其接收的病人属于食源性疾病病人或者疑似病人的，应当按照规定及时将相关信息向所在地县级人民政府卫生行政部门报告。县级人民政府卫生行政部门认为与食品安全有关的，应当及时通报同级食品药品监督管理部门。县级以上人民政府卫生行政部门在调查处理传染病或者其他突发公共卫生事件中发现与食品安全相关的信息，应当及时通报同级食品药品监督管理部门。十一是通报食品安全不良信用记录。《食品安全法》第一百一十三条规定，县级以上人民政府食品药品监督管理部门应当建立食品生产经营者食品安全信用档案，记录许可颁发、日常监督检查结果、违法行为查处等情况，依法向社会公布并实时更新；对有不良信用记录的食品生产经营者增加监督检查频次，对违法行为情节严重的食品生产经营者，可以通报投资主管部门、证券监督管理机构和有关的金融机构。十二是通报执法人员违规行为。《食品安全法》第一百一十六条第二款规定，食品生产经营者、食品行业协会、消费者协会等发现食品安全执法人员在执法过程中有违反法律、法规规定的行为以及不规范执法行为的，可以向本级或者上级人民政府食品药品监督管理、质量监督等部门或者监察机关投诉、举报。接到投诉、举报的部门或者机关应当进行核实，并将经核实的情况向食品安全执法人员所在部门通报；涉嫌违法违纪的，按照本法和有关规定处理。十三是通报食品安全信息。《食品安全法》第一百一十九条第二款规定，县级以上人民政府食品药品监督管理、卫生行政、质量监督、农业行政部门应当相互通报获知的食品安全信息。

在全球化、信息化、市场化、社会化时代，内部与外部是相互依存、相互支撑的。内部的强大将有力吸引和支撑外部。目前，在食品药品系统治理中，无论是横向的通报制度运行，还是纵向的报告制度运行，都存在一定短板、弱项，迫切需要进一步明确主体、程序、时限、效力和责任。应当建立督查督办和考核评价制度，确保两项制度的每一项具体要求落到实处，努力形成更加良好的食品药品安全治理合力。

三、长期治理与短期治理的关系

食品药品安全系统治理不仅是一个空间概念，而且也是一个时间概念。食品药品安全治理必须坚持长期治理与短期治理相结合，坚持目标导向与结果导向相结合，统筹谋划、科学安排，不断提升食品药品安全治理的科学化、法治化、国际化和现代化水平。

长期治理与短期治理是治理活动中相互联系又有所区别的两个方面。首先，两者的目标重点不同。长期治理往往着眼于实现可持续发展，实现长期稳定的目标，而短期治理往往更侧重于解决当下急迫解决的突出问题。其次，两者的时间跨度不同。长期治理往往需要数年甚至数十年的持续努力，需要不断投入资源、完善政策并持续推进，而短期治理往往是在几年内完成的，能取得立竿见影或者显著的成效。最后，两者的实施方式不同。长期治理往往需要进行系统规划和战略布局，需要多元参与与相互协同，而短期治理往往需要迅速决策并采取行动，治理的针对性、灵活性更强。长期治理与短期治理两者相互补充，长期治理为短期治理指引方向，短期治理为长期治理奠定基础，只有将两者有机结合，共同兼顾，才能实现有效治理。

长期以来，我国食品药品安全治理坚持使命驱动与战略引领，通过法律、政策、规划等，与时俱进确立我国食品药品安全治理的目标并强力推进实施，尤其是落实国民经济和社会发展规划要求，每五年都制定了食品药品领域监管治理规划，总结历史经验，分析当前形势，明确工作原则与目标，确定重点任务与项目，强化保障措施，加快推进食品药品安全治理现代化。如 2017 年 2 月 21 日国务院印发的《“十三五”国家药品安全规划》确定的发展目标是：到 2020 年，药品质量安全水平、药品安全治理能力、医药产业发展水平和人民群众满意度明显提升。1. 药品质量进一步提高。批准上市的新药以解决临床问题为导向，具有明显的疗效；批准上市的仿制药与原研药质量和疗效一致。分期分批对已上市的药品进行质量和疗效一致性评价。2018 年底前，完成国家基本药物目录（2012 年版）中 2007 年 10 月 1 日前批准上市的 289 个化学药品仿制药口服固体制剂的一致性评价；鼓励企业对其他已上市品种开展一致性评价。2. 药品医疗器械标准不断提升。制修订完成国家药品标准 3050 个和医疗器械标准 500 项。3. 审评审批体系逐步完善。药品医疗器械审评审批制度更加健全，权责更加明晰，流程更加顺畅，能力明显增强，实现按规定时限审评审批。4. 检查能力进一步提升。依托现有资源，使职业化检查员的数量、素质满足检查需要，加大检查频次。5. 监测评价水平进一步提高。药品不良反应和医疗器械不良事件报告体系以及以企业为主体的评价制度不断完善，监测评价能力达到国际先进水平，药品定期安全性更新报告评价率达到 100%。6. 检验检测和监管执法能力得到增强。药品医疗器械检验检测机构达到国家相应建设标准。实现各级监管队伍装备配备标准化。7. 执业药师服务水平显著提高。每万人口执业药师数超过 4 人，所有零售药店主要管理者具备执业药师资格、营业时有执业药师指导合理用药。2021 年 12 月 30 日国务院多部门联合印发的《“十四五”国家药品安全及促进高质量发展规划》提出：一是 2035 年远景目标。展望 2035 年，我国科学、高效、权威的药品监管体系更加完善，药品监管能力达到国际先进水平。药品安全风险管理能力明显提升，覆盖药品全生命周期的法规、标准、制度体系全面形成。药品审评审批效率进一步提升，药品监管技术支撑能力达到国际先进水平。药品安全性、有效性、可及性明显提高，有效促进重大传染病预防和难治疾病、罕见病治疗。医药产业高质量发展取得明显进展，产业层次显著提高，药品创新研发能力达到国际先进水平，优秀龙头产业集群基本形成，中药传承创新发展进入新阶段，基本实现从制药大国向制药强国跨越。二是“十四五”时期主要发展目标。“十四五”期末，药品监管能力整体接近国际先进水平，药品安全保障水平持续提升，人民群众对药品质量和安全更加满意、更加放心。1. 支持产业高质量发展的监管环境更加优化。审评审批制度改革持续深化，批准一批临床急需的创新药，加快有临床价值的创新药上市，促进公众健康。创新产品评价能力明显提升，在中国申请的全球创新药、创新医疗器械尽快在境内上市。制修订药品医疗器械化妆品标准 2650 项（个），新增指导原则 480 个。2. 疫苗监管达到国际先进水平。

通过世界卫生组织疫苗国家监管体系评估。积极推进疫苗生产企业所在省级药品检验机构具备辖区内生产疫苗主要品种批签发能力。3. 中药传承创新发展迈出新步伐。中医药理论、人用经验和临床试验相结合的审评证据体系初步建立。逐步探索建立符合中药特点的安全性评价方法和标准体系。中药现代监管体系更加健全。4. 专业人才队伍建设取得较大进展。培养一批具备国际先进水平的高层次审评员、检查员和检验检测领域专业素质过硬的学科带头人。药品监管队伍专业素质明显提升，队伍专业化建设取得积极成效。5. 技术支撑能力明显增强。全生命周期药物警戒体系初步建成。中国药品监管科学行动计划取得积极成果，推出一批监管新工具、新标准、新方法。药品检验检测机构能力明显提升。对比每五年规划所确立的发展目标，可以更加深刻感受到食品药品监管事业和食品药品产业的强劲发展势头。2024 年 12 月 30 日印发的《国务院办公厅关于全面深化药品医疗器械监管改革促进医药产业高质量发展的意见》（国办发〔2024〕53 号）提出，到 2027 年，药品医疗器械监管法律法规制度更加完善，监管体系、监管机制、监管方式更好适应医药创新和产业高质量发展需求，创新药和医疗器械审评审批质量效率明显提升，全生命周期监管显著加强，质量安全水平全面提高，建成与医药创新和产业发展相适应的监管体系。到 2035 年，药品医疗器械质量安全、有效、可及得到充分保障，医药产业具有更强的创新创造力和全球竞争力，基本实现监管现代化。

食品药品安全治理必须树立战略思维。食品药品安全法律法规中有许多鼓励、促进、推进措施，在一定意义上讲，大都属于食品药品安全长期治理的目标。如《食品安全法》第十一条规定，国家鼓励和支持开展与食品安全有关的基础研究、应用研究，鼓励和支持食品生产经营者为提高食品安全水平采用先进技术和先进管理规范。国家对农药的使用实行严格的管理制度，加快淘汰剧毒、高毒、高残留农药，推动替代产品的研发和应用，鼓励使用高效低毒低残留农药。《食品安全法》第四十二条第二款规定，国家鼓励食品生产经营者采用信息化手段采集、留存生产经营信息，建立食品安全追溯体系。《食品安全法》第四十三条规定，地方各级人民政府应当采取措施鼓励食品规模化生产和连锁经营、配送。《食品安全法》第四十八条规定，国家鼓励食品生产经营企业符合良好生产规范要求，实施危害分析与关键控制点体系，提高食品安全管理水平。《药品管理法》第四条第二款规定，国家保护野生药材资源和中药品种，鼓励培育道地中药材。《药品管理法》第十六条第三款规定，国家采取有效措施，鼓励儿童用药品的研制和创新，支持开发符合儿童生理特征的儿童用药品新品种、剂型和规格，对儿童用药品予以优先审评审批。《药品管理法》第五十三条第二款规定，国家鼓励、引导药品零售连锁经营。从事药品零售连锁经营活动的企业总部，应当建立统一的质量管理制度，对所属零售企业的经营活动履行管理责任。《化妆品监督管理条例》第九条第二款规定，国家鼓励和支持化妆品生产经营者采用先进技术和先进管理规范，提高化妆品质量安全水平；鼓励和支持运用现代科学技术，结合我国传统优势项目和特色植物资源研究开发化妆品。

坚决破除一切不合时宜的思想观念和体制机制弊端，突破利益固化的藩篱，吸收人类文明有益成果，构建系统完备、科学规范、运行有效的制度体系，充分发挥我国社会主义制度优越性。

——习近平

解放和发展社会生产力，是社会主义的本质要求。我们要激发全社会创造力和发展活力，努力实现更高质量、更有效率、更加公平、更可持续的发展！

——习近平

深入推进改革创新，坚定不移扩大开放，着力破解深层次体制机制障碍，不断彰显中国特色社会主义制度优势，不断增强社会主义现代化建设的动力和活力，把我国制度优势更好转化为国家治理效能。

——习近平

第九章　食品药品安全效能治理理念

食品药品安全效能治理是指运用系统思维和科学方法，以提升食品药品安全保障水平为目标，提升食品药品安全治理的效率、效益和效能的治理。食品药品安全治理的根本目标是安全，这早已为国际社会所普遍认可。然而，除了安全这一根本目标外，食品药品安全治理还必须考虑效能目标，这是实现食品药品安全治理可持续发展的重大问题。英国政治家、文学家菲利普·道摩·斯坦霍普（切斯特菲尔德第四任伯爵，Philip Dormer Stanhope，1694 年—1773 年）提出："效率是做好工作的灵魂。"彼得·德鲁克（Peter F. Drucker，1909 年—2005 年）提出："提高效率的最好办法就是做有价值的事。"史蒂夫·乔布斯（Steve Jobs，1955 年—2011 年）提出："品质是提高效率的基石。"在市场经济条件下，食品药品安全治理必须走科学发展的道路，高度重视投入与产出的关系，采取最优的路径和最佳的方法，努力以最小的投入获得最大的效益，实现更高质量、更有效率、更为经济、更可持续的发展。高品质生活、高质量发展、高效能治理与新发展阶段、新发展理念、新发展格局，共同构成新时代系统的发展战略和发展战术，食品药品安全治理必须走高效能治理的发展道路。

党中央、国务院高度重视治理效率、效益与效能。2017 年 10 月 18 日，习近平总书记在党的十九大会议上指出："必须坚持质量第一、效益优先，以供给侧结构性改革为主线，推动经济发展质量变革、效率变革、动力变革，提高全要素生产率，着力加快建设实体经济、科技创新、现代金融、人力资源协同发展的产业体系，着力构建市场机制有效、微观主体有活力、宏观调控有度的经济体制，不断增强我国经济创新力和竞争力。"2022 年 10 月 16 日，习近平总书记在党的二十大会议上指出："深入推进改革创新，坚定不移扩大开放，着力破解深层次体制机制障碍，不断彰显中国特色社会主义制度优势，不断增强社会主义现代化建设的动力和活力，把我国制度优势更好转化为国家治理效能。""健全共建共治共享的社会治理制度，提升社会治理效能。"2024 年 7 月 18 日中国共产党第二十届中央委员会第三次全体会议通过的《中共中央关于进一步全面深化改革推进中国式现代化的决定》强调："推动技术革命性突破、生产要素创新性配置、产业深度转型升级，推动劳动者、劳动资料、劳动对象优化组合和更新跃升，催生新产业、新模式、新动能，发展以高技术、高效能、高质量为特征的生产力。"

最大限度地减少治理成本、最大限度地提高治理效能，是当今国际社会食品药品安全治理孜孜以求的目标。影响食品药品安全治理效能的要素很多，有的属于宏观层面，如食品药品监管体制；有的属于中观层面，如食品药品监管体系；有的属于微观层面，如食品药品监管方式。这些要素涉及政治、经济、社会、法律、科技、文化等方面，是一个复杂的社会系统。必须看到，经过多轮的监管体制改革，我国食品药品安全治理效能已显著提升。《经济学人》杂志发布的《全球食品安全指数报告》（GFSI，由食品价格承受力、食品供应能力、食品质量安全保障程度三个指标构成）显示，2021 年在 113 个国家和地区中，我国食品安全指数位居第 34 位；2022 年在 113 个国家和地区中，我国食品安全指数位居第 25 位；2023 年在 113 个国家和地区中，我国食品安全指数位居第 45 位。多家行业协会联合发布的《深化医药创新生态系统构建》系列报告显示，目前我国药品创新已跨入世界第二梯队前列，成为近年来全球药物创新最具活力和前景的国家之一。上述两个方面从一个侧面反映出新时代我国强化食品药品安全治理的显著成效。

在充分肯定成绩的同时，必须清楚地看到，当前我国食品药品安全治理也面临着一些不可忽视的突出问题，如专业监管人员的缺乏、信息资源的分割、监管方式的粗放和政策激励的不足等，严重影响和制约着我国食品药品安全治理效能的全面提升。任何制度的设计都应当充分考虑到监管资源稀缺条件下的最佳路径选择，以有效提升监管工作的科学性、合理性、针对性和有效性。人类社会发展到今天，还没有聪明和自信到可以让市场决定一切。有为的政府与有效的市场相辅相成、并行不悖。但不计成本、不讲核算、不重效益的粗放式治理，违背市场经济一般规律，是不可持续、不可接受的。新时代的食品药品安全治理，既需要秉持"工匠"精神，努力实现精益化治理，还需要坚持开放心态，努力完善现代化治理新格局。坚守食品药品安全效能治理理念，需要科学把握以下重要关系。

一、监管理念、监管体制与监管体系的关系

影响食品药品安全治理效能的核心要素包括监管理念、监管体制与监管体系等。监管理念的选择直接影响监管体制和监管体系的设计，决定并掌控着监管道路的方向。监管体制和监管体系在一定程度上折射出监管理念的要义。

监管理念是影响治理效能的核心要素。理念决定方向。在食品药品安全治理体系中，治理理念是影响治理效能的最根本、最广泛、最深刻的要素，其决定和影响着治理制度、治理机制、治理方式和治理文化。治理理念是全部治理活动的"魂"与"道"。我国食品药品安全法律制度设计高度重视治理理念的提炼与统领。从《食品安全法》的"预防为主、风险管理、全程控制、社会共治"，到《疫苗管理法》的"安全第一、风险管理、全程管控、科学监管、社会共治"，再到《药品管理法》的"风险管理、全程管控、社会共治"，最后到《医疗器械监督管理条例》的"风险管理、全程管控、科学监管、社会共治"，经过多年的探索实践，食品药品安全治理理念可以概括为人本治理理念、风险治理理念、责任治理理念和智慧治理理念。四大核心治理理念的提出，标志着我国食品药品安全治理实现了从经验治理到科学治理、从结果治理到过程治理、从危机治理到风险治理、从应对治理到防范治理、从被动治理到能动治理、从分散治理到统一治理、从传统治理到现代治理的重大转变，标志着食品药品安全治理新时代的到来和新力量的产生，是我国食品药品安全治理的重大进步。

"万物得其本者生，百事得其道者成。"四大核心治理理念以其丰富的内涵和开放的品格，孕育出一系列治理制度、治理机制、治理方式和治理文化，逐步形成理念现代、逻辑清晰、体系完备、价值和谐的治理体系。从人本治理的角度看，形成了紧急授权使用、拓展性临床试验、临床试验默示许可、优先审评审批等制度机制。从风险治理的角度来看，形成了风险监测、风险评估、风险管理、风险交流、风险预警、风险警示等制度机制；从责任治理的角度来看，形成了责任保险、责任连带、责任约谈、责任调查、责任赔偿、责任追究等制度机制；从智慧治理的角度来看，形成了全程追溯、延伸检查、督查巡查、从业禁止、处罚到人等制度机制。理念既涉及世界观，也涉及方法论，现代的、科学的治理理念，可以使治理达到事半功倍的效果。

监管体制是影响监管效能的顶层要素。监管体制在监管体系中具有牵一发而动全身的地位。国际食品药品监管改革大都从监管体制改革入手。21 世纪以来，

为解决多头监管的效率低下问题，切实提高监管效能，围绕建立科学、统一、权威、高效的发展目标，我国持续推进食品药品监管体制改革。

2003 年体制改革，进一步转变政府职能，改进管理方式，提高行政效率，降低行政成本，逐步形成行为规范、运转协调、公正透明、廉洁高效的行政管理体制。在这次改革中，组建国家食品药品监督管理局，负责食品安全综合监督工作和药品监管工作。我国食品安全监管工作进入综合监督与具体监管相结合的探索阶段。

2008 年体制改革，按照精简统一效能的原则，以及决策权、执行权、监督权既相互制约又相互协调的要求，着力优化组织结构，规范机构设置，完善运行机制。在这次改革中，国家食品药品监督管理局改由卫生部管理，卫生部承担食品安全综合协调工作，国家食品药品监督管理局负责餐饮环节食品安全监管和药品监管工作。

2013 年体制改革，以职能转变为核心，继续简政放权、推进机构改革、完善制度机制、提高行政效能，稳步推进大部门制改革。在这次改革中，组建国家食品药品监督管理总局，负责食品生产、经营和消费环节监管以及药品质量全生命周期监管。我国食品安全监管工作统一监管体制基本形成。

2018 年体制改革，以国家治理体系和治理能力现代化为导向，以推进机构职能优化协同高效为着力点，改革机构设置，优化职能配置，深化转职能、转方式、转作风，提高效率效能，积极构建系统完备、科学规范、运行高效的机构职能体系。在这次改革中，组建国家市场监督管理总局，同时考虑药品监管的特殊性，设立国家药品监督管理局，由国家市场监督管理总局管理。

党中央、国务院多次强调要建立科学、统一、权威、高效的食品药品监管体制。2016 年 1 月，习近平总书记对食品安全工作作出重要指示，强调要“加快完善统一权威的监管体制和制度，落实‘四个最严’的要求，切实保障人民群众‘舌尖上的安全’”。2016 年 12 月，习近平总书记在中央财经领导小组第十四次会议上强调：“完善食品药品安全监管体制，加强统一性、权威性。”2017 年 1 月，习近平总书记对国务院食品安全委员会第四次全体会议作出指示：“坚持最严谨的标准、最严格的监管、最严厉的处罚、最严肃的问责，增强食品安全监管统一性和专业性，切实提高食品安全监管水平和能力。”2018 年 7 月，习近平总书记对吉林长春长生生物疫苗案作出重要指示：“完善我国疫苗管理体制，坚决守住安全底线，全力保障群众切身利益和社会安全稳定大局。”

全球食品安全监管体制分为单一型体制、综合型体制和多元型体制。其中，单一型体制是指从食品生产到餐饮消费环节以一个部门为主的监管体制。经过多年的持续改革，我国食品安全监管体制已属于国际社会首选力推的单一型体制，这既是对市场经济一般规律的尊重，更是对食品安全监管规律的认同。

全球药品监管体制分为与食品合一型监管体制和与食品分立型监管体制两种。对于药品安全监管与食品安全监管的关系，我国进行了从分立到统一的实践探索，目前市县两级保持合一型监管体制。食品与药品同属于健康产品，食品安全与药品安全同属于公共安全，食品安全监管与药品安全监管同属于基于风险的专业监管。实行食品药品安全统一监管，可以更好地节约监管资源、提高监管效能。

完善食品药品监管体制，需要研究食品药品监管的历史发展阶段问题。以药品为例，药品医疗器械审评审批制度改革以来，我国医药产业创新活力迸发，目前正从跟踪仿制向自主创新转变，从制药大国向制药强国跨越。为了适应这种历史性、结构性变革，药品监管体制有必要进行结构性改革，将监管资源进一步向研发环节倾斜，以鼓励和支持药械创新，加快提升我国药品监管工作的全球竞争力。

食品药品监管体制的统一，包括横向和纵向两个方面。横向的基本要求是将分散的监管整合起来，实现集中监管；纵向的基本要求是上下协调，实现协同监管。横向的集中与纵向的协同，两者相互关联、不可分割，共同构成食品药品监管体制的“经”与“纬”。强调食品药品监管体制的统一，既是实现有效指挥、协同联动、快速反应的客观需要，也是优化资源、减少成本、提高效能的必然要求。

监管体系是影响监管效能的关键要素。2013 年 11 月，党的十八届三中全会通过的《中共中央关于全面深化改革若干重大问题的决定》明确指出，全面深化改革的总目标是完善和发展中国特色社会主义制度，推进国家治理体系和治理能力现代化。“国家治理体系和治理能力现代化”这一重大命题提出后，改革创新关注的焦点逐步转移到监管体系和监管能力建设上。习近平总书记强调：“国家治理体系和治理能力是一个国家制度和制度执行能力的集中体现……国家治理体系和治理能力是一个有机整体，相辅相成，有了好的国家治理体系才能提高治理能力，提高国家治理能力才能充分发挥国家治理体系的效能。”2015 年 5 月，习近平总书记在主持中共中央政治局第二十三次集体学习时指出，要“加快建立科学完善的食品药品安全治理体系，努力实现食品药品质量安全稳定可控、保障水平明显提升”。2019 年 10 月，党的十九届四中全会通过的《中共中央关于坚持和完善中国特色社会主义制度　推进国家治理体系和治理能力现代化若干重大问题的决定》提出，要“着力固根基、扬优势、补短板、强弱项，构建系统完备、科学规范、运行有效的制度体系”“加强和改进食品药品安全监管制度，保障人民身体健康和生命安全”。2021 年 4 月，《国务院办公厅关于全面加强药品监管能力建设的实施意见》（国办发〔2021〕16 号）提出，要“强基础、补短板、破瓶颈、促提升”“加快建立健全科学、高效、权威的药品监管体系，坚决守住药品安全底线，进一步提升药品监管工作科学化、法治化、国际化、现代化水平，推动我国从制药大国向制药强国跨越，更好满足人民群众对药品安全的需求”。该意见从药品、医疗器械和化妆品的法律、标准、审评、检查、检验、监测评价等多个维度，对加快推进药品监管体系和监管能力建设做出了系统安排。目前，全系统正积极稳步推进监管体系和监管能力现代化建设。

二、治理机制、治理方式与治理模式的关系

影响食品药品安全治理效能的要素还包括治理机制、治理方式与治理模式等。治理模式的选择离不开治理机制和治理方式的探索创新。

治理机制是影响治理效能的柔性要素。机制是驱动食品药品安全法律“从纸面上的法律转化为行动中的法律”的重要引擎，是增强治理合力、提升治理效能的重要手段，是完善治理艺术、提高治理水平的重要动力。良好的监管机制将激发出无穷无尽的“源动力”“自动力”。2013 年 12 月，习近平总书记在中央农村工作会议上强调：“面对生产经营主体量大面广、各类风险交织形势，靠人盯人监管，成本高，效果也不理想，必须完善监管制度，强化监管手段，形成覆盖从田间到餐桌全过程的监管制度。我们建立食品安全监管协调机制，设立相应管理机构，目的就是要解决多头分管、责任不清、职能交叉等问题。定职能、分地盘相对好办，但真正实现上下左右有效衔接，还要多下气力、多想办法。”良好的监管机制可以在一定程度上弥补监管体制的不足。在不同的监管体制下，机制建设的重点也有所不同。一般说来，实行多元监管体制时，更加需要机制来综合统筹、共筑合力；而实行单一监管体制时，则更加需要机制来汇聚力量、强化共治。

食品药品监管部门特别注重监管机制创新，这与其长期承担食品安全综合监

督或者综合协调的角色定位密切相关。新的食品药品安全法律制度不断巩固多年来监管机制的创新成果。如《食品安全法》规定，国务院设立食品安全委员会。县级以上地方人民政府对本行政区域的食品安全监督管理工作负责，统一领导、组织、协调本行政区域的食品安全监督管理工作以及食品安全突发事件应对工作，建立健全食品安全全程监督管理工作机制和信息共享机制。国务院食品安全监督管理部门会同国务院农业行政等有关部门建立食品安全全程追溯协作机制。《药品管理法》规定，县级以上地方人民政府对本行政区域内的药品监督管理工作负责，统一领导、组织、协调本行政区域内的药品监督管理工作以及药品安全突发事件应对工作，建立健全药品监督管理工作机制和信息共享机制。《疫苗管理法》规定，县级以上人民政府应当将疫苗安全工作和预防接种工作纳入本级国民经济和社会发展规划，加强疫苗监督管理能力建设，建立健全疫苗监督管理工作机制。国务院和省、自治区、直辖市人民政府建立部门协调机制，统筹协调疫苗监督管理有关工作，定期分析疫苗安全形势，加强疫苗监督管理，保障疫苗供应。国务院药品监督管理部门会同国务院卫生健康主管部门等建立疫苗质量、预防接种等信息共享机制。经过多年的探索实践，食品药品监管部门已经建立起激励与约束、褒奖与惩戒、自律与他律、动力与压力相结合的监管机制体系。这些机制需要在实践中不断总结和提升，进一步增强监管机制的时代性、规律性和创造性，驰而不息地提供有效的制度供给。

多年来，国际社会普遍对食品药品安全实行全生命周期的监管，即对食品从农田到餐桌、药品从实验室到医院这条“河流”的“主航道”进行监管，强调上游、中游、下游之间的无缝衔接。实践证明，没有良好的生态环境和生态，仅仅对产品“主航道”进行监管是远远不够的。因为时有一些“支流”“暗渠”不断向河里“排污”，所以，有必要建立良好的治理机制和治理生态，加快完善企业负责、政府监管、行业自律、社会协同、公众参与、媒体监督、法治保障的社会治理大格局，实现从“主航道”监管到“全流域”治理的转变。近年来，我国高度重视食品药品安全治理生态建设，从大时代、大健康、大风险、大安全、大质量、大治理的大视野，推进食品药品安全治理理念、治理制度、治理机制、治理方式等创新，进一步提升了我国食品药品安全治理的科学化、法治化、国际化和现代化水平。

治理方式是影响治理效能的突出要素。21 世纪以来，国际社会普遍关注食品药品安全治理方式创新。早在 2001 年，世界卫生组织就在《全球食品安全战略》中提出："过去数十年，传统的食品安全措施已被证明不能有效地控制食源性疾病。""国际社会必须改变某些现行的方法，以确保适应全球食品安全出现的新挑战。"2011 年 6 月，FDA 发布的《通向全球产品安全和质量之路》指出："全球化已从根本上改变经济和安全格局，要求 FDA 对固有的工作方式做出重大调整。"21 世纪以来，伴随全球化、信息化、市场化、社会化进程的日益加快，国际社会更加注重食品药品安全治理方式的创新，努力实现从传统治理向现代治理方式的转变。当前，互联网、云计算、大数据的快速发展，全球化、信息化、市场化、社会化的深度融合，正以前所未有，甚至打破常规的力量，改变着人们认识和理解世界的方式。为了适应新时代、新阶段和新期待，必须以更积极、更主动、更开放、更高效的方式，加快推进治理方式创新，进一步提高食品药品安全治理效能。

为适应新时代药品产业发展和药品监管创新的需要，2019 年，国家药品监督管理局坚持国际视野、坚持问题导向、坚持改革创新，启动了中国药品监管科学行动计划，与著名高等院校与科研机构，共建监管科学研究基地，协同推进监管新工具、新标准和新方法，努力增加监管工作的前瞻性、敏锐性、灵活性和适应性。2024 年 12 月 30 日印发的《国务院办公厅关于全面深化药品医疗器械监管改革促进医药产业高质量发展的意见》（国办发〔2024〕53 号）提出："大力发展药品监管科学。以药品监管科学全国重点实验室为龙头，加强药品监管科学创新研究基地建设。部署推进药品监管科学技术攻关任务，完善成果转化和科研人员激励机制，加快开发指出监管决策的新工具、新标准、新方法。"实践证明，中国药品监管科学研究与应用具有强劲的动力和广阔的发展前景。

面对复杂的监管难题，治理方式的创新会带来豁然开朗的局面。多年来，食品药品监管部门积极探索量化分级、风险交流、责任约谈、飞行检查、质量授权、驻厂监督、风险会商、考核评价等治理新方式，着力破解食品药品安全治理难题，取得的成效十分显著。

治理模式是影响治理效能的倍增要素。治理模式与经济社会发展密切相关，对治理效能的影响是显著的。美国哲学家、心理学家威廉·詹姆斯（William James，1842 年—1910 年）指出："模式间的竞争就是世界的历史。"近年来，有专家学者开始研究我国食品药品安全的治理模式，期待能探索出反映时代特征、体现发展规律、展示本土特点的治理道路，这是食品药品安全治理向纵深推进的可喜现象。一般说来，治理模式是指从治理实践中提炼出的最佳范式。从认识论的角度来看，模式研究的是思维方式和工作方法，解决的是某一类问题的方法论。治理模式应当具有一定的原创性、成熟性、可复制性和可推广性。通过治理模式的探索，可以总结出治理的一般规律性，推动治理达到事半功倍的效果。各种治理模式的创新，应当有利于实现从粗放治理到精细治理、从被动治理到能动治理、从烦琐治理到简约治理、从传统治理到现代治理的转变。

多年来，有关部门和地方、有关专家学者积极倡导建立食品药品安全治理新模式。在食品安全方面，如 2004 年 9 月《国务院关于进一步加强食品安全工作的决定》提出："推进无公害农产品标准化生产综合示范区、养殖小区、示范农场、无规定动物疫病区和出口产品生产基地的建设，积极开展农产品和食品认证工作，推广'公司+基地'模式，加快对高毒、高残留农业投入品禁用、限用和淘汰进程。"2007 年 8 月《国务院关于加强产品质量和食品安全工作的通知》（国发〔2007〕23 号）提出："加强进出口商品检验检疫……要推行出口食品'公司+基地+标准化'生产管理模式，严格实施疫情疫病、农兽药残留监控制度。"2017 年 4 月《国务院办公厅关于印发 2017 年食品安全重点工作安排的通知》（国办发〔2017〕28 号）提出："促进食品产业转型升级……推广'生产基地+中央厨房+餐饮门店'、'生产基地+加工企业+商超销售'等产销模式。"2018 年 2 月《国务院食品安全办　农业部　食品药品监管总局关于进一步加强"双安双创"工作的意见》（食安办〔2018〕3 号）提出："坚持创新引领，发挥示范带头作用……每个创建市、县都要瞄准本地 1—2 个主要食品安全和农产品质量安全风险，形成一套可推广、可借鉴、可示范的风险管控技术模式。"在药品安全方面，如 2016 年 3 月《国务院办公厅关于促进医药产业健康发展的指导意见》（国办发〔2016〕11 号）提出："完善创新环境，推动政产学研用深度融合，加强医药技术创新能力建设，促进技术、产品和商业模式创新。""应用大数据、云计算、互联网、增材制造等技术，构建医药产品消费需求动态感知、众包设计、个性化定制等新型生产模式。"2017 年 2 月《国务院办公厅关于进一步改革完善药品生产流通使用政策的若干意见》（国办发〔2017〕13 号）提出："整合药品仓储和运输资源，实现多仓协同，支持药品流通企业跨区域配送，加快形成以大型骨干企业为主体、中小型企业为补充的城乡药品流通网络。鼓励中小型药品流通企业专业化经营，推动部分企业向分销配送模式转型。"2017 年 2 月《国务院关于印发"十三五"国家食品安全规划和"十三五"国家药品安全规划的通知》（国发〔2017〕12 号）提出："探索创新药品医疗器械审评机构体制机制和法人治理模式。”2017 年 10 月《中共中央办公厅　国务院办公厅印发〈关于深化审评审批制度改革鼓励药品医疗器械创新的意见〉》（厅字〔2017〕42 号）提出：“建立基于风险和审评需要的检查模式，加强对非临床研究、临床试验的现场检查和有因检查，检查结果向社会公开。”2019 年 7 月《国务院办公厅关于建立职业化专业化药品检查员队伍的意见》（国办发〔2019〕36 号）提出：“创新高素质检查员培养模式。”

需要关注的是，治理模式创新要以提升治理能力为依托，以提升保障水平为目标。治理模式创新无论走多远，都不能忘记这一初心。目前，我国在食品药品安全生产经营管理模式创新上更为积极、更为丰富，行政监管模式创新仍处于探索实践阶段。在坚持原则性与灵活性、守正性与创新性、本地化与国际化相结合的基础上，未来一定会探索出经得起实践和历史检验，并为国际社会广泛认可的中国食品药品安全治理模式，为世界食品药品安全治理事业的成长提供中国方案、贡献中国智慧。

习近平总书记强调：“中国特色社会主义制度是当代中国发展进步的根本制度保障，是具有鲜明中国特色、明显制度优势、强大自我完善能力的先进制度。”“我们既要坚持好、巩固好经过长期实践检验的我国国家制度和国家治理体系，又要完善好、发展好我国国家制度和国家治理体系，不断把我国制度优势更好转化为国家治理效能。”“要加快转变政府职能，提高政府监管效能，推动有效市场和有为政府更好结合，依法保护企业合法权益和人民群众生命财产安全。”新时代新征程，坚持以人民为中心的发展思想，坚持保护和促进公众健康的崇高使命，坚持科学化、法治化、国际化和现代化的发展道路，未来的中国食品药品安全治理效能定将得到更大的提升，广大人民群众的健康福祉定将得到更好的满足。

认识的能动作用，不但表现于从感性的认识到理性的认识之能动的飞跃，更重要的还需要表现于从理性的认识到革命的实践这一个飞跃。

——毛泽东

我们党领导人民进行革命、建设、改革的历史进程反复证明了一个道理：政治上的主动是最有利的主动，政治上的被动是最危险的被动。

——习近平

党员干部特别是领导干部要发扬历史主动精神，在机遇面前主动出击，不犹豫、不观望；在困难面前迎难而上，不推诿、不逃避；在风险面前积极应对，不畏缩、不躲闪。

——习近平

第十章 食品药品安全能动治理理念

食品药品安全是全人类共同关注的重大问题。食品药品安全领域是充满风险与挑战的领域，食品药品安全治理是考验人类智慧和力量的治理。食品药品安全能动治理理念，主要解决的是食品药品安全治理的积极性、主动性和创造性问题。保护和促进公众健康的崇高使命，决定了食品药品安全工作必须坚持以人民为中心的发展思想，以强烈的责任感和使命感，面对各种风险和挑战，居安思危，未雨绸缪，下好先手棋，打好主动仗，最大限度地防控食品药品风险，最大限度地保障食品药品安全，驰而不息地促进产业高质量发展，驰而不息地满足人民对食品药品安全的需求。

唯物论与辩证法为能动治理提供强大的哲学武装。目前，食品药品安全领域对于“能动治理”一词还比较陌生。在哲学、政治学、物理学、工程学、医学、心理学、教育学、管理学等领域，“能动”一词均有一定程度的应用，如能动的辩证法、能动哲学、能动功能、能动心理、能动学习、能动管理等。当前，有必要将“能动治理理念”引入食品药品安全领域，激励食品药品安全治理者更好地发挥主观能动性和创造性，以更加积极、更加主动、更加担当、更加开放、更富成效的姿态，强化食品药品安全治理，最大限度地减少食品药品安全风险对国家、社会、公众和家庭的影响，最大限度地增强公众和社会对食品药品安全的信心和信赖。

食品药品安全的历史，本身就是一部问题史、思想史、斗争史、成长史。习近平总书记强调：“我们党领导人民进行革命、建设、改革的历史进程反复证明了一个道理：政治上的主动是最有利的主动，政治上的被动是最危险的被动。”“党员干部特别是领导干部要发扬历史主动精神，在机遇面前主动出击，不犹豫、不观望；在困难面前迎难而上，不推诿、不逃避；在风险面前积极应对，不畏缩、不躲闪。”历史雄辩地证明，面对或明或暗、或隐或显的各类风险，任何等待、观望、犹豫、徘徊、逃避，都等不到、换不来真正的安全。优柔寡断、错失良机，往往会被叠加放大的风险带来更多的次生问题。只有弘扬斗争精神、增强斗争本领、提升斗争艺术，在风险面前敢于亮剑，在挑战面前善于斗争，食品药品安全才能得到有效的保障。食品药品安全的保障程度，在一定程度上取决于人类社会对于风险的斗争力度。

当今的世界是个充满风险的世界，当今的社会是个充满风险的社会。人类社会对于风险的控制，从事后补救到事前预防、从被动治理到能动治理，走过了较为漫长的历程。专家指出，从历史的角度来看，安全哲学大体经历了以下四个阶段。一是宿命论阶段。在生产力相对低下的远古时代，主张对事故与灾害采取“听天由命”的消极态度。二是经验论阶段。这一阶段主张在事故与灾难发生后，采取“亡羊补牢”的救济方式。三是系统论阶段。这一阶段主张采取工程技术的“硬手段”与教育管理的“软手段”，对事故与灾难进行综合应对。四是本质论阶段。这一阶段主张采取超前、主动、系统的预防措施，防止事故与灾难的发生。

当今世界，各种风险正在发生着广泛而深刻的变化。今天，人类社会已从隐蔽性、复杂性、交叉性、叠加性、高发性、放大性、跨界性、关联性、流动性、渗透性、传导性、瞬变性、混合性等多个维度上认知和把握风险。从早期的“风险高压期、矛盾凸显期”，到今日的“战略承压期、高危风险期”，人类社会对风险的认识更加深刻，对风险的危害更加警觉，防范化解风险的措施更加高超。美国食品药品监管局前局长玛格丽特·汉伯格指出：“我们不能仅仅满足于发现问题后的应对，更要致力于在问题发现前就进行有效的预防。食品药品安全监管应当是积极主动的，而不是被动反应的。”美国食品药品监管局前食品安全专员大卫·艾奇逊指出：“从历史上看，食品行业常常在食品安全问题出现后，才针对疾病爆发或者丑闻做出反应，这种被动应付的方式是不够的。必须采取积极主动的态度，即行业要主动在潜在风险引发之前就进行识别并加以处理，这就需要从单纯的满足监管要求的思维模式转变为积极主动寻求提高食品安全标准的思维模式。”美国食品药品监管局前专员大卫·亚伦·凯斯勒（David Aaron Kessler）指出：“政府食品安全监管的历史，就是政府监管部门在马跑出马厩后才去追赶的历史。”明者见危于无形，智者见祸于未萌。能动治理强调视野、勇气与智慧的高度统一，面对各种风险和挑战，要强化战略意识和机遇意识，察势抢占先机，谋势把握主动，布势塑造格局。坚守食品药品安全能动治理理念，需要科学把握以下重要关系。

一、事前预防与事后救济的关系

在全球化、信息化、市场化、社会化时代，时空的压缩与延伸使各类风险呈几何级数增长。面对食品药品安全风险，是直面问题积极预防，还是敷衍塞责消极应对，这是考验各级领导干部是否坚持以人民为中心的发展思想，履职尽责、担当作为的试金石。驾驭风险的本领应当成为各级领导干部必备的本领，应对风险的能力应当成为各级领导干部必备的能力。有学者指出："凡是主动做的事都会滋养你，凡是被动做的事都会消耗你。"能动治理强调治理主体的前瞻性、主动性和创造性，它不是在问题出现后被动应对，而是善于提前预判和科学分析，以更加奋进的姿态应对各种挑战。

居安思危是能动治理的哲学基础。习近平总书记多次告诫全党："中华民族伟大复兴，绝不是轻轻松松、敲锣打鼓就能实现的。""要时刻准备应对重大挑战、抵御重大风险、克服重大阻力、解决重大矛盾。""面对复杂多变的国际形势和艰巨繁重的国内改革发展稳定任务，我们一定要居安思危，增强忧患意识、风险意识、责任意识，坚定必胜信念，积极开拓进取，全面做好改革发展稳定各项工作，着力解决经济社会发展中的突出矛盾和问题，有效防范各种潜在风险。""当前和今后一个时期是我国各类矛盾和风险易发期，各种可以预见和难以预见的风险因素明显增多。我们必须坚持统筹发展和安全，增强机遇意识和风险意识，树立底线思维，把困难估计得更充分一些，把风险思考得更深入一些，注重堵漏洞、强弱项，下好先手棋、打好主动仗，有效防范化解各类风险挑战，确保社会主义现代化事业顺利推进。""加强实践锻炼、专业训练，注重在重大斗争中磨砺干部，增强干部推动高质量发展本领、服务群众本领、防范化解风险本领。加强干部斗争精神和斗争本领养成，着力增强防风险、迎挑战、抗打压能力，带头担当作为，做到平常时候看得出来、关键时刻站得出来、危难关头豁得出来。"习近平总书记有关防范和化解重大风险的一系列重要论断，充分体现了其作为思想家、政治家、战略家的高瞻远瞩和深思远虑，是推进我国食品药品安全治理的根本遵循和行动指南。

预防为主是能动治理的核心要义。历史经验表明，事前的一分努力，胜过事后的十分救济。今天，几乎在与安全风险相关的所有领域，国际社会都普遍采用"预防为主、防治结合、综合治理"的基本方针。"预防为主"已成为安全管理最基本、最有效的管理策略与方法。2001 年 2 月世界卫生组织发布的《全球食品安全战略》提出："对整个过程实施控制的、组织严密的预防措施，是提高食品安全和质量的首选方法。"2003年联合国粮食及农业组织、世界卫生组织联合出版的《保障食品的安全和质量：强化国家食品控制体系指南》指出："食品控制体系是保护整个食品链的预防性及教育性战略与强制性法规相结合的综合体系。""主管部门准备建立、更新、强化或者在某些方面改革食品控制体系时，必须充分考虑加强食品控制活动基础的若干原则以及意义，这包括通过在整个食品链中尽可能地应用预防性原则，最大限度地减少风险。""在生产、加工和销售的整个过程中始终贯彻预防性原则，可最有效地实现减少风险的目标。""在食品生产和销售链的整个过程中采用预防性措施而不只是在最后阶段采用检验和拒绝的手段，在经济学上将具有更大的意义。"2008年3月联合国系统驻华代表办事处发布的《推动中国食品安全》提出："从农场至餐桌这一整个过程中，最大范围地连续运用以预防为主的原则来尽可能地减少风险。""食品安全立法应当从命令控制模式转变为以预防风险为基础的监管模式。"

习近平总书记多次强调："统筹发展和安全，增强忧患意识，做到居安思危，是我们党治国理政的一个重大原则。"2015年4月《食品安全法》首次将"预防为主"确立为食品安全工作基本原则的第一项。多年来，各级食品药品监管部门坚持"预防为主"的基本思路，积极推进食品药品安全全程防控。2004年9月《国务院关于进一步加强食品安全工作的决定》提出："建立畅通的信息监测和通报网络体系，逐步形成统一、科学的食品安全信息评估和预警指标体系，及时研究分析食品安全形势，对食品安全问题做到早发现、早预防、早整治、早解决。"2009年3月《国务院办公厅关于认真贯彻实施食品安全法的通知》提出："食品安全法体现了预防为主、科学管理、明确责任、综合治理的食品安全工作指导思想。"2019年5月《中共中央 国务院关于深化改革加强食品安全工作的意见》提出："坚持预防为主。牢固树立风险防范意识，强化风险监测、风险评估和供应链管理，提高风险发现与处置能力。坚持'产'出来和'管'出来两手抓，落实生产经营者主体责任，最大限度消除不安全风险。"2019年2月中共中央办公厅、国务院办公厅印发的《地方党政领导干部食品安全责任制规定》明确指出，地方党政领导干部在食品安全工作中敢于作为、勇于担当、履职尽责，及时有效组织预防食品安全事故和消除重大食品安全风险隐患，使国家和人民群众利益免受重大损失的，按照有关规定给予表彰奖励；及时报告失职行为并主动采取补救措施，有效预防或者减少食品安全事故重大损失、挽回社会严重不良影响，或者积极配合问责调查，并主动承担责任的，按照有关规定从轻、减轻追究责任。

为落实“预防为主”的基本要求，多年来食品药品安全监管部门积极作为，持续探索。“加强对食品安全隐患和危害因素的监督检查。选择重点地区、重点行业、重点品种，总结重大食品安全事故的规律，建立健全危害因素监控操作规范，提高预防控制能力，对食品安全措施落实情况加大监察力度。”“定期会商、统一发布食品安全信息，做到食品安全问题早发现、早预防、早整治、早解决。”“坚持关口前移，全面排查、及时发现处置苗头性、倾向性问题，严把食品安全的源头关、生产关、流通关、入口关，坚决守住不发生系统性区域性食品安全风险的底线。”总之，“预防为主”已成为我国食品药品安全治理的文化传统。

应急处置是能动治理的必然要求。能动治理理念不仅体现在事前的积极预防上，同时也体现在事中的果断处置和事后的有效救济上。2007 年 3 月《国务院办公厅关于进一步加强药品安全监管工作的通知》提出：“地方各级人民政府要完善重大药品安全事件应急机制。一旦本行政区域内发生药品安全事件，要组织协调有关部门积极应对，有效处置，消除危害；正确引导舆论，稳定群众情绪，防止事态蔓延。”2019 年 5 月《中共中央　国务院关于深化改革加强食品安全工作的意见》提出：“强化突发事件应急处置。修订国家食品安全事故应急预案，完善事故调查、处置、报告、信息发布工作程序。完善食品安全事件预警监测、组织指挥、应急保障、信息报告制度和工作体系，提升应急响应、现场处置、医疗救治能力。加强舆情监测，建立重大舆情收集、分析研判和快速响应机制。”《食品安全法》强调：“发生食品安全事故的单位应当立即采取措施，防止事故扩大。”《药品管理法》规定：“发生药品安全事件，县级以上人民政府应当按照应急预案立即组织开展应对工作；有关单位应当立即采取有效措施进行处置，防止危害扩大。”

多年来，食品药品安全监管部门高度重视应急处置。相关文件明确要求：“发生食品安全事故后，要按照属地管理和分级响应原则，及时开展应急处置，最大限度减少危害和影响。”“加强和完善多部门共同参与的突发事件应对协调联动机制，明确和落实部门相关处置职责。加快研究制订食品安全事故调查处理办法，规范事故调查处理程序。加强和完善突发事件快速反应机制，迅速组织开展现场控制、安全评估、事件调查、信息发布等应急措施，妥善处置突发事件。”“建立健全应急管理体系，加强应急预案管理，开展应急演练和技能培训，推动企业完善突发事件应对处置预案方案。强化舆情监测研判，妥善处置突发事件。”强化应急处置，目的在于最大限度地减少事故给社会和公众造成的损失。

二、过程安全与结果安全的关系

食品药品安全是过程安全与结果安全的有机统一。过程安全是条件和手段，结果安全是目标和目的。传统食品药品安全治理往往更加关注结果安全，突出终端产品的检验。现代食品药品安全治理往往强调过程安全与结果安全的统一，更加注重体系和能力建设。当前，国际社会对食品药品监管更多采用基于风险的管理体系，检查的是整个生产过程，而不是只检查最终产品。现代质量管理体系的基本理念是，只要生产过程出现瑕疵，就可以认定最终产品存在瑕疵；只要生产过程出现重大缺陷，就可以认定最终产品为不合格。

过程安全是结果安全的先决条件。从哲学的角度来看，程序正义在实质正义的实现过程中具有独特的价值，这是人类从相对正义逼近绝对正义的重要保证。在食品药品安全领域，过程安全是结果安全的先决条件，结果安全是过程安全的逻辑必然。生产经营过程如果不能持续合规，产品检验即使没有发现已知的风险，该产品也可能存在不可预知的风险，因此可以被认定为不合格，这就是食品药品安全“四个最严”要求的最深刻的阐释。将过程安全与结果安全统一起来，并将过程体系化、程序化、制度化，这是现代食品药品安全治理的重大进步。2007 年 8 月《国务院关于加强产品质量和食品安全工作的通知》提出：“引导企业根据国内外市场变化趋势，建立健全从产品设计到售后服务全过程的质量管理体系，全面加强质量管理。”2022 年《政府工作报告》提出“严格食品全链条质量安全监管”。多年来，食品药品监管部门高度重视全程监管，认真落实许多具体要求，例如：“要切实履行对药品研制、生产、经营、使用全过程的监管，确保人民用药安全有效。”“强化食品生产经营主体责任意识，督促企业严格落实培训考核、风险自查、产品召回、全过程记录、应急处置等管理制度，加强覆盖生产经营全过程的食品安全管控措施。”“严格实施从农田到餐桌全链条监管，建立健全覆盖全程的监管制度、覆盖所有食品类型的安全标准、覆盖各类生产经营行为的良好操作规范，全面推进食品安全监管法治化、标准化、专业化、信息化建设。”“完善统一权威的监管体制，推进药品监管法治化、标准化、专业化、信息化建设，提高技术支撑能力，强化全过程、全生命周期监管，保证药品安全性、有效性和质量可控性达到或接近国际先进水平。”实践证明，强化过程管控，标志着食品药品安全治理的稳步成长。

全程管控是风险管理的时空安排。风险管理是食品药品安全治理的核心理念之一，而全程管控则是风险管理在时空方面的特殊安排。《食品安全法》《药品管理法》《疫苗管理法》《医疗器械监督管理条例》均明确了“全程管控”的基本原则。例如，《食品安全法》规定：“食品生产经营者对其生产经营食品的安全负责。”《药品管理法》规定：“药品上市许可持有人依法对药品研制、生产、经营、使用全过程中药品的安全性、有效性和质量可控性负责。”“从事药品研制、生产、经营、使用活动，应当遵守法律、法规、规章、标准和规范，保证全过程信息真实、准确、完整和可追溯。”“药品上市许可持有人应当依照本法规定，对药品的非临床研究、临床试验、生产经营、上市后研究、不良反应监测及报告与处理等承担责任。其他从事药品研制、生产、经营、储存、运输、使用等活动的单位和个人依法承担相应责任。”《医疗器械监督管理条例》规定：“医疗器械注册人、备案人应当加强医疗器械全生命周期质量管理，对研制、生产、经营、使用全过程中医疗器械的安全性、有效性依法承担责任。”重视全程管控，彰显着食品药品安全法律制度的基本要义。

三、机制创新与方式创新的关系

黑格尔说，世界是“活”的，一切皆具有“能动性”。食品药品安全制度体系是由一系列能动治理制度主导的。风险监测制度、风险评估制度、风险交流制度、风险预警制度、风险分级制度、风险自查制度、风险会商制度、年度报告制度、全程追溯制度、飞行检查制度、延伸检查制度、巡查督查制度、产品召回制度、责任约谈制度、药物警戒制度等，无不是食品药品安全能动治理理念的具体体现。

在食品药品安全治理创新中，需要特别关注机制创新与方式创新。机制通常是指事物的构造、功能及其相互关系，以及协调事物内部诸要素间关系更好发挥作用的具体运行方式。在食品药品安全治理领域，机制通常分为两类：一类是指工作载体或者工作平台，如综合协调机制、案件移送机制；另一类是指事物的运行机理或者运行动力，如绩效考评机制、信用奖惩机制。人们有时将机制与方式混为一谈。严格来说，两者是有差别的。如机制解决的是从被动到主动的问题，方式解决的是从传统到现代的问题。机制决定动力，方式决定效能。机制创新与方式创新的有机结合，将显著提升治理效能。在食品药品安全能动治理的机制和方式方面，以下方面需要给予特别关注。

有效增进社会共识的风险交流。食品药品安全风险有时并不仅仅局限于科技问题，即便风险的产生归因于科技问题，但破解问题的方法也不仅仅局限于科技方法。一般来说，风险的来源具有社会性，风险的影响具有社会性，风险的治理必须具有社会性。面对日趋复杂的难题，积极开展风险交流，可以增进各方共识，凝聚智慧，破解难题。从《食品安全法》开始，食品药品安全治理制度大都包含着风险交流的内容。例如，《食品安全法》规定："县级以上人民政府食品安全监督管理部门和其他有关部门、食品安全风险评估专家委员会及其技术机构，应当按照科学、客观、及时、公开的原则，组织食品生产经营者、食品检验机构、认证机构、食品行业协会、消费者协会以及新闻媒体等，就食品安全风险评估信息和食品安全监督管理信息进行交流沟通。"《疫苗管理法》规定："省级以上人民政府药品监督管理部门、卫生健康主管部门等应当按照科学、客观、及时、公开的原则，组织疫苗上市许可持有人、疾病预防控制机构、接种单位、新闻媒体、科研单位等，就疫苗质量和预防接种等信息进行交流沟通。"风险交流有时比风险评估、风险管理更需要智慧和艺术。

显著提升发现能力的风险会商。偶然中蕴含必然，会商中揭示必然。在纷繁的社会生活中，有时单一维度是难以预知真相的，多个维度的风险会商会大大提升问题的发现概率。早在 2007 年 8 月，《国务院关于加强产品质量和食品安全工作的通知》就提出："抓紧建立统一的食品安全信息发布和会商制度。"后来，国务院相关文件陆续规定，要求"完善食品安全风险会商和预警交流机制""健全食品安全委员会各成员单位工作协同配合机制以及信息通报、形势会商、风险交流、协调联动等制度""完善风险交流和形势会商工作机制"。2021 年 4 月《国务院办公厅关于全面加强药品监管能力建设的实施意见》（国办发〔2021〕16 号）提出："完善省、市、县药品安全风险会商机制，形成药品监管工作全国一盘棋格局。"2022 年 5 月《国家药监局综合司关于全面加强医疗器械质量安全风险会商工作的通知》要求各级药品监管部门要全面加强医疗器械质量安全风险会商，及时发现并有效处置医疗器械质量安全风险隐患，进一步落实企业主体责任和监管部门责任，加快构建风险识别、风险评估及风险管控相结合的风险管理机制，切实保障我国医疗器械质量安全。近年来，各级药品监管部门按照"聚焦风险、聚焦产品、聚焦企业、聚焦整改"的要求，按季度组织医疗器械风险会商，研判趋势性、系统性问题，对医疗器械风险隐患实行清单管理。从信息会商，到形势会商，再到风险会商，会商制度越来越聚焦食品药品安全的内核“风险”。

积极拓展监管视野的延伸检查。食品药品安全风险可能源于原材料供应商等更广的领域，有必要将监督检查的视野扩展到更广的领域。《疫苗管理法》规定：“药品监督管理部门应当加强对疫苗上市许可持有人的现场检查；必要时，可以对为疫苗研制、生产、流通等活动提供产品或者服务的单位和个人进行延伸检查；有关单位和个人应当予以配合，不得拒绝和隐瞒。”《药品管理法》规定：“药品监督管理部门应当依照法律、法规的规定对药品研制、生产、经营和药品使用单位使用药品等活动进行监督检查，必要时可以对为药品研制、生产、经营、使用提供产品或者服务的单位和个人进行延伸检查，有关单位和个人应当予以配合，不得拒绝和隐瞒。”《医疗器械监督管理条例》规定：“必要时，负责药品监督管理的部门可以对为医疗器械研制、生产、经营、使用等活动提供产品或者服务的其他相关单位和个人进行延伸检查。”

务实强化风险控制的责任约谈。食品药品安全领域是我国较早开展责任约谈的领域。责任约谈重在提醒、警示，属于一种新型的非强制行为。《食品安全法》规定：“食品生产经营过程中存在食品安全隐患，未及时采取措施消除的，县级以上人民政府食品安全监督管理部门可以对食品生产经营者的法定代表人或者主要负责人进行责任约谈。食品生产经营者应当立即采取措施，进行整改，消除隐患。责任约谈情况和整改情况应当纳入食品生产经营者食品安全信用档案。”“县级以上人民政府食品安全监督管理等部门未及时发现食品安全系统性风险，未及时消除监督管理区域内的食品安全隐患的，本级人民政府可以对其主要负责人进行责任约谈。地方人民政府未履行食品安全职责，未及时消除区域性重大食品安全隐患的，上级人民政府可以对其主要负责人进行责任约谈。”《药品管理法》规定：“对有证据证明可能存在安全隐患的，药品监督管理部门根据监督检查情况，应当采取告诫、约谈、限期整改以及暂停生产、销售、使用、进口等措施，并及时公布检查处理结果。”“药品监督管理部门未及时发现药品安全系统性风险，未及时消除监督管理区域内药品安全隐患的，本级人民政府或者上级人民政府药品监督管理部门应当对其主要负责人进行约谈。地方人民政府未履行药品安全职责，未及时消除区域性重大药品安全隐患的，上级人民政府或者上级人民政府药品监督管理部门应当对其主要负责人进行约谈。被约谈的部门和地方人民政府应当立即采取措施，对药品监督管理工作进行整改。约谈情况和整改情况应当纳入有关部门和地方人民政府药品监督管理工作评议、考核记录。”《医疗器械监督管理条例》规定：“医疗器械生产经营过程中存在产品质量安全隐患，未及时采取措施消除的，负责药品监督管理的部门可以采取告诫、责任约谈、责令限期整改等措施。”“负责药品监督管理的部门未及时发现医疗器械安全系统性风险，未及时消除监督管理区域内医疗器械安全隐患的，本级人民政府或者上级人民政府负责药品监督管理的部门应当对其主要负责人进行约谈。地方人民政府未履行医疗器械安全职责，未及时消除区域性重大医疗器械安全隐患的，上级人民政府或者上级人民政府负责药品监督管理的部门应当对其主要负责人进行约谈。被约谈的部门和地方人民政府应当立即采取措施，对医疗器械监督管理工作进行整改。”

紧跟时代步伐的监管科学。食品药品监管科学，是以食品药品监管活动及其规律为研究对象，以提升食品药品监管工作质量与效率为目标，以监管工具、标准和方法创新为重点的一门新科学。食品药品监管科学聚焦前沿问题、彰显创新精神、呼唤跨界协同，具有前瞻性、创新性和融合性。食品药品监管科学的兴起，标志着人类社会在快速变革的大时代直面问题和挑战，具有勇于变革和创新的勇气和智慧。新制度、新工具、新标准和新方法的持续推出，彰显着药品监管部门在融合创新、科学发展时代准确识变、科学应变、主动求变的意志和决心。

只有让人民监督政府，政府才不敢松懈，只有人人起来负责，才不会人亡政息。

——毛泽东

要加强对权力运行的制约和监督，让人民监督权力，让权力在阳光下运行，把权力关进制度的笼子。

——习近平

健全党统一领导、全面覆盖、权威高效的监督体系，完善权力监督制约机制，以党内监督为主导，促进各类监督贯通协调，让权力在阳光下运行。

——习近平

第十一章　食品药品安全阳光治理理念

食品药品安全阳光治理是指相关主体在食品药品安全治理活动中依法向社会公开食品药品生产经营和监督管理信息，满足各方对食品药品安全工作的知情、参与、表达和监督的需要，实现食品药品安全社会共治的目标。药品、医疗器械、化妆品以及多数食品，属于消费者难以自我判定产品质量的“信赖品”。消费者购买食品药品，需要获得真实、准确、完整的信息。如果说食品药品属于“硬产品”，那么食品药品安全信息就属于“软产品”。食品药品安全阳光治理，主要解决的是食品药品安全治理的开放性与透明度问题。食品药品安全阳光治理，既涉及生产经营企业，也涉及监督管理部门，还涉及与食品药品安全相关的其他组织、机构和个人。食品药品安全阳光治理彰显食品药品安全治理的开放、自信和成熟。

阳光是最强的成长剂。阳光给予温暖和光明。21 世纪以来，为加快形成食品药品安全人人有责、人人关心、人人参与的社会共治格局，国际社会普遍要求持续提升食品药品安全治理的开放性和透明度。如联合国粮食及农业组织和世界卫生组织联合出版的《保障食品的安全和质量：强化国家食品控制体系指南》指出，食品监管部门面临的挑战之一就是消费者日益了解食品安全和质量问题，不断要求获得更加准确的信息。食品监管体系的建立和实施必须采取透明的方式。消费者对所购食品安全和质量的信任，取决于他们对食品控制的运转及活动的公正性和有效性的了解程度。因此，公开所有的决策过程，允许所有的利益相关者在整个食品链进行有效参与，阐明所有决策的依据，均十分重要，这将有利于鼓励有关各方开展合作，提高守法的效率和比例。世界卫生组织发布的《良好国家监管规范（GRP）——国家医疗产品监管机构指南》明确指出，国家监管实践应当遵循合法性、公平性、一致性、均衡性、灵活性、有效性、高效性、清晰性和透明性的原则。其中，透明性原则要求，监管系统应当透明，要求和决策应当告知利益相关者，并酌情向公众公开。世界卫生组织发布的《医疗产品国家监管体系评估全球基准工具》中多项内容也涉及公开性和透明度问题。如国家监管体系部分的评估指标“透明度”机制，包括“法律、法规、准则和程序的信息已公开且保持及时更新”“公众可获得与监管活动相关的决策信息”“上市医疗产品、获得授权的公司和许可实施的信息已公开”“所有定期审查和维护的可公开使用的信息”等内容。公开性和透明度是建立问责制和信任的关键要素，对于国家监管体系的运作具有十分重要的作用。评估是否达到“透明度”指标要求，应当评估利益相关者和公众是否可以有效获得和使用相关信息。实践证明，食品药品安全信息公开，是守护公众健康的透明盾牌，让隐患无处遁形；是消除恐慌的良药，让公众在清晰的信息中保持理性；是捍卫公众权益的宣言书，让健康权益得到更加有效的保障。

阳光是最好的防腐剂。阳光给予生命和希望。习近平总书记在党的二十大报告中强调：“健全党统一领导、全面覆盖、权威高效的监督体系，完善权力监督制约机制，以党内监督为主导，促进各类监督贯通协调，让权力在阳光下运行。”2016 年 2 月 17 日中共中央办公厅、国务院办公厅印发的《关于全面推进政务公开工作的意见》指出：“公开透明是法治政府的基本特征。全面推进政务公开，让权力在阳光下运行，对于发展社会主义民主政治，提升国家治理能力，增强政府公信力执行力，保障人民群众知情权、参与权、表达权、监督权具有重要意义。”为了让权力在阳光下运行，国务院驰而不息地推进政务公开。从 2014 年的“加大政务公开”、2015 年的“全面实行政务公开”、2016 年的“深入推进政务公开”、2017 年的“加大政务公开力度”，到 2018 年、2019 年的“全面推进政务公开”，再到 2020 年、2021 年的“坚持政务公开”，2022 年的“深化政务公开”，2023 年的“持续深化政务公开”，2024 年的“完善政务公开制度”，我国政务公开工作成效显著。实践证明，食品药品安全信息公开，是社会监督的窗口，努力让风险隐患暴露在阳光之下；犹如敲响的警钟，时刻提醒着从业者坚守安全底线。

信息之于现代监管，犹如货币之于经济、血液之于生命、阳光之于万物。《欧盟食品安全白皮书》指出：“只有拥有独立性、卓越性和透明性，才能成功地完成使命。”多年来，我国食品药品监管部门坚持信息公开是对消费者最大的保护、是对违法者最大的惩罚、是对监管者最大的约束、是对社会舆论最大的引导、是对信用体系建设最大的贡献，持之以恒推进信息公开，使食品药品安全信息公开工作稳步提升。坚守食品药品安全阳光治理理念，需要科学把握以下重要关系。

一、依法公开与严格保密的关系

法律是平衡各种利益关系的艺术。在食品药品安全关系中有时会面临着公开与保密间如何平衡的选择。公开与保密，不仅是对政府监管部门以及监管人员的要求，也是对企业等其他主体及其工作人员的要求。在法治时代，无论是积极公开，还是严格保密，都必须坚持法治思维和法治方式，在法治轨道上有序有力运行。

食品药品监管部门应当依法、及时、准确公开食品药品安全信息。食品药品安全信息公开制度包括公开的主体、公开的范围、公开的原则、公开的标准、公开的程序、公开的载体以及不履行公开义务的法律责任。政府是公共利益的代表，依法公开监管信息，是推进社会共治、实现公共利益的必然要求。《中华人民共和国政府信息公开条例》（以下简称《政府信息公开条例》）规定，行政机关公开政府信息，应当坚持以公开为常态、不公开为例外，遵循公正、公平、合法、便民的原则。行政机关应当及时、准确地公开政府信息。各级人民政府应当积极推进政府信息公开工作，逐步增加政府信息公开的内容。

食品药品安全监管信息，包括食品药品安全法律法规、标准规范、行政许可、监督检查、监督抽验、监测评价、责任约谈、绩效考核、行政处罚等信息。我国食品药品安全法律法规坚持阳光治理，确立多项公开制度，着力满足社会共治的现实需要。《食品安全法》规定，监管部门应当组织开展食品安全风险交流，公布食品安全国家标准草案、食品安全国家标准、食品安全地方标准、食品安全企业标准，公布食品安全风险评估结果、食品安全风险警示信息，公布新食品原料、食品添加剂新品种、食品相关产品新品种、按照传统既是食品又是中药材的物质目录、保健食品原料目录和允许保健食品声称的保健功能目录、上市的保健食品目录、上市的特殊医学用途配方食品目录、上市的婴幼儿配方乳粉目录，公布复检机构名录、食品抽样检验结果，公布备案的境外出口商、代理商、进口商和注册的境外食品生产企业名单，公布进出口食品进口商、出口商和出口食品生产企业信用记录，公布食品安全年度监督管理计划，公布企业食品安全管理人员考核情况，公布食品安全信用档案，公布食品安全信息等。《药品管理法》规定，监管部门应当公开上市药品审评结论和依据，公布持有人药品安全信息档案，公布药品安全信息，公布监督检查处理结果，定期公告药品质量抽查检验结果等。《疫苗管理法》规定，监管部门应当公布疫苗说明书和标签，公布上市疫苗批签发结果，公布疫苗安全信息，公布国家免疫规划疫苗中标价格或者成交价格，公布国家免疫规划疫苗种类，公布预防接种工作规范，公布国家免疫规划疫苗的免疫程序和非免疫规划疫苗的使用指导原则，开展疫苗质量和预防接种等信息交流沟通等。《医疗器械监督管理条例》规定，监管部门应当公布医疗器械分类规则和分类目录，公布产品注册备案信息，公布医疗器械临床试验机构条件、备案管理办法和临床试验质量管理规范，公布对人体具有较高风险的第三类医疗器械目录，公布具有高风险不得委托生产的植入性医疗器械目录，公布注销医疗器械注册证和取消备案情况，公布日常监管信息，发布安全警示信息，发布医疗器械质量公告等。《化妆品监督管理条例》规定，监管部门应当公布注册备案信息，公布禁止用于化妆品生产的原料目录，公布化妆品分类规则和分类目录，公布化妆品抽样检验结果，公布监督管理信息等。

政府信息公开制度，除明确了公开的主体和事项外，还明确了公开的原则、公开的标准、公开的程序、公开的载体等。例如，《药品管理法》规定，公布药品安全信息，应当及时、准确、全面，并进行必要的说明，避免误导。《疫苗管理法》规定，国务院药品监督管理部门应当在其网站上及时公布疫苗说明书、标签内容。公布重大疫苗安全信息，应当及时、准确、全面，并按照规定进行科学评估，作出必要的解释说明。为切实加强食品药品监管信息公开，保障公众的知情权、参与权、表达权和监督权，2019 年 6 月国家药品监督管理局出台了《国家药品监督管理局政府信息主动公开基本目录》，2019 年 10 月国家药品监督管理局出台了《国家药品监督管理局政府信息公开工作规范（暂行）》等，进一步细化了药品安全监管信息公开工作。

食品药品企业应当严格依法向社会公开生产经营相关信息。《中华人民共和国消费者权益保护法》规定："消费者享有知悉其购买、使用的商品或者接受的服务的真实情况的权利。""经营者向消费者提供有关商品或者服务的质量、性能、用途、有效期限等信息，应当真实、全面，不得作虚假或者引人误解的宣传。"2014 年 8 月国务院公布的《企业信息公示暂行条例》，要求企业依法、真实、及时公示相关信息。《食品安全法》《药品管理法》《疫苗管理法》对企业信息公开做出了具体规定。例如，《食品安全法》规定："倡导餐饮服务提供者公开加工过程，公示食品原料及其来源等信息。"《药品管理法》规定："药品存在质量问题或者其他安全隐患的，药品上市许可持有人应当立即停止销售，告知相关药品经营企业和医疗机构停止销售和使用，召回已销售的药品，及时公开召回信息，必要时应当立即停止生产，并将药品召回和处理情况向省、自治区、直辖市人民政府药品监督管理部门和卫生健康主管部门报告。”《疫苗管理法》规定：“疫苗上市许可持有人应当建立信息公开制度，按照规定在其网站上及时公开疫苗产品信息、说明书和标签、药品相关质量管理规范执行情况、批签发情况、召回情况、接受检查和处罚情况以及投保疫苗责任强制保险情况等信息。”疫苗上市许可持有人未按照规定建立信息公开制度，由省级以上人民政府药品监督管理部门责令改正，给予警告；拒不改正的，处二十万元以上五十万元以下的罚款；情节严重的，责令停产停业整顿，并处五十万元以上二百万元以下的罚款。《医疗器械监督管理条例》规定，医疗器械注册人、备案人发现生产的医疗器械不符合强制性标准、经注册或者备案的产品技术要求，或者存在其他缺陷的，应当立即停止生产，通知相关经营企业、使用单位和消费者停止经营和使用，召回已经上市销售的医疗器械，采取补救、销毁等措施，记录相关情况，发布相关信息，并将医疗器械召回和处理情况向负责药品监督管理的部门和卫生主管部门报告。

食品药品监管部门应当依法履行保护企业商业秘密的义务。商业秘密是企业的重要财产。监管部门在对企业履行全生命周期监管的过程中，在依法做好信息公开工作的同时，应当切实履行保护其所知悉的企业商业秘密的义务。《食品安全法》规定，省级以上人民政府食品安全监督管理部门应当及时公布注册或者备案的保健食品、特殊医学用途配方食品、婴幼儿配方乳粉目录，并对注册或者备案中获知的企业商业秘密予以保密。《药品管理法》规定，对审评审批中知悉的商业秘密应当保密。药品监督管理部门进行监督检查时，应当出示证明文件，对监督检查中知悉的商业秘密应当保密。《医疗器械监督管理条例》规定，进行监督检查，应当出示执法证件，保守被检查单位的商业秘密。负责药品监督管理的部门应当通过国务院药品监督管理部门在线政务服务平台依法及时公布医疗器械许可、备案、抽查检验、违法行为查处等日常监督管理信息。但是，不得泄露当事人的商业秘密。《化妆品监督管理条例》规定，监督检查人员对监督检查中知悉的被检查单位的商业秘密，应当依法予以保密。公布监督管理信息时，应当保守当事人的商业秘密。必须看到，依法公开是法定义务，严守秘密也是法定义务。两者立法目的不同，但两者并行不悖。只有严格保守企业的商业秘密，信息公开才能有序有力进行。只有规范信息公开，才能有效保护企业商业秘密。

食品药品监管部门发现可能误导社会和公众的信息应当及时进行核实处理。当今社会属于信息社会，当今时代属于信息时代。信息是一把“双刃剑”。信息公开不合法、不科学、不规范、不准确、不及时，也会产生一定的风险。为此，

《食品安全法》规定，公布食品安全信息，应当做到准确、及时，并进行必要的解释说明，避免误导消费者和社会舆论。任何单位和个人不得编造、散布虚假食品安全信息。县级以上人民政府食品安全监督管理部门发现可能误导消费者和社会舆论的食品安全信息，应当立即组织有关部门、专业机构、相关食品生产经营者等进行核实、分析，并及时公布结果。《药品管理法》规定，公布药品安全信息，应当及时、准确、全面，并进行必要的说明，避免误导。《政府信息公开条例》规定，行政机关发现影响或者可能影响社会稳定、扰乱社会和经济管理秩序的虚假或者不完整信息的，应当发布准确的政府信息予以澄清。

全社会应当共同打造鼓励和支持食品药品安全阳光治理的生态系统。食品药品监管部门和监管人员是食品药品安全领域的特殊"医生"和"警察"，其主要任务是督促企业排查食品药品安全风险隐患，严厉打击食品药品安全领域违法犯罪行为。对监管部门排查出的食品药品安全风险隐患，全社会应当共同参与治理，对监管部门深挖出的食品药品领域违法犯罪线索，全社会应当积极协作，努力形成齐抓共管、合力共治的良好工作格局。在当今时代，信息正以前所未有的速度和力量影响和改变着人们的生产和生活方式，而且新的影响和改变正蓄势待发。今天，信息既是交易的要素，也是交易的方式；既是交易的空间，也是交易的生态。全社会都应当善识信息、善待信息、善管信息、善治信息、善用信息，以建设的姿态和包容的心态，鼓励和支持监管部门强化监督管理，严惩违法犯罪，持续推进食品药品安全阳光治理。监管部门发布重大食品药品安全信息时，事前应当做好必要的影响分析与舆情评估。

二、保护合法与严惩违法的关系

法治是治国理政的基本方式，食品药品安全阳光治理必须在法治的轨道上运行。食品药品安全信息，必须严格按照法律法规规定的主体、范围、标准、程序、时限、载体等进行公开，以保障信息公开的科学性、权威性、及时性、准确性。目前，产品的全生命周期管理制度已较为完备，而信息的全生命周期管理制度则需要加快完善。信息的传播比产品的流通更为迅捷、复杂，影响更为深远、持久。应当将对信息的违法查处与对产品的违法查处，摆在同等重要的位置，坚持打击与保护、整治与建设相结合，积极推进食品药品安全阳光治理。

依法保护真实公正的食品药品安全宣传报道。《食品安全法》规定，有关食品安全的宣传报道应当真实、公正。目前，有关食品药品安全的宣传报道，有时鱼目混珠。《食品安全法》规定，编造、散布虚假食品安全信息，构成违反治安管理行为的，由公安机关依法给予治安管理处罚。媒体编造、散布虚假食品安全信息的，由有关主管部门依法给予处罚，并对直接负责的主管人员和其他直接责任人员给予处分；使公民、法人或者其他组织的合法权益受到损害的，依法承担消除影响、恢复名誉、赔偿损失、赔礼道歉等民事责任。《药品管理法》《疫苗管理法》规定，有关药品、疫苗的宣传报道应当全面、科学、客观、公正。编造、散布虚假药品、疫苗安全信息，构成违反治安管理行为的，由公安机关依法给予治安管理处罚。《化妆品监督管理条例》规定，采用其他方式对化妆品作虚假或者引人误解的宣传的，依照有关法律的规定给予处罚。

依法保护真实准确的食品安全监测评估数据。《食品安全法》规定，承担食品安全风险监测工作的技术机构应当保证监测数据真实、准确。承担食品安全风险监测、风险评估工作的技术机构、技术人员提供虚假监测、评估信息的，依法对技术机构直接负责的主管人员和技术人员给予撤职、开除处分；有执业资格的，由授予其资格的主管部门吊销执业证书。

依法保护真实准确的检验报告。科学、独立、公正、权威，是检验工作的基本要求。《食品安全法》规定，检验人应当依照有关法律、法规的规定，并按照食品安全标准和检验规范对食品进行检验，尊重科学，恪守职业道德，保证出具的检验数据和结论客观、公正，不得出具虚假检验报告。食品检验机构、食品检验人员出具虚假检验报告的，由授予其资质的主管部门或者机构撤销该食品检验机构的检验资质，没收所收取的检验费用，并处检验费用五倍以上十倍以下罚款，检验费用不足一万元的，并处五万元以上十万元以下罚款；依法对食品检验机构直接负责的主管人员和食品检验人员给予撤职或者开除处分；导致发生重大食品安全事故的，对直接负责的主管人员和食品检验人员给予开除处分。食品检验机构出具虚假检验报告，使消费者的合法权益受到损害的，应当与食品生产经营者承担连带责任。《药品管理法》规定，药品检验机构出具虚假检验报告的，责令改正，给予警告，对单位并处二十万元以上一百万元以下的罚款；对直接负责的主管人员和其他直接责任人员依法给予降级、撤职、开除处分，没收违法所得，并处五万元以下的罚款；情节严重的，撤销其检验资格。药品检验机构出具的检验结果不实，造成损失的，应当承担相应的赔偿责任。《医疗器械监督管理条例》规定，医疗器械检验机构出具虚假检验报告的，由授予其资质的主管部门撤销检验资质，10 年内不受理相关责任人以及单位提出的资质认定申请，并处

10 万元以上 30 万元以下罚款；有违法所得的，没收违法所得；对违法单位的法定代表人、主要负责人、直接负责的主管人员和其他责任人员，没收违法行为发生期间自本单位所获收入，并处所获收入 30% 以上 3 倍以下罚款，依法给予处分；受到开除处分的，10 年内禁止其从事医疗器械检验工作。《化妆品监督管理条例》规定，化妆品检验机构出具虚假检验报告的，由认证认可监督管理部门吊销检验机构资质证书，10 年内不受理其资质认定申请，没收所收取的检验费用，并处 5 万元以上 10 万元以下罚款；对其法定代表人或者主要负责人、直接负责的主管人员和其他直接责任人员处以其上一年度从本单位取得收入的 1 倍以上 3 倍以下罚款，依法给予或者责令给予降低岗位等级、撤职或者开除的处分，受到开除处分的，10 年内禁止其从事化妆品检验工作；构成犯罪的，依法追究刑事责任。

依法保护真实准确的认证结论。《中华人民共和国认证认可条例》规定，认证认可活动应当遵循客观独立、公开公正、诚实信用的原则。《食品安全法》规定，认证机构出具虚假认证结论，由认证认可监督管理部门没收所收取的认证费用，并处认证费用五倍以上十倍以下罚款，认证费用不足一万元的，并处五万元以上十万元以下罚款；情节严重的，责令停业，直至撤销认证机构批准文件，并向社会公布；对直接负责的主管人员和负有直接责任的认证人员，撤销其执业资格。认证机构出具虚假认证结论，使消费者的合法权益受到损害的，应当与食品生产经营者承担连带责任。

依法保护真实准确的产品标签、说明书。标签、说明书，是消费者识别产品的重要信息。《食品安全法》规定，食品和食品添加剂的标签、说明书，不得含有虚假内容，不得涉及疾病预防、治疗功能。生产经营标注虚假生产日期、保质期或者超过保质期的食品、食品添加剂，尚不构成犯罪的，由县级以上人民政府食品安全监督管理部门没收违法所得和违法生产经营的食品、食品添加剂，并可以没收用于违法生产经营的工具、设备、原料等物品；违法生产经营的食品、食品添加剂货值金额不足一万元的，并处五万元以上十万元以下罚款；货值金额一万元以上的，并处货值金额十倍以上二十倍以下罚款；情节严重的，吊销许可证。《药品管理法》规定，国务院药品监督管理部门在审批药品时，对药品的标签和说明书一并核准。除依法应当按照假药、劣药处罚的外，药品包装未按照规定印有、贴有标签或者附有说明书，标签、说明书未按照规定注明相关信息或者印有规定标志的，责令改正，给予警告；情节严重的，吊销药品注册证书。《医疗器械监督管理条例》规定，医疗器械应当有说明书、标签。说明书、标签的内容应当与经注册或者备案的相关内容一致，确保真实、准确。生产、经营说明书、标签不符合本条例规定的医疗器械，由负责药品监督管理的部门责令改正，处 1 万元以上 5 万元以下罚款；拒不改正的，处 5 万元以上 10 万元以下罚款；情节严重的，责令停产停业，直至由原发证部门吊销医疗器械生产许可证、医疗器械经营许可证，对违法单位的法定代表人、主要负责人、直接负责的主管人员和其他责任人员，没收违法行为发生期间自本单位所获收入，并处所获收入 30% 以上 2 倍以下罚款，5 年内禁止其从事医疗器械生产经营活动。《化妆品监督管理条例》规定，化妆品的标签应当符合相关法律、行政法规、强制性国家标准，内容真实、完整、准确。生产经营标签不符合本条例规定的化妆品，由负责药品监督管理的部门没收违法所得、违法生产经营的化妆品，并可以没收专门用于违法生产经营的原料、包装材料、工具、设备等物品；违法生产经营的化妆品货值金额不足 1 万元的，并处 1 万元以上 3 万元以下罚款；货值金额 1 万元以上的，并处货值金额 3 倍以上 10 倍以下罚款；情节严重的，责令停产停业、由备案部门取消备案或者由原发证部门吊销化妆品许可证件，对违法单位的法定代表人或者主要负责人、直接负责的主管人员和其他直接责任人员处以其上一年度从本单位取得收入的 1 倍以上 2 倍以下罚款，5 年内禁止其从事化妆品生产经营活动。

依法保护真实合法的产品广告。《食品安全法》规定，食品广告的内容应当真实合法，不得含有虚假内容，不得涉及疾病预防、治疗功能。食品生产经营者对食品广告内容的真实性、合法性负责。在广告中对食品作虚假宣传，欺骗消费者，或者发布未取得批准文件、广告内容与批准文件不一致的保健食品广告的，依照《中华人民共和国广告法》（以下简称《广告法》）的规定给予处罚。广告经营者、发布者设计、制作、发布虚假食品广告，使消费者的合法权益受到损害的，应当与食品生产经营者承担连带责任。社会团体或者其他组织、个人在虚假广告或者其他虚假宣传中向消费者推荐食品，使消费者的合法权益受到损害的，应当与食品生产经营者承担连带责任。对食品作虚假宣传且情节严重的，由省级以上人民政府食品安全监督管理部门决定暂停销售该食品，并向社会公布；仍然销售该食品的，由县级以上人民政府食品安全监督管理部门没收违法所得和违法销售的食品，并处二万元以上五万元以下罚款。《药品管理法》规定，药品广告的内容应当真实、合法，以国务院药品监督管理部门核准的药品说明书为准，不得含有虚假的内容。《医疗器械监督管理条例》规定，违反本条例有关医疗器械广告管理规定的，依照《广告法》的规定给予处罚。《化妆品监督管理条例》规定，化妆品广告违反本条例规定的，依照《广告法》的规定给予处罚。

一切划时代的体系的真正的内容都是由于产生这些体系的那个时期的需要而形成起来的。

——马克思

市场决定资源配置是市场经济的一般规律，市场经济本质上就是市场决定资源配置的经济。健全社会主义市场经济体制必须遵循这条规律，着力解决市场体系不完善，政府干预过多和监管不到位的问题。

——习近平

各级政府一定要严格依法行政，切实履行职责，该管的事一定要管好、管到位，该放的权一定要放足、放到位，坚决克服政府职能错位、越位、缺位现象。

——习近平

第十二章　食品药品安全简约治理理念

简约治理是近年来国际社会积极倡导的现代治理理念。在食品药品安全治理领域，简约治理是指在全面推进食品药品安全治理体系建设的基础上，基于系统理论的指导，采用科学的方法，紧紧围绕治理核心目标，删繁就简、去芜存菁，努力使复杂问题体系化、条理化、精简化，达到改善工作生态、明晰工作路径、优化工作流程、提高工作效能的治理水平。21世纪以来，伴随着全球化、信息化和现代化步伐的明显加快，食品药品生产经营活动日趋复杂、产业形态日益多样、治理能力日益提升，食品药品安全治理正经历着前所未有的变革。亨利·戴维·梭罗（Henry David Thoreau，1817年—1862年）指出："最好的政府是管得最少的政府，但也是做得最好的政府。"近代物理学之父艾萨克·牛顿（Isaac Newton，1643年—1727年）指出："把简单的事情考虑得很复杂，可以发现新领域；把复杂的现象看得很简单，可以发现新定律。"简约治理解决的是适应时代发展变化的治理理念与治理方式的问题。

作为基本的民生问题和重大的政治问题，食品药品安全治理的成败事关民心的向背和执政的得失。21世纪以来，国际社会高度重视食品药品安全治理，改革监管体制，完善治理体系，创新治理方式，推进治理战略，许多领域取得了前所未有的重大进步。然而，在此条件下，国际食品药品安全治理领域出现了一个不容忽视的问题，即烦琐治理。受风险叠加、责任追究、体制多元、利益冲突等复杂因素的影响，国际社会普遍出现了简单问题复杂化、特殊问题普遍化、具体问题抽象化的特殊现象，在一定程度上影响和制约了食品药品安全治理的生命力和创造力。面对新时代新发展，有必要在食品药品安全领域积极推行简约治理，把握治理核心目标，抓住问题本质要义，努力实现大道至简、简约为美。

2014年5月26日，习近平总书记在中共中央政治局第十五次集体学习时强调："各级政府一定要严格依法行政，切实履行职责，该管的事一定要管好、管到位，该放的权一定要放足、放到位，坚决克服政府职能错位、越位、缺位现象。"

2016 年 5 月 9 日，全国推进简政放权放管结合优化服务改革电视电话会议强调："烦苛管制必然导致停滞与贫困，简约治理则带来繁荣与富裕。""只有加快推进政府职能转变，以敬民之心，行简政之道、革烦苛之弊，施公平之策、开便利之门，推动'双创'深入开展，才能加快发展新经济、培育壮大新动能、改造提升传统动能，推动发展转向更多依靠人力人才资源和创新，提高全要素生产率，使更多的人依靠勤劳和智慧富起来，让中国经济的无限活力充分迸发出来。""简政放权要坚持'简'字当头，坚决革除不合时宜的陈规旧制，打破不合理的条条框框，砍掉束缚创业创新的繁文缛节，把该放的权力彻底放出去，能取消的尽量取消、直接放给市场和社会。""要推进政府职责优化配置和统筹整合，减少部门职能交叉，理顺职责关系，解决制度'碎片化'问题。同时，要推进流程优化再造。政府所有事项都要有规范的标准，程序上简约、管理上精细、时限上明确，推动政府运转流畅高效，决不可久议不决、久拖不办。"

2019 年 3 月 5 日，国务院《政府工作报告》指出："政简易从。规则越简约透明，监管越有力有效。国家层面重在制定统一的监管规则和标准，地方政府要把主要力量放在公正监管上。""用公正监管管出公平、管出效率、管出活力。"

2020 年 9 月 11 日，全国深化"放管服"改革优化营商环境电视电话会议中强调："简政不可减责，放权不是放任。政府部门放权越多，监管责任越重、要求越高。要坚持放管结合、并重推进，政府部门特别是基层政府要把主要精力用在事中事后监管上，对取消下放的审批事项要及时跟进监管，真正实现从'严进宽管'向'宽进严管'转变。"

关于简约治理，古今中外许多思想家、哲学家、艺术家、企业家都有精彩的论述。《周易》表达了"大道至简，衍化至繁"的哲理，《道德经》传达了"大道至简，大悟无言""至简至易，至真至朴"的思想。《还金述》提出："妙言至径，大道至简。"列奥纳多·达·芬奇（Leonardo da Vinci，1452 年—1519 年）指出："简约是美的最高境界。""简单是最终极的复杂。"拉尔夫·沃尔多·爱默生指出："简约很少被人发现，很难被人赞赏，很难被人追逐。因为简约是对轻佻的蔑视，是对炫耀的抵制。"弗里德里克·弗朗索瓦·肖邦（Fryderyk Franciszek Chopin，1810 年—1849 年）指出："简约是艺术的最终成就。"安东·巴甫洛维奇·契诃夫（Anton Pavlovich Chekhov，1860 年—1897 年）指出："简洁是天才的姊妹。"史蒂夫·乔布斯指出："简约可能比复杂更难。"最伟大的真理，最简单、最平凡、最朴实。简约治理绝不是简单治理，而是高层次、高境界、高水准的治理。只有对治理理念与制度了如指掌，对治理目标和方法烂熟于心，才能实现真正的简约治理。坚守食品药品安全简约治理理念，需要科学把握以下重要关系。

一、监管目标与监管职责的关系

目标决定道路与行动。国际经验表明，食品药品安全监管必须有明确、连续、一致的目标。没有目标的监管或者目标飘忽不定的监管一定是杂而无序、乱而无力的监管。在不同的国家、不同的时代，食品药品安全监管目标有时是不同的。一般说来，食品药品监管属于综合性监管，包含卫生监管、质量监管、安全监管、价格监管、竞争监管等。在一国之内，不同的监管部门往往承担不同的监管职责。

食品监管与药品监管的目标并不完全相同，相应的监管制度设计也存在一定的差异。从宏观角度来看，食品监管与药品监管的目标都是"安全"，但在食品监管与药品监管领域，"安全"的内涵与外延是不同的。早期我国食品监管分为卫生监管、质量监管和安全监管。2003 年食品安全监管体制改革后，特别是 2009 年《食品安全法》颁布实施后，我国食品安全监管目标被确定为"安全"，保障食品安全成为食品生产经营企业和食品安全监管部门的共同责任。在《食品安全法》起草过程中，围绕食品安全、食品卫生、食品质量的关系，有关专家学者进行了广泛而深入的研究。其基本结论是，食品安全是与人的生存紧密相连的概念，属于最低要求，而食品质量是与人的发展密不可分的概念，属于层级要求，食品质量的最低要求不得突破食品安全的底线。《食品安全法》将"食品安全"定义为"食品无毒、无害，符合应当有的营养要求，对人体健康不造成任何急性、亚急性或者慢性危害"。与"食品安全"这一定位相适应，我国食品标准分为强制性的食品安全标准与推荐性的食品质量标准。在稳步推进风险评估的基础上，我国重构了具有强制执行力的食品安全标准体系，在食品安全标准发展史上具有里程碑意义。

在早期的药品、医疗器械和化妆品监管中，人们很少使用"安全"，而代之以"质量"。1984 年《药品管理法》中"安全"一词有 1 处，"质量"一词有 15 处。食品药品监管合一后，人们逐步使用"食品药品安全"的概念。2019 年《药品管理法》中"安全"一词有 56 处，"质量"一词有 67 处；2020 年《化妆品监督管理条例》中"安全"一词有 42 处，"质量"一词有 32 处；2021 年《医疗器械监督管理条例》中“安全”一词有40处，“质量”一词有37处。在药品领域，“安全”有时为大概念，如县级以上人民政府应当将药品安全工作纳入本级国民经济和社会发展规划，将药品安全工作经费列入本级政府预算，加强药品监督管理能力建设，为药品安全工作提供保障；“安全”有时为小概念，如药品上市许可持有人依法对药品研制、生产、经营、使用全过程中药品的安全性、有效性和质量可控性负责。在药品领域，质量是安全、有效的载体。质量的稳定性、均一性和可控性，是“安全”的重要组成部分。与食品标准定位不同，药品质量标准属于强制性标准。《药品管理法》规定，药品应当符合国家药品标准。经国务院药品监督管理部门核准的药品质量标准高于国家药品标准的，按照经核准的药品质量标准执行；没有国家药品标准的，应当符合经核准的药品质量标准。

食品药品安全概念的提出标志着治理新时代的到来和治理新力量的产生。在食品药品领域，“安全”概念的提出具有特殊的意义。第一，“安全”是个多视角多维度的概念。卫生、质量往往属于一维概念，强调食品药品安全的科学属性，而安全则属于多维概念，强调食品药品安全的科学、政治、经济、社会、民生、哲学等属性。对于食品药品安全，从科学、政治、经济、社会、民生等多维度去认知和把握，安全较卫生、质量，看得更宽。第二，“安全”是个多层次多境界的概念。对于安全，可以从个体安全、公共安全、国家安全、人类安全等不同层级来认知和把握，安全较卫生、质量，站得更高。第三，“安全”是与风险对立统一的概念。安全与风险，既对立又统一，两者共同构成了事物运动的基本形态。从与风险对立统一的角度来看待安全，可以更加深刻把握安全的要义与真谛。安全较卫生、质量，悟得更深。食品药品安全监管的目标就是防控食品药品风险，保证食品药品安全。

明确了食品药品安全治理的目标后，食品药品安全治理的核心要素就一目了然了。在食品药品安全领域，全部治理工作都要围绕风险而展开，要聚焦风险、防控风险、消除风险。任何偏离风险的治理都是不入门道的治理、不务正业的治理、不求甚解的治理。风险治理理念的提出在食品药品安全治理领域具有里程碑、转折点甚至划时代的重大意义，其标志着食品药品安全治理从经验治理到科学治理、从结果治理到过程治理、从危机治理到问题治理、从应对治理到预防治理、从被动治理到能动治理、从传统治理到现代治理的重大转变。

“食品药品安全”概念的确立奠定了食品药品安全简约治理的理论基础。如前所述，对于食品药品，可以由多部门进行多要素的监管，而食品药品安全监管部门的监管目标是特定的、具体的，即“安全”。与“安全”直接或者间接相关的要素很多，但与“安全”毫不相干的其他事项，自然不属于食品药品安全监管部门所承担的法定责任。食品药品监管部门必须始终聚焦“安全”这一主责主业，敢于、勇于并善于从纷繁复杂的事务中解放出来，聚精会神防风险，全神贯注保安全。职责简约是治理简约的前提。职责的泛化将造成监管的繁杂，有时会形成“种了他人的地、荒了自己的田”的尴尬局面。地方各级人民政府要坚持依法行政，全力支持食品药品监管部门依法监管食品药品安全，为食品药品安全工作提供有力的保障，为食品药品安全监管部门实施简约治理创造良好的条件。

食品药品安全简约治理是食品药品安全治理走向成熟的重要标志。食品药品安全治理水平与社会发展阶段紧密相连。食品药品安全监管大体可以分为农业时代、工业时代和信息时代的监管，每一个时代监管的主题、核心、方法都有所不同。今天，在食品药品安全领域能否推行简约治理，绝不是监管者或者被监管者的一厢情愿。简约治理是一种具有统摄与驾驭能力的高端治理。只有在完善的治理体系下才有可能实现简约治理。无论是“简”了过程，还是“约”了方法，对于监管部门而言，永恒不变的是对责任的承诺和安全的保障。所有的治理高手都是长期派、创新派，同时也是孤独派、简约派。这就是“大道至简”的精髓与要义。2022 年欧洲药品管理局发布的《2022 年欧洲药品管理局对科学、药品和健康的贡献》年报指出：“我们的组织结构必须确保我们的工作方式精简、高效且可靠，以满足欧洲药品监管网络的需求。我们将继续确保 EMA 的流程、体系和方法不断完善，并成为全球领先的公共卫生机构。”“展望未来，EMA 将继续开发、调整和简化我们的监管流程，同时保持药品质量、安全性和有效性的最高标准。”

在食品药品安全领域，食品药品企业是食品药品安全的第一责任人。在消费者的合法权益受到侵害时，除非食品药品企业能够证明其具有不承担责任的具体情形，否则就应当承担相应的民事责任。对于监管部门来说，发生食品药品安全事件，监管部门如果不能证明其具有免责情形，往往需要承担相应的监管责任。这种“事实上”的连带责任往往使监管部门和监管人员千方百计穷尽各种监管手段和方法。在监管部门和监管人员承担无限责任的约束下，推行简约治理只能是一种可望而不可即的奢侈品。

需要特别关注的是，在高质量发展阶段，食品药品监管部门的职责是保安全底线、促质量高线。对于保安全底线、促质量高线的关系，必须正确认识与科学把握。没有安全保障的质量是没有价值的质量，没有质量发展的安全是没有前途的安全。高质量发展是在安全基础上的科学发展。理清安全与发展的辩证关系，必须紧紧抓住问题的核心和关键，心无旁骛抓安全，全力以赴防风险。在高质量发展方面，食品药品安全监管部门与食品药品行业管理部门的职责定位不同，只有职责定位清晰，才能推进简约治理。

二、完善体系与优化流程的关系

食品药品领域，尤其是药品领域高度重视治理体系建设，目前已建立涵盖研发、生产、经营、使用的全生命周期质量管理体系，这是药品作为特殊产品管理的生动体现。残缺不全的体系下是难以实现简约治理的。如果说，《食品安全法》起草时关注的是“两个全面”，即风险的全面防控和责任的全面落实，那么，《药品管理法》起草时关注的则是“四个全面”，即风险的全面防控、责任的全面落实、体系的全面推进和能力的全面提升。将治理体系建设和治理能力建设提上重要日程，这是药品安全法治建设的重大进步。立法为治理体系和治理能力开辟道路，实际就是为推行简约治理开辟道路。

推行食品药品安全简约治理，应当建立健全系统完备、结构合理、功能齐全、运行高效的治理体系。顺畅的治理体系是实现简约治理的基础。党的十八届三中全会提出推进国家治理体系和治理能力现代化的重大战略部署。治理体系建设在食品药品安全治理中占有特殊的地位。在农业时代，食品药品的生产工具往往是手工或者半机械化，生产方式往往是零散的。这时食品药品安全往往是靠终产品来检验，检验结论在证据体系中具有证据之王的霸主地位。在工业时代，食品药品的生产大都属于机械化或者工业化，生产过程的控制对于产品质量至关重要。产品质量源于设计、体系贵在执行的观念在这一阶段逐步确立。从某种意义上讲，体系不合规就等于质量不合格。因为体系如果不合规，产品即使经过检验而没有发现风险，但产品本身也可能存在不可预知的风险，质量管理体系对于食品药品安全具有决定性意义。今天，在信息社会，信息化、数字化、智能化从多维度加持或者赋能食品药品安全治理体系，使新时代食品药品安全治理体系更具智慧与力量。

2021 年 4 月 27 日《国务院办公厅关于全面加强药品监管能力建设的实施意见》（国办发〔2021〕16 号）指出：“按照高质量发展要求，加快建立健全科学、高效、权威的药品监管体系，坚决守住药品安全底线，进一步提升药品监管工作科学化、法治化、国际化、现代化水平，推动我国从制药大国向制药强国跨越，更好满足人民群众对药品安全的需求。”食品药品安全治理体系主要包括法律法规体系、标准规范体系、审评审批体系、检查核查体系、检验检测体系、监测评价体系等。《国务院办公厅关于全面加强药品监管能力建设的实施意见》要求构建更加系统完备的药品监管法律法规制度体系；强化药品标准体系建设，完善医疗器械标准体系，构建化妆品标准体系；建立中医药理论、人用经验、临床试验相结合的中药特色审评证据体系；加快构建有效满足各级药品监管工作需求的检查员队伍体系；完善科学权威的药品、医疗器械和化妆品检验检测体系；建设国家药物警戒体系；完善应急管理体系；完善信息化追溯体系；打造研究、培训、演练一体的教育培训体系；健全国家药品监管质量管理体系；健全药品安全考核评估体系等。《“十四五”国家药品安全及促进高质量发展规划》提出的许多规划项目的核心内容就是治理体系建设，如“十四五”时期中药传承创新发展迈出新步伐，具体目标包括：中医药理论、人用经验和临床试验相结合的审评证据体系初步建立；逐步探索建立符合中药特点的安全性评价方法和标准体系；中药现代监管体系更加健全。近年来，国家药品监管部门高度重视监管体系和监管能力建设。在审评检查方面，设立了长三角、大湾区 4 个审评检查分中心。在检查方面，建立了职业化专业化检查员制度体系。在监管科学研究方面，已经与高等院校和科研机构合作共建了 14 个监管科学研究基地。逐步完善的治理体系，日益提升的监管能力，将使药品安全简约治理的推进更有方略、更有底气、更有力量。

推行食品药品安全简约治理，应当建立健全职责清晰、流程科学、时限明确、责任到位的治理流程。治理体系是治理的骨骼，治理流程是治理的筋脉。强筋才能健骨。没有完善的治理体系，就没有强大的治理能力。而没有顺畅的治理流程，也就没有高效的治理水平。如果说，完善体系属于外延式发展，那么，优化流程则属于内涵式成长。在加快完善治理体系的同时，应当加快优化治理流程，最大限度地提升治理效率。近年来，国务院在深化“放管服”改革优化营商环境中多次强调要优化服务流程，推动服务流程再造，提高服务质量效率。目前，食品药品安全监管各环节各流程都有可以进一步优化再造的空间。应当按照职责清晰、流程科学、时限明确、责任到位的基本要求，进一步细化审评审批、检查核查、检验检测、监测评价的具体流程，最大限度地减少运行成本，提高治理效能。

2015年8月9日《国务院关于改革药品医疗器械审评审批制度的意见》（国发〔2015〕44号）提出，鼓励以临床价值为导向的药物创新，优化创新药的审评审批程序，对临床急需的创新药加快审评；简化药品审批程序；实行药品与药用包装材料、药用辅料关联审批，将药用包装材料、药用辅料单独审批改为在审批药品注册申请时一并审评审批；简化来源于古代经典名方的复方制剂的审批；简化药品生产企业之间的药品技术转让程序；将仿制药生物等效性试验由审批改为备案。2017年10月1日《中共中央办公厅　国务院办公厅印发〈关于深化审评审批制度改革鼓励药品医疗器械创新的意见〉》（厅字〔2017〕42号）提出，优化临床试验审批程序；建立完善注册申请人与审评机构的沟通交流机制；受理药物临床试验和需审批的医疗器械临床试验申请前，审评机构应与注册申请人进行会议沟通，提出意见建议；受理临床试验申请后一定期限内，食品药品监管部门未给出否定或质疑意见即视为同意，注册申请人可按照提交的方案开展临床试验；临床试验期间，发生临床试验方案变更、重大药学变更或非临床研究安全性问题的，注册申请人应及时将变更情况报送审评机构；发现存在安全性及其他风险的，应及时修改临床试验方案、暂停或终止临床试验；药品注册申请人可自行或委托检验机构对临床试验样品出具检验报告，连同样品一并报送药品审评机构，并确保临床试验实际使用的样品与提交的样品一致；优化临床试验中涉及国际合作的人类遗传资源活动审批程序，加快临床试验进程。《药品管理法》规定："国务院药品监督管理部门应当自受理临床试验申请之日起六十个工作日内决定是否同意并通知临床试验申办者，逾期未通知的，视为同意。其中，开展生物等效性试验的，报国务院药品监督管理部门备案。""国务院药品监督管理部门在审批药品时，对化学原料药一并审评审批，对相关辅料、直接接触药品的包装材料和容器一并审评，对药品的质量标准、生产工艺、标签和说明书一并核准。""对药品生产过程中的变更，按照其对药品安全性、有效性和质量可控性的风险和产生影响的程度，实行分类管理。属于重大变更的，应当经国务院药品监督管理部门批准，其他变更应当按照国务院药品监督管理部门的规定备案或者报告。"《医疗器械监督管理条例》规定："产品检验报告应当符合国务院药品监督管理部门的要求，可以是医疗器械注册申请人、备案人的自检报告，也可以是委托有资质的医疗器械检验机构出具的检验报告。""对正在开展临床试验的用于治疗严重危及生命且尚无有效治疗手段的疾病的医疗器械，经医学观察可能使患者获益，经伦理审查、知情同意后，可以在开展医疗器械临床试验的机构内免费用于其他病情相同的患者，其安全性数据可以用于医疗器械注册申请。”“医疗器械备案人自行生产第一类医疗器械的，可以在依照本条例第十五条规定进行产品备案时一并提交符合本条例第三十条规定条件的有关资料，即完成生产备案。”上述措施为简化药品治理流程的具体举措，体现了“优化审评审批流程、提高审评审批效率”的基本要求，彰显了药品安全简约治理的无穷智慧。

推行食品药品安全简约治理，应当建立健全理念现代、层次分明、功能衔接、运行高效的治理方式。现代化的特征之一就是简约化。近年来，食品药品监管部门落实“放管服”要求，持续推进治理方式创新。对于产品、企业进入市场的方式，除了实施许可制外，还积极推进备案制、报告制、承诺制等。例如，《食品安全法》规定了食品安全地方标准备案制、食品安全企业标准备案制、预包装食品销售备案制、特定保健食品备案制、婴幼儿配方食品特定事项备案制、食品安全风险监测结果报告制、食品安全标准执行问题报告制、食品安全事故潜在风险报告制、食品经营检查发现违法行为报告制、网络食品交易第三方平台提供者发现入网者违法行为报告制、问题食品召回处置报告制、特殊食品生产自查报告制、食品安全事故报告制、食品安全信息发布报告制等。《药品管理法》规定了生物等效性试验备案制、药物临床试验机构备案制、中药饮片炮制规范备案制、药品网络交易第三方平台提供者备案制、药品进口备案制、药品生产一般变更备案制、上市许可持有人年度报告制、临床试验方案调整或者临床试验暂停或终止报告制、第三方平台提供者发现入网者违法行为报告制、药品生产微小变更报告制、药品疑似不良反应报告制、药品召回处置报告制、短缺药品停止生产报告制等。《医疗器械监督管理条例》规定了第一类医疗器械产品备案制、医疗器械临床试验备案制、医疗器械临床试验机构备案制、第一类医疗器械生产备案制、第二类医疗器械经营备案制、医疗器械生产质量管理体系运行情况自查报告制、医疗器械生产条件变化报告制、电子商务平台经营者发现入网医疗器械经营者违法行为报告制、医疗器械不良事件报告制、医疗器械召回处置报告制等。《化妆品监督管理条例》规定了特定化妆品新原料备案制、国产普通化妆品产品备案制、进口普通化妆品备案制、化妆品新原料使用和安全报告制、化妆品停止生产报告制、电子商务平台经营者发现入网者违法行为报告制、化妆品召回处置报告制、化妆品不良反应报告制等。

在食品药品安全领域推进简约治理，是国际社会食品药品安全治理的发展方向。简约治理与全面治理、全程治理、精细治理、动态治理、灵活治理，并行不悖，异曲同工，其核心要义是加快提升食品药品安全治理的科学化、法治化、国际化和现代化水平。美国投资家、律师查理·芒格（Charlie Thomas Munger，1924 年—2023 年）指出："凡事，往简单处想，往认真处行。"郑板桥有副对联指出："删繁就简三秋树，领异标新二月花。"简约治理，简而不失其华，约而不掩其神，治而不忘其魂，理而不悖其要。简约治理是一种高超的治理、智慧的治理、深邃的治理、大气的治理。随着时代的快速进步、社会的快速发展、体系的快速健全、能力的快速提升，食品药品安全简约治理，定会大道直行，定会春华秋实。

改革要坚持从具体问题抓起，着力提高改革的针对性和实效性，着眼于解决发展中存在的突出矛盾和问题，把有利于稳增长、调结构、防风险、惠民生的改革举措往前排，聚焦、聚神、聚力抓落实，做到紧之又紧、细之又细、实之又实。

——习近平

考虑到现代经济和社会体系的复杂性，某一项行动的结果很难被准确地预测，但任何有效的组织都有一个宝贵的特质，那就是灵活性。

——克劳斯·施瓦布

人类像鹰一样，生来就是自由的，但是为了生存，我们不得不为自己编织一个笼子，然后将自己关在里面。

——威廉·博莱索

第十三章　食品药品安全灵活治理理念

在食品药品安全治理理念中，灵活治理主要解决的是治理的敏锐性和适应性问题。以书为御者，不尽于马之情；以古制今者，不达于事之变。近年来，随着全球化、信息化、市场化、社会化的发展，针对传统监管模式的僵化、刻板和教条，国际社会越来越重视食品药品安全灵活治理，将治理的原则性和灵活性、普遍性和特殊性、统一性和多样性等有机结合起来，应势而谋、因势而动、顺势而为，采取更具张力的灵活措施以应对日新月异的变化，着力开拓食品药品安全治理新局面。

世界经济论坛创始人兼执行主席克劳斯·施瓦布（Klaus Schwab，1938年—）在《在裂变的世界实现灵活治理》一文中指出，考虑到现代经济和社会体系的复杂性，某一项行动的结果很难被准确地预测，但任何有效的组织都有一个宝贵的特质，那就是灵活性。食品药品安全灵活治理，源于对食品药品安全治理规律、治理使命、治理理念、治理基础、治理生态、治理战略和治理文化的深刻认知和科学把握。21世纪以来，面对食品药品安全问题的多发频发，全球食品药品安全监管科学研究被提上日程，法律、标准和规范的现代化步伐明显加快。然而，任何法律、标准和规范都不可能超越社会经济发展的现实条件。对于不断出现的新情况、新问题、新挑战，食品药品安全治理应当以保护和促进公众健康为出发点、落脚点、动力源和生命线，基于风险管理、全程控制、科学监管和社会共治的基本原则，坚持科学和法治精神，采取机动而灵活的治理措施，最大限度地消除各种风险。

关于灵活治理，一些专家学者提出：灵活治理如同智慧成长的锦囊，在困境中找到破局的妙计；如同灵动的舞步，在复杂的局势中跳出和谐的旋律；如同灵动的飞鸟，在变化的天空中向着目标自由飞翔；如同灵动的音符，奏响高效运转的乐章；如同一把万能的钥匙，打开社会发展中各种复杂难题的门锁。灵活治理是创新创造的源泉，为社会治理注入勃勃生机。关于食品药品安全灵活治理，一些国际专家学者提出：食品药品安全治理应如一张灵活的网，既能捕捉食品药品领域的各类安全问题，又能适应不断变化的市场和技术环境；食品药品安全治理方式应如一条流动的河，不断适应行业和技术发展不断变化的形势；食品药品安全治理应如一列行驶的火车，根据行业发展和技术进步，与时俱进地调整方向和速度；食品药品安全治理应如优秀的裁缝，能够根据不同身材制作出适合各自需求的衣服。创新是食品药品安全灵活治理的关键，只有不断探索新的监管模式、运用新技术，才能跟上时代步伐，有效保障食品药品安全。从全球的角度来看，面对新生事物的出现、面对紧急事件的处置、面对法律规则的缺失、面对情理法的严重冲突等，都迫切需要坚持食品药品安全灵活治理。

药品医疗器械审评审批速度是企业和公众最为关心的问题。药品医疗器械审评审批速度能否满足危重患者群体疾病治疗的需要，往往是评价各国药品医疗器械审评审批能力的重要指标之一。为最大限度地降低对人类健康造成重大威胁的疾病带来的风险，许多国家和地区在药品医疗器械审评审批时采取更加灵活的策略和方式，如优先审评程序、特殊审评程序、附条件批准程序、突破性治疗药物程序等，将药品医疗器械审评标准证据的绝对充分性调整为证据的相对充分性，并采取滚动提交、滚动审评的递进方式，最大限度地提高审评审批的效率，这实际上是对药品医疗器械风险与获益衡平的再思考、再认识、再升华。

食品药品安全灵活治理，绝不是一种天马行空、随心所欲的治理，而是一种更高层次、更高水准、更高境界的治理。没有对食品药品安全治理规律、治理使命、治理理念的深刻认知，没有对食品药品安全治理基础、治理生态、治理文化的科学把握，是不可能实现食品药品安全灵活治理的。食品药品安全灵活治理需要敢于担当、勇于负责的决断力。即使最为完备的法律制度也不可能涵盖不断发展变化的现实世界。培养和造就大批素质高、业务精、能力强、作风硬的食品药品安全监管人员，是实现食品药品安全灵活治理的迫切需要。坚守食品药品安全灵活治理理念，需要科学把握以下重要关系。

一、刚性治理与柔性治理的关系

食品药品安全治理往往是在定与未定、变与未变之间进行的理性选择，准确把握治理的原则性与灵活性的辩证关系十分重要。当今社会的变革创新前所未有。人类对于事物的认知是一个持续渐进的历史过程，且事物本身也处在不断变化的过程中，食品药品安全治理应当把握真谛、因时施策、因势而定、灵活治理。

食品药品安全治理规则必须表达允许、鼓励、限制、禁止的鲜明态度。刚性治理强调要坚守治理的原则性。食品药品安全法律、法规、规章、标准属于行为规范，必须明确规定行为的是非与取舍，绝不能模棱两可、含糊不清。《食品安全法》规定，禁止生产经营多项食品、食品添加剂和食品相关产品，如用非食品原料生产的食品或者添加食品添加剂以外的化学物质和其他可能危害人体健康物质的食品，或者用回收食品作为原料生产的食品；用超过保质期的食品原料、食品添加剂生产的食品、食品添加剂；腐败变质、油脂酸败、霉变生虫、污秽不洁、混有异物、掺假掺杂或者感官性状异常的食品、食品添加剂；国家为防病等特殊需要明令禁止生产经营的食品等。《食品安全法》还规定，不得将食品与有毒、有害物品一同贮存、运输。除可以添加按照传统既是食品又是中药材的物质外，生产经营的食品中不得添加药品。患有国务院卫生行政部门规定的有碍食品安全疾病的人员，不得从事接触直接入口食品的工作。不得采购或者使用不符合食品安全标准的食品原料、食品添加剂、食品相关产品。餐饮服务提供者不得使用未经清洗消毒的餐具、饮具。餐饮服务提供者不得采购不符合食品安全标准的食品原料。餐饮服务提供者发现食品、食品添加剂有腐败变质、油脂酸败、霉变生虫、污秽不洁、混有异物、掺假掺杂或者感官性状异常情形的，不得加工或者使用。不得以分装方式生产婴幼儿配方乳粉，同一企业不得用同一配方生产不同品牌的婴幼儿配方乳粉。食品和食品添加剂的标签、说明书，不得含有虚假内容，不得涉及疾病预防、治疗功能。食品和食品添加剂与其标签、说明书的内容不符的，不得上市销售。食品广告不得含有虚假内容，不得涉及疾病预防、治疗功能。保健食品声称保健功能不得对人体产生急性、亚急性或者慢性危害。列入保健食品原料目录的原料只能用于保健食品生产，不得用于其他食品生产。保健食品的标签、说明书不得涉及疾病预防、治疗功能。预包装食品没有中文标签、中文说明书或者标签、说明书不符合规定的，不得进口。任何单位和个人不得编造、散布虚假食品安全信息。食品安全风险评估不得向生产经营者收取费用。不得向食品生产经营者收取检验费和其他费用。认证机构实施跟踪调查不得收取费用。除食品安全标准外，不得制定其他食品强制性标准。经考核不具备食品安全管理能力的食品安全管理人员，不得上岗。县级以上人民政府食品安全监督管理部门和其他有关部门以及食品检验机构、食品行业协会不得以广告或者其他形式向消费者推荐食品。消费者组织不得以收取费用或者其他牟取利益的方式向消费者推荐食品。检验人不得出具虚假检验报告。受到开除处分的食品检验机构人员，自处分决定作出之日起十年内不得从事食品检验工作。县级以上人民政府食品安全监督管理部门不得免检。复检机构与初检机构不得为同一机构。复检不得采用快速检测方法。任何单位和个人不得对食品安全事故隐瞒、谎报、缓报，不得隐匿、伪造、毁灭有关证据。任何单位和个人不得阻挠、干涉食品安全事故的调查处理。接到咨询、投诉、举报，有权处理的部门应当在法定期限内及时处理，不得推诿。不具备相应知识和能力的执法人员，不得从事食品安全执法工作。未经授权不得发布依法统一发布的信息。被吊销许可证的食品生产经营者及其法定代表人、直接负责的主管人员和其他直接责任人员自处罚决定作出之日起五年内不得申请食品生产经营许可，或者从事食品生产经营管理工作、担任食品生产经营企业食品安全管理人员。因食品安全犯罪被判处有期徒刑以上刑罚的，终身不得从事食品生产经营管理工作，也不得担任食品生产经营企业食品安全管理人员。因食品安全违法行为受到刑事处罚或者因出具虚假检验报告导致发生重大食品安全事故受到开除处分的食品检验机构人员，终身不得从事食品检验工作。上述一系列禁止性规定，是对食品生产经营、食品监督管理以及食品安全社会共治的刚性要求，必须严格执行。《药品管理法》《疫苗管理法》《医疗器械监督管理条例》《化妆品监督管理条例》也有许多禁止性规定，这是生产经营与监督管理不可触碰的“高压线”。有必要将食品药品安全领域的各项禁令进行系统梳理并公之于众，让全社会知晓并监督。

食品药品安全治理规则必须为社会的自由选择提供足够的空间。柔性治理强调要注重治理的灵活性。法的最高价值是幸福，法的最高要义是公正，法的最高理念是自由。法国启蒙思想家、哲学家卢梭说：“人生而自由，但无时无刻不在枷锁之中。”英国作家威廉·博莱索（William Bolitho，1891 年—1930 年）说：“人类像鹰一样，生来就是自由的，但是为了生存，我们不得不为自己编织一个笼子，然后将自己关在里面。”法律制度的现代文明性，不仅体现在其为社会提供了多少“红灯”以保持社会的稳定与安宁，更重要的是，其为社会配备了多少“绿灯”来赋予社会活力与希望。作为行为规范，法律划定的是与非是一个空间。在这个特定的空间里，行为人拥有广泛的选择自由。必须看到，科学技术愈发展、社会治理愈进步，人类社会对于食品药品安全风险防控的方式方法愈灵活、愈智慧。在有效防控风险、保障安全的前提下，行为人可以针对不同的情势，采取更加灵活的方式方法，进一步提升治理工作的适应性、针对性和有效性。治理目标必须是坚定的、明确的、具体的，而治理方法则可以是灵活的、机动的、多样的。当今科学技术的发展、人类智慧的进步，使人类在面对各种复杂难题时有了更多的选择自由。法治建设应当及时确认并有力保障这种彰显社会文明的自由选择。例如，《食品安全法》规定，县级人民政府食品安全监督管理部门可以在乡镇或者特定区域设立派出机构。实行统一配送经营方式的食品经营企业，可以由企业总部统一查验供货者的许可证和食品合格证明文件，进行食品进货查验记录。食品生产企业可以自行对所生产的食品进行检验，也可以委托符合法律规定的食品检验机构进行检验。消费者通过网络食品交易第三方平台购买食品，其合法权益受到损害的，可以向入网食品经营者或者食品生产者要求赔偿。《药品管理法》规定，药物临床试验期间，发现存在安全性问题或者其他风险的，临床试验申办者应当及时调整临床试验方案、暂停或者终止临床试验，并向国务院药品监督管理部门报告。必要时，国务院药品监督管理部门可以责令调整临床试验方案、暂停或者终止临床试验。药品上市许可持有人可以自行生产药品，也可以委托药品生产企业生产。药品上市许可持有人可以自行销售其取得药品注册证书的药品，也可以委托药品经营企业销售。因药品质量问题受到损害的，受害人可以向药品上市许可持有人、药品生产企业请求赔偿损失，也可以向药品经营企业、医疗机构请求赔偿损失。《医疗器械监督管理条例》规定，产品检验报告应当符合国务院药品监督管理部门的要求，可以是医疗器械注册申请人、备案人的自检报告，也可以是委托有资质的医疗器械检验机构出具的检验报告。对新研制的尚未列入分类目录的医疗器械，申请人可以依照第三类医疗器械产品注册的规定直接申请产品注册，也可以依据分类规则判断产品类别并向国务院药品监督管理部门申请类别确认后申请产品注册或者进行产品备案。进行医疗器械临床评价，可以根据产品特征、临床风险、已有临床数据等情形，通过开展临床试验，或者通过对同品种医疗器械临床文献资料、临床数据进行分析评价，证明医疗器械安全、有效。医疗器械注册人、备案人可以自行生产医疗器械，也可以委托符合本条例规定、具备相应条件的企业生产医疗器械。上述规定，实际上赋予了行为人一定的自由空间，属于食品药品安全领域的柔性治理。柔性治理启示我们，推进风险治理，可以有多种路径选择。在治理目标确定的前提下，应当努力寻找最佳的治理方案。

二、原则治理与规则治理的关系

食品药品安全法律体系是由立法目的、基本原则、核心制度、具体制度、法律责任等构成的完整体系。经过持续多年的努力，我国食品药品法律制度建设取得了重大进步，强化了食品药品安全管理，促进了食品药品产业发展，更好地维护了公众健康权益。与此同时，必须看到，时代是发展的，法律是相对稳定的。成文法虽具有内容完整、体系清晰、逻辑严密、结构科学等优点，但在周延性、具体性、应变性等方面存在着一定的不足。在具体规则明显缺失的情况下，法律原则可以成为弥补成文法缺陷的重要途径。在法学界，也有将法律原则作为一种具体规则的说法。从广义上来讲，法律原则具有抽象性、宏观性、统筹性和指导性等特点，是一种特殊规则。法律原则是一种源于具体规则又高于具体规则的制度安排。

食品药品安全治理基本围绕安全、风险和责任的角度展开。法律原则具有凝练性、优先性和稳定性等特点，拥有广阔的发展空间。《食品安全法》规定，食品安全工作实行预防为主、风险管理、全程控制、社会共治，建立科学、严格的监督管理制度。《药品管理法》规定，药品管理应当以人民健康为中心，坚持风险管理、全程管控、社会共治的原则，建立科学、严格的监督管理制度，全面提升药品质量，保障药品的安全、有效、可及。《疫苗管理法》规定，国家对疫苗实行最严格的管理制度，坚持安全第一、风险管理、全程管控、科学监管、社会共治。《医疗器械监督管理条例》规定，医疗器械监督管理遵循风险管理、全程管控、科学监管、社会共治的原则。食品药品安全治理基本原则统领、派生出食品药品安全各项具体制度和规则。

从事食品药品安全治理，要树立大时代观、大健康观、大风险观、大安全观、大质量观、大治理观，以更为宽广的视野和更为敏锐的眼光审视健康、安全、质量、风险、责任等重大问题。以安全为例，要把握好安全的以下五个基本特征。一是安全的相对性。安全是个哲学概念。世界上没有绝对的安全，任何安全都是相对的，都是一个量的概念。符合或者达到法定标准要求，往往就被认定为安全。这种安全既是法律意义上的安全，也是哲学意义上的安全。从安全的相对性中追求安全的绝对性，这本身就是“逐渐接近而又永远留在彼岸”的梦想。二是安全的成长性。安全是个历史概念。“安全”的概念没有变化，但“安全”的内涵、外延可以随着社会的发展而发展。有必要从成长型社会、成长型时代、成长型组织、成长型事业的角度，深刻理解和科学把握食品药品安全治理的成长性。三是安全的基础性。安全是食品药品企业存续发展的底线。没有安全的发展，既不是真正的发展，也不是长久的发展。研究食品药品安全，必须坚持底线思维、红线思维，在追求质量高线的同时，必须时刻坚守安全底线。四是安全的多维性。要善于从政治、经济、社会、民生、法治等多角度审视食品药品安全。食品药品安全问题是个系统的社会问题。从单一维度审视食品药品安全，是欣赏不到食品药品安全的千姿百态的。五是安全的至上性。在价值的位阶中，安全既是最基础的价值，也是最显赫的价值。食品药品安全与人的生命健康紧密相连。生命的至高无上性决定了食品药品安全的至高无上性。

在相对安全与绝对安全的统一中把握食品药品安全灵活治理。食品药品安全从来就不是绝对意义上的安全，而是相对意义上的安全。安全反映的是获益与风险之间的比例或者比率关系。安全与风险、获益与受损，存在着一个可接受度、可承受度的问题。食品药品安全问题，既涉及技术因素，也涉及法律因素；既涉及社会因素，也涉及伦理因素。评价某一特定的食品药品是否安全，绝不是纯而又纯的技术问题，需要从科学、法律、伦理、社会等多方面进行多视角多维度的综合考量。

在动态安全与静止安全的统一中把握食品药品安全灵活治理。安全绝不是一个静止、孤立和机械的概念，而是一个动态、关联和多变的状态。任何食品药品安全都存在着一个量的关系。这个量的关系，说到底，就是食品药品安全风险的可接受度、可承受度。食品药品安全风险衡平治理，就是要在科学的风险评估基础上，合理确定食品药品获益与风险的比例关系。两者关系的确定需要一个定量指标，这个定量指标就是标准，而标准是保持风险与获益衡平的最低要求。食品药品安全标准是动态的。食品药品安全与风险的衡平，可以为数量的比例关系，也可以为程度的比例关系。从“可接受性”或者“可接受度”的角度来看，与其说是安全与风险的平衡，不如说是安全与风险的衡平。因为衡平更好地体现着均衡与灵活，彰显着公平与正义。

在事实安全与法律安全的统一中把握食品药品安全灵活治理。事实安全是指食品药品消费后没有造成危害的事实状况，如超过保质期的食品药品被消费后未产生危害的结果。法律安全是指食品药品符合法律和标准规定的状况，如超过保质期的食品药品，就是法律上不安全的食品药品。事实安全强调的是结果安全，法律安全强调的是形式安全。食品药品生产经营和监督管理，是事实安全与法律安全的统一体，所以，既要关注事实安全，也要关注法律安全。食品药品属于健康产品，健康的至高无上性决定食品药品不能通过消费的方式检验其安全性，食品药品在进入消费环节之前，就必须是安全的。法律安全方面出现问题的食品药品，不得生产经营。法律安全凝结着人类社会的智慧与实践。在监管实践中，从法律安全的角度管控风险，有时会更为轻松与简约。

在群体安全与个体安全的统一中把握食品药品安全灵活治理。对于群体而言，安全与风险的衡平关系，可以采取大数法则来确定；但对于个体而言，安全与风险的衡平关系，则需要考量不同的需求。这在药品安全领域表现得更为突出与鲜明。药品安全风险的衡平，具体体现为药品对特定使用者获益的可能性大于其损害的可能性。药品附条件审批制度和药品紧急使用授权制度，更多考量的是群体安全与风险的衡平关系；而药品同情使用制度，则更多考量个体安全与风险的衡平关系。保持这种衡平关系，除了需要考量比例、程度关系外，还需要考量风险发生的概率等因素。英国学者菲利普·鲍尔（Philip Ball，1962 年—）在《预知社会：群体行为的内在法则》一书中指出："在纷繁的社会生活中，个体的行为是无法预知的，但是，当个体数量达到一定程度时，群体的行为反而表现得有章可循，于杂乱中显现秩序和稳定。"在互联网、大数据、云计算时代，某些看似毫无关联事物间的逻辑关系也许会惊人地显现出来，可以为食品药品安全与风险衡平关系的确立提供更多的现实可能性。

在显性安全与隐性安全的统一中把握食品药品安全灵活治理。食品药品安全既涉及已知的、显性的安全，如食物中毒或者药害，也涉及未知的、隐性的安全，如转基因食品安全。根据产品信息的对称程度，经济学家将产品分为搜寻品、体验品和信任品，食品可能是搜寻品，可能是体验品，也可能是信任品，但药品基本为信任品。已知与未知、显性与隐性并不是绝对的。从事食品药品安全治理，既要防控已知的、显性的安全风险，也要防控未知的、隐性的安全风险，要善于从已知的、显性的安全风险中发现未知的、隐性的安全风险。

在法律效果与社会效果的统一中把握食品药品安全灵活治理。法律是公正的艺术。法律公正要统筹兼顾法律实施的政治效果、社会效果和法律效果。如针对食品药品安全违法违规行为，需要根据违法违规行为的性质和后果进行灵活处理。对于因故意违法行为而导致的风险，如在食品药品生产经营过程中添加非食用物质，经营变质的药品，必须依法严肃处理。对于因过失行为而导致风险产生的，可以采取警告、责令停产停业、责任约谈等更加灵活的方式进行处理，给予当事人自我改正纠错的机会。对于无过错出现的违法违规行为，应当给予恰当的处理。如《食品安全法》规定，食品经营者履行了法律规定的进货查验等义务，有充分证据证明其不知道所采购的食品不符合食品安全标准，并能如实说明其进货来源的，可以免予处罚，但应当依法没收其不符合食品安全标准的食品；造成人身、财产或者其他损害的，依法承担赔偿责任。《中华人民共和国药品管理法实施条例》（以下简称《药品管理法实施条例》）规定，药品经营企业、医疗机构未违反《药品管理法》和本条例的有关规定，并有充分证据证明其不知道所销售或者使用的药品是假药、劣药的，应当没收其销售或者使用的假药、劣药和违法所得；但是，可以免除其他行政处罚。《医疗器械监督管理条例》规定，医疗器械经营企业、使用单位履行了本条例规定的进货查验等义务，有充分证据证明其不知道所经营、使用的医疗器械为本条例第八十一条第一款第一项、第八十四条第一项、第八十六条第一项和第三项规定情形的医疗器械，并能如实说明其进货来源的，收缴其经营、使用的不符合法定要求的医疗器械，可以免除行政处罚。《化妆品监督管理条例》规定，化妆品经营者履行了本条例规定的进货查验记录等义务，有证据证明其不知道所采购的化妆品是不符合强制性国家标准、技术规范或者不符合化妆品注册、备案资料载明的技术要求的，收缴其经营的不符合强制性国家标准、技术规范或者不符合化妆品注册、备案资料载明的技术要求的化妆品，可以免除行政处罚。

法律是刚性的、抽象的，社会是丰满的、具体的。用刚性抽象的法律去剪裁丰满具体的社会，本身就是充满风险的一种挑战。然而，法律不是凝固的、静止的，不是机械的、僵化的，法律是开放的、发展的，是鲜活的、灵动的。新时代的法律应当始终饱含着价值关怀、洋溢着人文精神、彰显着正义力量。法律不仅是一种工具，更为可贵的是一种艺术。法律不仅是一颗螺丝钉，更为可贵的是一个指南针。法律的制定体现着立法者的素养，法律的执行彰显出执法者的素质。明者因时而变，知者随事而制。坚持人民至上、生命至上的食品药品安全监管者，在改革创新的伟大时代，一定会科学把握食品药品安全治理的真谛和精髓，努力积势、积极蓄势、智慧谋势，准确识变、科学应变、主动求变，将治理的原则性与灵活性有机结合起来，为保护和促进公众健康做出新的更大的贡献。

我们要以科学的态度对待科学、以真理的精神追求真理，坚持马克思主义基本原理不动摇，坚持党的全面领导不动摇，坚持中国特色社会主义不动摇，紧跟时代步伐，顺应实践发展，以满腔热忱对待一切新生事物，不断拓展认识的广度和深度，敢于说前人没有说过的新话，敢于干前人没有干过的事情，以新的理论指导新的实践。

——习近平

要加快完善社会主义市场经济体制，推动发展更平衡、更协调、更包容。

——习近平

当前，我们正处在新一轮产业革命的过程中，新技术、新业态、新模式蓬勃发展、日新月异，很多是未知大于已知。对此，不能不监管，但要采取包容审慎的办法，在监管中找到新生事物发展规律，该处置的处置，该客观对待的客观对待，不简单封杀，但也决不是放任不管。

——李克强

第十四章　食品药品安全审慎治理理念

审慎治理通常是指新生事物的成长与现行规则不尽一致时，基于治理使命与治理目标的考量，对体现事物发展规律和进步方向的新生事物的成长给予一定的宽松、宽容、宽厚政策的治理。审慎治理往往与包容治理并称为包容审慎治理。法律是时代进步的产物，但即便是“尽善尽美”的法律，其自公布之日起，也即与时代渐行渐远。期待在较短期限内建立起“封闭完美的制度体系”，是一种浪漫主义思维。近十年来，新技术、新材料、新工艺、新产品、新业态、新模式不断涌现，已成为经济增长的新源泉、新动力和新引擎。面对时代发展与新生事物，审慎治理不是囿于形式演绎的机械治理，而是基于科学精神的灵活治理，不是局限于上市前审评审批的局部治理，而是贯穿于产品全生命周期的系统治理。实践启示我们：包容治理如同广阔的海洋，接纳每一条溪流，汇聚成强大的力量。包容治理如同智慧的拼图，将不同的板块拼接，展现出完整而美丽的画面。审慎治理如同精雕细琢的工匠，对每一个决策进行深思熟虑的考量。审慎治理如同智慧的灯塔，在纷繁复杂中照亮清晰的治理路径。僵化扼杀希望，审慎孕育生机。坚守食品药品安全审慎治理理念，需要科学把握以下重要关系。

一、治理使命与治理方式的关系

21 世纪以来，面对公众不断提升的健康需求，许多国家和地区的食品药品监管部门都高扬“保护和促进公众健康”的旗帜。从“保护公众健康”到“保护和促进公众健康”，这绝不是监管使命的简单调整，而是监管使命的深刻变革。这一变革激发食品药品监管部门在面对巨大的压力和挑战时，坚持科学与法治精神，积极而不懈怠，担当而不推诿，开放而不封闭，锐意进取，奋发作为，不断开创食品药品安全治理工作的新局面。

保护和促进公众健康已成为我国食品药品安全治理的崇高使命。进入新时代新发展阶段，食品药品监管部门的使命是什么？这是一个看似简单却需要深入思考的重大命题。党的十九大报告提出："中国特色社会主义进入新时代，我国社会主要矛盾已经转化为人民日益增长的美好生活需要和不平衡不充分的发展之间的矛盾。""人民美好生活需要日益广泛，不仅对物质文化生活提出了更高要求，而且在民主、法治、公平、正义、安全、环境等方面的要求日益增长。""我国社会主要矛盾的变化是关系全局的历史性变化，对党和国家工作提出了许多新要求。"面对新时代新发展阶段，食品药品监管部门的使命必然需要做出相应的调整。

2019 年 5 月《中共中央　国务院关于深化改革加强食品安全工作的意见》提出："以维护和促进公众健康为目标，从解决人民群众普遍关心的突出问题入手，标本兼治、综合施策，不断增强人民群众的安全感和满意度。"2019 年 8 月修订的《药品管理法》在立法目的中明确规定"加强药品管理，保证药品质量，保障公众用药安全和合法权益，保护和促进公众健康"。2021 年 4 月《国务院办公厅关于全面加强药品监管能力建设的实施意见》中也提出"全面加强药品监管能力建设，更好保护和促进人民群众身体健康"。今天，保护和促进公众健康已成为食品药品监管部门的崇高使命。

世界食品药品安全治理使命的确立是一个渐进的历史过程。早期，各国食品药品安全监管使命基本定位于"保护公众健康"。如从 1906 年美国《联邦食品药品法》颁布开始，FDA 就将"保护公众免于不安全和虚假标注的产品"作为自己的监管使命。随着时代的进步，许多国家和地区逐步将食品药品监管使命调整为"保护和促进公众健康"。如 1997 年美国《食品药品监管现代化法》在"保护公众健康"的基础上，增加了"通过及时开展临床试验审批和采取有效行动来及时批准产品上市，以促进公众健康"。2007 年 11 月美国 FDA 科学委员会发布《FDA 的科学与使命危机》报告，将 FDA 的监管使命表述为"FDA 负责通过确保人用药品与兽药、生物制品、食品、化妆品以及放射产品的安全、有效和可及，保护公众健康。FDA 通过帮助产业界加速创新，使药品食品更有效、更安全和更可负担，通过帮助公众获得有关药品食品的精确的基于科学的信息，以促进公众健康"。2015 年 9 月美国 FDA 科学委员会发布《可能的使命：FDA 如何与科学发展同步》报告，在 FDA 监管使命方面，增加了两项新内容："FDA 负责监管烟草产品的生产、销售和分销，以保护公众健康和减少未成年人的烟草消费。FDA 通过确保食品供应安全和医药产品研发，及时应对由各种因素引发的公共健康威胁。"

食品药品安全治理使命的变革是食品药品安全治理事业的重大进步。对于食品药品安全治理理念的变革，也许有人觉得无足轻重、无关宏旨。事实上，只有对自身使命有过深入骨髓的思考，才能对自身文化进行刻骨铭心的塑造。过去有人认为，“保护公众健康”是食品药品监管部门必须履行的法律责任，“促进公众健康”是食品药品监管部门应当践行的社会责任。进入新时代新发展阶段，公众对健康的需求，不会仅仅停留在“底线”上，而是在不断地追求“高线”。“保底线”和“追高线”紧密相连，但两者的目标和要求有所不同。“保底线”是要通过一系列风险控制手段，最大限度地保障安全，最大限度地防止出现损害公众健康、公共安全乃至国家安全的重大风险。而“追高线”则是最大限度地满足公众对健康产品更多、更快、更好、更省的需求，即达到更多的选择、更快的供给、更好的质量和更低的负担。人民的需求是最高的“法律”。今天，全社会对食品药品监管部门的殷切期待永无止境，食品药品监管部门对全社会的真诚回报永不停步。

然而，必须清醒地看到，“保底线”和“追高线”两者之间有时存在着一定的冲突。片面追逐更多、更快、更好、更省，就有可能危及安全底线。以“多、小、散、低”的食品药品产业，满足公众对健康产品“多、快、好、省”的需求，这是一个巨大的挑战。对于监管机构来说，任何时候都不能脱离“安全”这条生命线，否则就会本末倒置、舍本逐末、偏离轨道、迷失方向。对“保底线”和“追高线”间的张力，必须始终保持清醒的头脑，要将履行法律责任和社会责任有机融合起来，切实做到科学定位、依法履职。疾病是人类健康的最大威胁，有病无药是健康领域的最大风险。必须坚持大安全观、大风险观，采取更加积极主动的措施，最大限度地加速药品医疗器械研发上市，在与疾病的赛跑中，赢得时间、赢得未来、赢得胜利。

治理使命的重大变革必将带来食品药品安全治理一系列深刻变化。治理使命的变革将孕育出人本治理、风险治理、全程治理、社会治理、能动治理等一系列现代治理理念，这些治理理念产生的巨大生命力和无尽创造力，将推动食品药品安全治理不断向纵深发展。治理使命的变革将推动各项治理工作紧紧围绕健康、安全、风险这一主题展开，坚持问题导向，更加聚焦人民群众最关心、最关注、最关切的现实问题。治理使命的变革将构建企业、政府和社会共同参与的食品药品安全社会共治大格局，着力建立多元命运共同体，共同应对食品药品安全风险挑战。治理使命的变革将积极推进我国药品医疗器械从研制到使用全过程全链条监管的科学化、体系化、一体化，加快推进从制造大国向制造强国的历史性跨越。

近年来，围绕“创新、质量、效率、体系、能力”的主题，药品监管部门持续深化药品医疗器械审评审批制度改革，改革临床试验管理，加快产品上市审评审批，建立上市许可持有人制度，加强全生命周期质量管理，有力促进了公众健康水平的稳步提升，受到了国际社会的积极评价。面对高质量发展、高品质生活、高效能治理和新发展阶段、新发展理念、新发展格局，药品监管部门必将积极担当、主动作为，始终以“永不懈怠的精神状态和一往无前的奋斗姿态”，全力以赴推进各项事业的蓬勃发展。

如何有效推进食品药品安全审慎治理是时代之问和创新之问。在食品安全领域，推行审慎治理似乎没有争议。然而，在药品安全领域能否实行审慎治理，各界存在不同的认识。药品领域属于创新最为活跃的领域之一。在药品领域推行审慎治理，更为复杂、更应谨慎、更需智慧。一般来说，在不实行产品许可的领域，推行审慎治理相对较为简单。因为对于不断出现的新生事物，监管部门不持否定态度，产品就可以进入市场。然而，药品属于事关公众生命健康的特殊产品，产品进入市场是需要监管部门许可的。除法律法规另有规定外，未经许可，药品是不得进入市场的。这就要求监管部门对于药品是否可以进入市场必须表明鲜明的态度，绝不能模棱两可。监管部门许可该药品进入市场，即表明该药品的风险在可接受的范围内，这是一件听起来简单但做起来极不容易的事情。世界各国药品监管部门对创新药械产品上市，往往慎而又慎、严而又严，这是因为创新产品往往风险更大。对于创新产品，药品监管部门有时面临着质量与效率、安全与发展的激烈冲突。2019 年国家药品监管局启动中国药品监管科学行动计划，其目的之一就是创新监管工具、标准和方法，努力使监管最大限度地追上时代进步和产业发展的步伐，成为产业创新高质量发展的引领者、助推者，而不是拦路虎、绊脚石。我们确信：只有医药产业的勃勃生机，才有监管事业的欣欣向荣，才有人民健康的蒸蒸日上。

治理方式的变革创新是实现食品药品安全审慎治理的现实要求。实行审慎治理，既涉及治理使命的变革，也涉及治理方式的创新。没有治理使命的变革，就没有治理方式的创新；而没有治理方式的创新，治理使命就无法真正落地。食品药品安全监管使命确定后，必将积极探索实现这一重大使命的有效方式。如果说，治理机制创新解决的是从被动治理到能动治理的转变，那么治理方式创新解决的则是从传统治理到现代治理的转变。2011 年，美国 FDA 发布的《通向全球产品安全和质量之路》报告指出，全球化已从根本上改变经济和安全格局，要求 FDA 对固有的工作方式做重大调整，展望未来，FDA 不能再依靠以往管理产品的手段、行动及策略。治理方式创新，已成为新时期全球食品药品安全治理的重大课题。

当今世界已经进入以大数据、互联网、云计算等为特征的新时代。2016 年 5 月，全国推进简政放权放管结合优化服务改革电视电话会议指出："当前新技术、新产业、新业态、新模式层出不穷，是我国发展的希望所在。要使这些新经济持续健康发展，不能不进行监管，否则就可能会引发风险。但这些新经济在发展模式、机制和特点等方面与传统经济有很大的不同，有的远远超出了我们已有的认知能力和水平，监管不能简单套用老办法，否则就可能将其扼杀在萌芽状态，既制约创新创造活力，对创新创业者也不公平。如何合理有效监管，既支持创新发展又防止出现偏差，或者说既不能管死也要防范风险，是我们面临的一个新课题。要本着鼓励创新原则，区分不同情况，探索适合其特点的审慎监管方式。"2020 年 9 月，全国深化"放管服"改革优化营商环境电视电话会议上强调："新兴产业很多是我们想象不到、规划不出来的，实行包容审慎监管，促进大众创业万众创新，是我国新兴产业得以发展壮大的有益经验。当前，新兴产业跨界经营、线上线下融合等特点更加明显，传统监管办法很难适应其发展需要。要改革按区域、按行业监管的习惯做法，探索创新监管标准和模式，发挥平台监管和行业自律作用。对新兴产业发展中遇到的问题，要与企业一起研究解决办法。有的领域要多一些柔性监管，有的领域要发挥智慧监管优势，对一些看不准、可能存在风险的，可以划定可控范围，探索试点经验再推广。"对于食品药品安全审慎治理，必须从更高的站位和更宽的视野来把握和认识。在食品药品安全领域，审慎监管包含着以下三个方面的含义。一是对于符合社会发展方向的食品药品产业，要强化指导与服务，全力助力其健康成长。二是对于新出现的食品药品产业，必须严守安全底线，这是保障其生存与发展的根本前提。三是对于借新食品药品产业之名从事违法犯罪的行为，必须严厉惩处。对于这三个方面，要统筹兼顾，不可偏废。

二、安全监管与产业发展的关系

保障食品药品安全是全社会的共同责任。如果说，食品药品安全的需求方是广大人民群众，那么，食品药品安全的供给方则主要是食品药品企业。在食品药品安全供需关系中，政府扮演着什么角色呢？这是一个见仁见智的问题。从社会治理的角度来看，政府既是食品药品安全的需求方，也是食品药品安全的供给方。如果说企业是食品药品安全的“第一供给方”，政府则是食品药品安全的“第二供给方”。目前，全社会对食品药品安全监管寄予着无限的期待。随着幸福意识、健康意识、权利意识、安全意识、风险意识的不断提升，人民群众对食品药品安全的要求越来越高。人民群众对食品药品安全的无限性、绝对性、完美性需求，是推进食品药品安全监管工作不断接近目标、实现超越的巨大动力。食品药品监管部门应当始终坚持保护和促进公众健康的崇高使命，把广大人民群众最为关心、最为直接、最为现实的食品药品安全问题作为治理的着力点，下定决心，下大力气，有效破解一些难题，让全社会感受到扎扎实实、真真切切的进步。

产业发展是实现食品药品安全的重要基础。食品药品产业属于事关民生福祉的健康产业、事关经济发展的支柱产业和事关经济活力的朝阳产业。没有强大的食品药品产业基础，就不可能实现食品药品安全的长治久安。实施食品药品安全治理战略，全面提升我国食品药品安全水平，最基础、最关键、最根本的是加快提升食品药品安全产业水平。强大的监管造就强大的产业，强大的产业呼唤强大的监管。在我国食品药品安全领域，安全监管与产业发展之间是统一协调而非排斥对立的关系。

当前，药械组合产品、基因治疗产品、细胞治疗产品等新产品，药品互联网经营、药品第三方物流配送等新业态，合作生产、分段生产、连续制造等新模式层出不穷，监管如何紧紧跟上时代步伐，是推进药品监管科学研究必须认真回答的重大课题。2016 年 11 月 21 日，深化简政放权放管结合优化服务改革座谈会强调，对快速发展的新产业新业态新模式要本着鼓励创新的原则，探索适合其特点和发展要求的审慎监管方式，使市场包容有序、充满活力。所谓包容审慎监管，从表面上来看，就是先看一看、先放一放、先让市场多跑一跑，但这并非权宜之策。从长远来看，它是一种基础性理念。这种理念意味着相信市场、鼓励创新，同时更加重视加强事中事后监管。药品领域属于实行最严格监管的领域。在药品领域，如何将最严格的监管与包容审慎监管有机结合起来，这是一个崭新而重大的课题。贯彻落实党中央和国务院的要求，探索适合行业特点的审慎监管方式，需要认真思考、稳步推进。

及时制定新规则为新生事物的成长开辟宽广的道路。法律是具有普遍约束力的强制性规则，但这种具有稳定性的法律有时对新生事物的成长可能缺乏足够的包容力。在快速变革的时代，法律制度的设计要具有一定的预见性和超前性，能为产业创新发展预留必要的空间，确保新业态新模式始终在法治轨道上健康发展。与此同时，面对快速发展的产业，要及时制定具有一定张力的新规则，为新生事物的快速成长开辟宽广的道路。在日趋激烈的全球竞争中，谁科学把握发展规律，谁率先制定出具有生命力的新规则，谁就会赢得比较优势，谁就会赢得明天和未来。近年来，面对新生事物的日新月异，国家药品监督管理局坚持国际视野、坚持改革创新、坚持科学监管，在《药品管理法》《疫苗管理法》《医疗器械监督管理条例》《化妆品监督管理条例》制修订中努力为新生事物的成长留下足够的空间。如《药品管理法》规定，国家支持以临床价值为导向、对人的疾病具有明确或者特殊疗效的药物创新，鼓励具有新的治疗机理、治疗严重危及生命的疾病或者罕见病、对人体具有多靶向系统性调节干预功能等的新药研制，推动药品技术进步。国家采取有效措施，鼓励儿童用药品的研制和创新，支持开发符合儿童生理特征的儿童用药品新品种、剂型和规格，对儿童用药品予以优先审评审批。《医疗器械监督管理条例》规定，国家制定医疗器械产业规划和政策，将医疗器械创新纳入发展重点，对创新医疗器械予以优先审评审批，支持创新医疗器械临床推广和使用，推动医疗器械产业高质量发展。《化妆品监督管理条例》规定，国家鼓励和支持开展化妆品研究、创新，满足消费者需求，推进化妆品品牌建设，发挥品牌引领作用。与此同时，国家药品监督管理局加快研究起草了许多新的审评技术指南或者技术指导原则，如《体外基因治疗产品药学研究与评价技术指导原则（试行）》《免疫细胞治疗产品药学研究与评价技术指导原则（试行）》《体外基因转导与修饰系统药学研究与评价技术指导原则（试行）》《人工智能医疗器械注册审查指导原则》《应用纳米材料的医疗器械安全性和有效性评价指导原则　第一部分：体系框架》《正电子发射/X 射线计算机断层成像系统（数字化技术专用）注册审查指导原则》等，努力使药品医疗器械审评审批与世界同步，更好地满足了公众健康的需求。

依法在特定区域内实行先行先试的探索实践。“摸着石头过河”，让新生事物先行先试，是我国改革开放取得成功的重要经验。在食品药品领域，我国已进行了一些“先行先试”的探索实践，为全面推进食品药品安全治理改革创新积累了宝贵的经验。如根据《全国人民代表大会常务委员会关于授权国务院在部分地方开展药品上市许可持有人制度试点和有关问题的决定》，2015 年国务院在北京、天津、河北、上海、江苏、浙江、福建、山东、广东、四川十个省、直辖市开展药品上市许可持有人制度试点，允许药品研发机构和科研人员取得药品批准文号，对药品质量承担相应责任。这一试点工作有利于鼓励研发创新，有利于优化资源配置，有利于落实质量责任，有利于推动管理升级，其重要成果已上升为《药品管理法》的重要制度。目前，在药品领域，我国还在进行一些试点探索，如根据《国务院关于同意在河南省开展跨境电子商务零售进口药品试点的批复》，目前国家在河南省开展跨境电子商务零售进口药品试点，试点品种为已取得我国境内上市许可的 13 个非处方药。2020 年 9 月 18 日，国家药品监督管理局发布《国家药监局关于进口医疗器械产品在中国境内企业生产有关事项的公告》，明确进口医疗器械注册人通过其在境内设立的外商投资企业在境内生产第二类、第三类已获进口医疗器械注册证产品，其注册程序予以适当简化，审评审批部门重点关注境内外质量管理体系的等同性、溯源性，以及变更生产过程带来的体系变化是否会产生新的风险进而引发注册事项的变更。2024 年 12 月 30 日印发的《国务院办公厅关于全面深化药品医疗器械监管改革促进医药产业高质量发展的意见》（国办发〔2024〕53 号）提出："省级药品监管部门提出申请，国家药监局同意后，在部分地区开展优化创新药临床试验审评审批试点，将审评审批时限由 60 个工作日缩短为 30 个工作日。""省级药品监管部门提出申请，国家药监局同意后，在部分地区开展优化药品补充申请审评审批程序改革试点，需要核查检验的补充申请审评时限由 200 个工作日缩短为 60 个工作日。""省级药品监管部门提出申请，国家药监局同意后，在部分地区开展生产工艺、设施设备有特殊要求的生物制品分段生产试点，率先推进抗体偶联药物、多联多价疫苗等分段生产。""鼓励有条件的省级药品监管部门积极推进改革试点，开展更多药品医疗器械审评等工作。"

严格执行法定从轻、减轻或者免予处罚的规定。对于执行法定从轻、减轻或者免予处罚的规定是否属于审慎治理范畴，有关方面存在不同的认识。这涉及审慎治理理念是否贯穿于产品全生命周期这一基本问题。如对食品药品存在一些瑕疵，未影响或者未实质影响公众健康，不具有社会危害性的行为，是否纳入审慎监管，目前有关方面认识不一。《药品管理法》规定，未经批准进口少量境外已合法上市的药品，情节较轻的，可以依法减轻或者免予处罚。生产、销售的中药饮片不符合药品标准，尚不影响安全性、有效性的，责令限期改正，给予警告；

可以处十万元以上五十万元以下的罚款。《药品管理法实施条例》规定，药品经营企业、医疗机构未违反《药品管理法》和本条例的有关规定，并有充分证据证明其不知道所销售或者使用的药品是假药、劣药的，应当没收其销售或者使用的假药、劣药和违法所得；但是，可以免予其他行政处罚。《医疗器械监督管理条例》规定，医疗器械经营企业、使用单位履行了本条例规定的进货查验等义务，有充分证据证明其不知道所经营、使用的医疗器械为本条例第八十一条第一款第一项、第八十四条第一项、第八十六条第一项和第三项规定情形的医疗器械，并能如实说明其进货来源的，收缴其经营、使用的不符合法定要求的医疗器械，可以免予行政处罚。《化妆品监督管理条例》规定，化妆品经营者履行了本条例规定的进货查验记录等义务，有证据证明其不知道所采购的化妆品是不符合强制性国家标准、技术规范或者不符合化妆品注册、备案资料载明的技术要求的，收缴其经营的不符合强制性国家标准、技术规范或者不符合化妆品注册、备案资料载明的技术要求的化妆品，可以免予行政处罚。目前，部分省局按照地方人民政府的要求，制定了免予处罚清单、减轻处罚清单、从轻处罚清单、免予行政强制清单，并将其统称为包容审慎监管清单。2022 年 3 月，出台的《广东省人民政府办公厅关于推进包容审慎监管的指导意见》，提出要完善与创新创造相适应的包容审慎监管方式，推行行政执法减免责清单制度，推行涉企“综合查一次”清单制度，探索执法“观察期”制度，推行信用监管，推行非现场监管，加强行政执法协作等。2022 年 1 月，海南省药品监督管理局印发《海南省药品监管领域包容审慎监管事项清单》（以下简称《清单》），要求各单位对照《清单》所列事项，坚持处罚与教育相结合、过罚相当的原则，严格规范行政执法行为，同时加强风险防范意识，按照《清单》第四条所列适用说明，通过责令改正、批评教育、告诫、约谈等多种行政措施，教育引导当事人依法合规开展经营活动。有学者认为，上述规定包含了审慎治理的合理内核。2025 年 1 月，海南省药监局印发了《海南省药品监管领域不予行政处罚清单、从轻行政处罚清单和减轻行政处罚清单》，推进实施宽严相济、包容审慎监管，进一步规范药品、医疗器械、化妆品监管执法行为。“三张清单”明确了 37 项清单的具体适用情形，细化了适用条件和法律依据。“三张清单”强调，要坚持处罚与教育相结合、过罚相当的原则，通过行政建议、行政提示、批评教育、行政告诫、行政约谈、责令限期改正等配套行政监管措施，督促药品生产经营企业增强自律意识，积极改正违法行为，依法开展生产经营活动，实现行政执法的法律效果与社会效果的有机统一。

严厉打击以打着创新之名行非法经营之实的违法犯罪行为。推行审慎治理，必须塑造公开公平公正的竞争环境，对合法者的利益予以坚决保护，对违法者的行为予以坚决打击。目前，在食品药品安全领域，一些违法犯罪分子，往往炒作各种时髦“概念”，花言巧语，招摇撞骗，严重损害了广大消费者的健康权益。2022 年，根据党中央和国务院的统一部署，国家药品监督管理局以严查违法违规行为、全面排查风险隐患为主线，以深入开展专项整治与建立健全长效机制、严打违法犯罪行为与强化日常监管相结合为基本原则，以查处一批大案要案、公布一批典型案例、移送一批犯罪线索、消除一批风险隐患，完善监管机制，堵塞监管漏洞，消除监管盲区，提升监管能力，切实维护人民群众生命健康为根本目标，组织全系统开展为期一年的药品安全专项整治，对药品、医疗器械和化妆品领域各类违法违规行为，包括打着创新之名行非法经营之实的违法违规行为，重拳出击，严厉查处，努力营造鼓励支持产业创新发展和高质量发展的良好生态，更好地保护和促进公众健康。

智慧不仅仅存在于知识之中，而且还存在于运用知识的能力中。

——亚里士多德

主宰世界有三个要素，那就是智慧、光辉和力量。

——歌德

近年来，互联网、大数据、云计算、人工智能、区块链等技术加速创新，日益融入经济社会发展各领域全过程，各国竞相制定数字经济发展战略、出台鼓励政策，数字经济发展速度之快、辐射范围之广、影响程度之深前所未有，正在成为重组全球要素资源、重塑全球经济结构、改变全球竞争格局的关键力量。

——习近平

第十五章　食品药品安全智慧治理理念

在食品药品安全治理理念中，智慧治理主要解决的是治理的艺术性问题。食品药品安全问题是社会问题的集中反映与折射，破解食品药品安全难题需要高超的治理艺术。面对错综复杂的食品药品安全问题，既要有高度的政治敏锐性，也要有强烈的实践自觉性。柏拉图强调，治理国家如同航海，需要智慧来指引方向。德国思想家、作家、科学家约翰·沃尔夫冈·冯·歌德（Johann Wolfgang von Goethe，1749 年—1832 年）指出："主宰世界有三个要素，那就是智慧、光辉和力量。"美国思想家、文学家、诗人拉尔夫·沃尔多·爱默生进一步提出："智慧的可靠标志就是能够在平凡中发现奇迹。"智慧治理是全球化、信息化、市场化、社会化时代政府治理创新的重大选择。智慧治理不仅涉及技术创新，而且涉及理念创新、体制创新、制度创新、机制创新、方式创新、战略创新、文化创新等，涉及需求与供给、目标与道路、理念与制度、机制与方式、战略与文化、质量与效率、体系与能力、守正与创新等诸多重大关系。

近年来，面对食品药品安全问题的交叉性、叠加性、高发性、放大性、跨界性、关联性、流动性、渗透性、传导性等，国际社会不断探索食品药品智慧治理，坚守硬实力，拓展软实力，运筹妙实力，着力提升食品药品安全治理的影响力、凝聚力和感召力。如 2011 年 6 月美国 FDA 发布的《通向全球产品安全和质量之路》指出："全球化已从根本上改变经济和安全格局，要求 FDA 对固有的工作方式做出重大调整。""数十年来，在产品安全标准方面，FDA 始终是世界公认的领跑者，但展望未来，FDA 不能再依靠以往管理产品的手段、行动及策略。"2012 年 4 月，FDA 局长指出："在全球急剧变革和加速全球化的进程中，我们必须共同努力，通过全新的、前所未有的，甚至打破常规的方式，为全球消费者建立起公共健康安全网。""如果没有一个强大的 FDA，让它拥有必要的资源来确保明智、合理、基于科学和前沿的监管，人民和经济都会遭到不可估量的损失。"2020 年 3 月，欧盟药品管理局发布的《监管科学 2025：战略思考》指出："近些年，创新步伐急剧加速，越来越多的药物通过整合不同技术而提供医疗解决方案，监管机构需要做好准备，以支持日益复杂的药物研发，促进和保护人类和动物健康。"

我国高度重视食品药品安全智慧治理。习近平总书记指出："世界因互联网而更多彩，生活因互联网而更丰富。""随着互联网特别是移动互联网发展，社会治理模式正在从单向管理转向双向互动，从线下转向线上线下融合，从单纯的政府监管向更加注重社会协同治理转变。""当今时代，数字技术、数字经济是世界科技革命和产业变革的先机，是新一轮国际竞争重点领域，我们一定要抓住先机、抢占未来发展制高点。""当前，世界百年变局和世纪疫情交织叠加，国际社会迫切需要携起手来，顺应信息化、数字化、网络化、智能化发展趋势，抓住机遇，应对挑战。"2017 年 2 月 14 日《国务院关于印发"十三五"国家食品安全规划和"十三五"国家药品安全规划的通知》（国发〔2017〕12 号）提出："提高食品安全智慧监管能力。重点围绕行政审批、监管检查、稽查执法、应急管理、检验监测、风险评估、信用管理、公共服务等业务领域，实施'互联网+'食品安全监管项目，推进食品安全监管大数据资源共享和应用，提高监管效能。""形成智慧监管能力。加强顶层设计和统筹规划，围绕药品医疗器械化妆品行政审批、监管检查、稽查执法、应急管理、检验监测、风险分析、信用管理、公共服务等重点业务，实施安全监管信息化工程，推进安全监管大数据资源共享和应用，提高监管效能。"2019 年 5 月 9 日《中共中央　国务院关于深化改革加强食品安全工作的意见》提出："推进'互联网+食品'监管。建立基于大数据分析的食品安全信息平台，推进大数据、云计算、物联网、人工智能、区块链等技术在食品安全监管领域的应用，实施智慧监管，逐步实现食品安全违法犯罪线索网上排查汇聚和案件网上移送、网上受理、网上监督，提升监管工作信息化水平。"2019 年 7 月 9 日《国务院办公厅关于建立职业化专业化药品检查员队伍的意见》（国办发〔2019〕36 号）提出："进一步加强药品全过程质量安全风险管理，专项检查、飞行检查等工作要全面推行'双随机、一公开'监管，加快推进基于云计算、大数据、'互联网+'等信息技术的药品智慧监管，提高监督检查效能。"2021 年 12 月 30 日，国家药品监督管理局等 8 部门联合印发的《"十四五"国家药品安全及促进高质量发展规划》提出，要加强智慧监管体系和能力建设，建立健全药品信息化追溯体系，推进药品全生命周期数字化管理，建立健全药品监管信息化标准体系，提升"互联网+药品监管"应用服务水平。推进智慧监管工程，加强国家药品监管大数据应用，加强国家药品追溯协同服务及监管，健全药品、医疗器械和化妆品基础数据库。

智慧治理理念与人本治理理念、风险治理理念、责任治理理念被并称为食品药品安全四大核心治理理念。如果说，风险治理理念和责任治理理念是食品药品安全治理理念的核心，智慧治理理念则是对风险治理理念和责任治理理念的智慧赋能，其使风险治理理念和责任治理理念在高度、深度、广度等方面进一步拓展和升华。智慧治理理念要求在坚守治理使命的大前提下，运用灵活、巧妙、睿智的方式方法，以前瞻性、创新性和突破性变革，有效破解食品药品安全治理难题。没有全局谋划，没有前瞻思考，没有本质认知，没有规律把握，就不可能实现食品药品安全智慧治理。智慧治理是在混沌中寻找秩序，在困境中开辟道路。智慧治理是用敏锐的眼光捕捉问题，用巧妙的策略解决问题。问题启唤变革，智慧铺就希望。坚守食品药品安全智慧治理理念，需要科学把握以下重要关系。

一、活力与秩序的关系

关于活力与秩序的关系，习近平总书记多次作出重要论述。2023 年 2 月 7 日，习近平总书记在新进中央委员会的委员、候补委员和省部级主要领导干部学习贯彻习近平新时代中国特色社会主义思想和党的二十大精神研讨班开班式上强调："推进中国式现代化是一个系统工程，需要统筹兼顾、系统谋划、整体推进，正确处理好顶层设计与实践探索、战略与策略、守正与创新、效率与公平、活力与秩序、自立自强与对外开放等一系列重大关系。"2024 年 7 月 18 日党的二十届三中全会通过的《中共中央关于进一步全面深化改革　推进中国式现代化的决定》提出："坚持系统观念，处理好经济和社会、政府和市场、效率和公平、活力和秩序、发展和安全等重大关系，增强改革系统性、整体性、协同性。""必须更好发挥市场机制作用，创造更加公平、更有活力的市场环境，实现资源配置效率最优化和效益最大化，既'放得活'又'管得住'，更好维护市场秩序、弥补市场失灵，畅通国民经济循环，激发全社会内生动力和创新活力。"

活力与秩序的关系是相互依存、相互促进、相互制约的辩证关系。活力是秩序的内在要求，一个充满活力的社会或者系统，能为良好的秩序提供充足的动力支持，促使秩序不断优化和完善，不断适应形势的发展与变化。同时，良好的秩序能够营造稳定的社会环境，使各类主体稳定预期，释放活力，积极创新创造。良好的秩序能够充分调动人的积极性、主动性和创造性，让人们在良好的环境中最大限度地发挥潜能，推动经济社会不断进步。活力带来的新事物、新变化会促使社会不断优化、进步。同时，也必须看到，活力对秩序可能带来冲击。若活力过度释放，可能影响社会的和谐与稳定。秩序对活力可能带来约束。过于僵化的秩序可能压抑社会创新与变革。实践启示我们：活力是社会进步的引擎，秩序是和谐发展的轨道，两者结合方能行稳致远。活力是繁荣的源泉，秩序是稳定的基石，两者共生方能同筑美好社会。活力如奔腾的江河，秩序似坚固的堤岸，两者协同才能源远流长。活力赋予秩序以生机，秩序保障活力以持久，两者相互支撑，社会才能和谐发展。有活力而无秩序，社会如脱缰之马；有秩序而无活力，生活似一潭死水。总之，活力与秩序并非对立，而是相互依存、相互促进、相互制约的关系。没有活力，秩序将僵化停滞；没有秩序，活力将陷入混乱。

激发食品药品安全活力必须不断改革创新。习近平总书记对此强调："改革开放是决定当代中国前途命运的关键一招。""坚持创新在我国现代化建设全局中的核心地位。"新时代以来，我国不断推进食品药品安全领域改革创新。在食品安全领域，围绕"科学、统一、权威、高效"的目标，持续深化食品安全监管体制改革，逐步建立了食品安全统一监管体制。在药品安全领域，围绕"创新、质量、效率、体系和能力"的主题，持续深化药品医疗器械审评审批制度改革；围绕"高质量发展、高水平安全"的目标，全面深化药品医疗器械全过程监管改革。经过多年的改革创新，食品药品安全治理理念、治理制度、治理机制、治理方式、治理文化焕然一新，食品药品监管事业和食品药品产业发展充满生机与活力。2024 年 12 月 30 日印发的《国务院办公厅关于全面深化药品医疗器械监管改革促进医药产业高质量发展的意见》（国办发〔2024〕53 号）提出："到 2027 年，药品医疗器械监管法律法规制度更加完善，监管体系、监管机制、监管方式更好适应医药创新和产业高质量发展需求，创新药和医疗器械审评审批质量效率明显提升，全生命周期监管显著加强，质量安全水平全面提高，建成与医药创新和产业发展相适应的监管体系。到 2035 年，药品医疗器械质量安全、有效、可及得到充分保障，医药产业具有更强的创新创造力和全球竞争力，基本实现监管现代化。"为此，要加大对药品医疗器械研发创新的支持力度，完善审评审批机制全力支持重大创新，加大中药研发创新支持力度，发挥标准对药品医疗器械创新的引领作用，完善药品医疗器械知识产权保护相关制度，积极支持创新药和医疗器械推广使用；要提高药品医疗器械审评审批质效，加强药品医疗器械注册申报前置指导，加快临床急需药品医疗器械审批上市，优化临床试验审评审批机制，优化药品补充申请审评审批，优化药品医疗器械注册检验，加快罕见病用药品医疗器械审评审批；要以高效严格监管提升医药产业合规水平，推进生物制品（疫苗）批签发授权，促进仿制药质量提升，推动医药企业生产检验过程信息化，提高药品医疗器械监督检查效率，强化创新药和医疗器械警戒工作，提升医药流通新业态监管质效；要支持医药产业扩大对外开放合作，深入推进国际通用监管规则转化实施，探索生物制品分段生产模式，优化药品医疗器械进口审批，支持药品医疗器械出口贸易；要构建适应产业发展和安全需要的监管体系，持续加强监管能力建设，大力发展药品监管科学，加强监管信息化建设。

构建食品药品安全秩序必须大力加强法治建设。法治具有固根本、稳预期、利长远的重要作用。目前，我国已经构建了较为完备的食品药品安全法律制度体系，进一步夯实食品药品全生命周期安全基础。以药品安全为例，我国《药品管理法》的制定修订，深刻反映着我国经济社会发展的客观规律，深刻反映着我国经济管理体制、国家基本经济制度的发展进步，深刻反映着我国对药品产业发展和药品监管规律认识的持续深化。一是管理规律认识不断深化。药品属于健康性产品、刚需性产品、战略性产品、风险性产品、信赖性产品、零和性产品，药品管理遵循着特殊的规律。我国药品管理历经了计划经济时代、以计划经济为主市场调节为辅时代、有计划商品经济时代和市场经济时代。其历经了从缺医少药到基本满足再到高质量发展的历史进程，历经了从仿制药为主到创新药引领的历史进程，历经了从分级管理、垂直管理再到分级管理的历史进程。为了与经济管理体制、产业发展水平、对外开放程度、社会治理能力相适应，我国对药品管理规律的认识不断深化。二是药品管理制度不断完善。法律是由若干制度构成的完备体系。2019 年版《药品管理法》坚持对药品全周期、全链条、全过程、全要素管理的基本思路，设立了许多适应新时代产业创新高质量发展的新制度，如药品上市许可持有人制度、药品追溯制度、药物警戒制度、临床试验默示许可制度、拓展性临床试验管理制度、化学原料药与药用辅料关联审评制度、附条件批准制度、优先审评审批制度、药品上市放行制度、药品年度报告制度、药品上市许可转让制度、药品网络销售管理制度、药品生产变更分类管理制度、药品召回制度、药品上市后评价制度、短缺药品清单管理制度、药品安全信用档案制度、药品安全信息统一公布制度、职业化专业化药品检查员制度、药品安全责任约谈制度、违法行为处罚到人制度、药品损害惩罚性赔偿制度等。2019 年版《药品管理法》的制度设计，在管理使命上将保护公众健康和促进公众健康有机结合，在管理内容上将产品管理与信息管理有机结合，在管理事项上将药品管理与队伍建设有机结合，在行政责任上将单位责任与个人责任有机结合，在民事责任上将惩罚性责任与补偿性责任有机结合，法律制度体系更加系统、完备与和谐。三是药品治理机制不断健全。在药品安全领域，载体意义上的机制主要有部门协作机制、风险交流机制、全程追溯机制、信息共享机制、行刑衔接机制等；机理意义上的机制主要有分级分类机制、贡献褒奖机制、有奖举报机制、绩效考核机制、能力评价机制、信用奖惩机制、信息公开机制、责任首负机制、责任约谈机制、责任连带机制、惩罚赔偿机制、处罚到人机制等。如果说，有了“程序法”，“实体法”就有了生命。那么，有了“机制法”，“制度法”就有了活力。上述治理机制的建立，有利于激活所有药品安全利益相关者的积极性、主动性和创造性，使众多的利益相关者从消极的“看客”变为积极的“主人”，从而构建共建共治共享的社会治理大格局。四是药品治理方式不断丰富。我国药品法律制度设计高度重视智慧治理，持续推进治理方式创新，加快实现从粗放治理向精细治理、从烦琐治理向简约治理、从传统治理向现代治理的转变，进一步提升治理的创造性、权威性、便民性和执行力、感召力、亲和力。2019 年版《药品管理法》《疫苗管理法》坚持继承与创新相结合，在优化传统管理方式的同时，提出了默示许可、关联审批、延伸检查、驻厂监督、定期巡查、信用监管、电子追溯、责任约谈等新的治理方式，并在实践中积极探索预防式监管、穿透式检查、前置式服务、会商式分析等，努力提升治理的现代化水平。五是法律责任体系不断完善。2019 年版《药品管理法》贯彻落实“最严厉的处罚、最严肃的问责”要求，综合运用刑事、行政和民事方式，创新自由罚、行为罚、财产罚、声誉罚等相关制度，加大对各类违法行为的惩治力度。现行《药品管理法》将刑事处罚作为首条法律责任条款，充分表明全面贯彻落实药品安全“四个最严”的鲜明态度。行政处罚中引入了行政拘留和终身禁业等新处罚措施，处罚种类增加，处罚力度明显加大，罚款的货值金额倍数大幅提高。此外，还引入首负责任制、连带责任制和惩罚性赔偿制，强化相关责任人法律责任的落实。

二、守正与创新的关系

守正创新是中华民族的优秀传统。守正才能行稳，创新才能致远。食品药品安全治理事业具有鲜明的政治性、科学性、法治性和社会性。在全球化、信息化、市场化、社会化时代，从事食品药品安全治理，必须坚持时代性、把握规律性、富于创造性。当今，我国正处于从制药大国向制药强国跨越的历史进程中，跨越本身既是一个充满挑战的过程，也是一个尽显智慧的进程。

坚持守正创新，必须将坚持国际视野与立足基本国情有机结合。从国际社会来看，食品药品均属于事关公众生命健康的特殊产品，食品药品安全均属于个人安全、公共安全、国家安全与人类安全的特殊安全，食品药品安全风险均属于多种因素交织的特殊风险，食品药品安全问题均属于重大的政治问题、经济问题、民生问题和社会问题，食品药品安全监管队伍均属于职业化专业化的特殊队伍，食品药品安全监管均应当坚持科学化、法治化、国际化和现代化的发展道路。然而，世界各国食品药品产业基础不同，历史发展阶段不同，面对的风险挑战不同，监管制度体制机制也不同。这就要求我国食品药品安全治理，既要立足国情，也要面向世界，既要立足当前，也要面向未来，要将本土化与国际化、当前与长远有机结合起来，走出一条符合世界趋势、具有我国特色的现代化发展道路。

历史方位决定基本方略。马克思指出："人们自己创造自己的历史，但是他们并不是随心所欲地创造，并不是在他们自己选定的条件下创造，而是在直接碰到的、既定的、从过去承继下来的条件下创造。"当今的中国正处于从农业社会、工业社会向信息社会快速转变的历史进程中，中国食品药品安全治理，既面临着全球普遍存在的共性问题，也面临着自身发展阶段的特殊问题。在全力推进中国食品药品安全治理国际化的同时，必须注意将食品药品安全治理基本原理与我国基本国情紧密结合，以有效解决我国食品药品安全治理所面对的特殊矛盾。如《食品安全法》规定："食品生产加工小作坊和食品摊贩等从事食品生产经营活动，应当符合本法规定的与其生产经营规模、条件相适应的食品安全要求，保证所生产经营的食品卫生、无毒、无害，食品安全监督管理部门应当对其加强监督管理。县级以上地方人民政府应当对食品生产加工小作坊、食品摊贩等进行综合治理，加强服务和统一规划，改善其生产经营环境，鼓励和支持其改进生产经营条件，进入集中交易市场、店铺等固定场所经营，或者在指定的临时经营区域、时段经营。食品生产加工小作坊和食品摊贩等的具体管理办法由省、自治区、直辖市制定。""对食品生产加工小作坊、食品摊贩等的违法行为的处罚，依照省、自治区、直辖市制定的具体管理办法执行。"《药品管理法》规定："国家鼓励运用现代科学技术和传统中药研究方法开展中药科学技术研究和药物开发，建立和完善符合中药特点的技术评价体系，促进中药传承创新。""在中国境内上市的药品，应当经国务院药品监督管理部门批准，取得药品注册证书；但是，未实施审批管理的中药材和中药饮片除外。实施审批管理的中药材、中药饮片品种目录由国务院药品监督管理部门会同国务院中医药主管部门制定。”“城乡集市贸易市场可以出售中药材，国务院另有规定的除外。”“地区性民间习用药材的管理办法，由国务院药品监督管理部门会同国务院中医药主管部门制定。”“生产、销售的中药饮片不符合药品标准，尚不影响安全性、有效性的，责令限期改正，给予警告；可以处十万元以上五十万元以下的罚款。”《医疗器械监督管理条例》规定：“中医医疗器械的技术指导原则，由国务院药品监督管理部门会同国务院中医药管理部门制定。”实现从制药大国向制药强国的跨越，必须按照中国式现代化的要求，努力探索出一条凝聚中国智慧、彰显中国力量的现代化发展道路，只有这样，才能为人类健康事业做出中华民族的独特贡献。

坚持守正创新，必须坚持继承文化传统与推进文化创新的有机结合。文化是社会治理的“灵魂”。推进食品药品安全治理现代化，必须不断推进食品药品安全治理文化创新。中华民族是个历史悠久、人口众多、文化厚重的民族。在几千年的生生不息、孜孜以求中，中华民族创造了辉煌灿烂的文化，尤其是饮食文化、中药文化，在世界食品药品安全治理文化中占有十分重要的地位。今天，我们既要大力弘扬传统食品药品安全治理文化，更要积极创新体现时代特征的食品药品安全治理新文化。文化是由社会环境所决定的生活方式的整体，包括物质的、制度的、心理的等多种形式，具有传承性、渗透性和持久性等特点，是一个庞大的体系。从全球范围来看，食品药品安全治理文化包括监管使命、发展愿景、核心价值、监管制度、发展战略等一系列重要内容。食品药品安全治理文化创新属于食品药品安全治理创新体系中最为艰难、最具创造、最富智慧的创新。新时代药品安全治理，要以习近平总书记的“四个最严”（最严谨的标准、最严格的监管、最严厉的处罚、最严肃的问责）为根本遵循，以保护和促进公众健康为崇高使命，以加快推进我国从制药大国向制药强国跨越为发展目标，以创新、质量、效率、体系、能力为监管主题，以科学化、法治化、国际化和现代化为发展道路，以风险治理、责任治理和智慧治理为核心治理理念，加快建设职业化专业化的高素质监管队伍，大力推进中国药品监管科学行动计划和中国药品智慧监管行动计划，努力打造健康、科学、创新、卓越的药品监管文化，全面提升药品安全治理的凝聚力、创造力和执行力。“制药强国梦”是“中国梦”的重要组成部分。如何通过创造系统的监管文化，将药品安全监管工作与“中国梦”更好地结合起来，形成普遍认同、彼此守望、勠力弘扬的监管文化，展现新时代药品监管部门的良好精神风范，是一个重大的课题。科学精神、法治思维、国际视野、大爱情怀将是药品监管文化永不褪色的核心要素。

三、传统治理与现代治理的关系

我国食品药品产业是世界食品药品产业的缩影。我国食品药品安全治理是我国社会治理的缩影。“两个缩影”表明，我国食品药品产业和食品药品安全治理正在从传统向现代快速转轨。今天，我国已拥有一批高、精、尖的大型食品药品生产企业，同时，还存有大量低、小、散的食品药品生产经营者，一些高端装备和关键零部件还为发达国家所垄断。这种“二元制”并存的结构，是当前我国食品药品监管工作须臾不可忘怀的现实国情。坚守食品药品安全智慧治理，必须始终认清“三个世界”（十几亿以上人口的世界、几亿人口的世界和几千万人口的世界）和“三个阶段”（农业社会、工业社会和信息社会）的时空，既不仰望星空、消极悲观，也不俯视大地、盲目乐观。我国是一个拥有十四亿多人口的大国，这与几亿人口、几千万人口的国家大不相同，我们对未来发展必须保持足够的自信。同时，我们也必须清醒认识到，同样一个问题，在我们这样一个幅员辽阔、人口众多的大国，就会变得更为复杂、更具挑战性。我国处于并将长期处于社会主义初级阶段，发展还存在不平衡、不充分的突出问题，这使我国的食品药品安全治理工作不得不穿梭于农业时代、工业时代和信息时代中，有一种“坐地日行八万里”的特别感觉。改革与创新、转型与超越，已成为新时代食品药品安全治理的一道亮丽风景线。

当前，我国正处于科学技术迅猛发展的新时代，大数据、云计算、物联网“正在改变我们的生活以及理解世界的方式，成为新发明和新服务的源泉，而更多的改变正蓄势待发”。面对互联网、云计算、大数据的蓬勃发展，我们必须树立强烈的机遇意识，紧紧把握时代发展的脉搏，以时不我待的创新精神，加快食品药品安全治理方式创新步伐，加快推进食品药品安全治理体系和治理能力现代化的步伐。

面向未来，必须驰而不息地加快推进中国药品监管科学行动计划。药品监管科学是以药品监管新工具、新标准和新方法为研究对象的一门新兴科学。随着全球化、信息化、市场化、社会化的快速发展，药品新技术、新工艺、新材料、新产品、新业态层出不穷，世界各国药品监管普遍面临着如何“跟得上时代”“联得紧社会”“转得快应用”的难题。21世纪以来，药品监管科学的兴起，是药品领域科学技术迅猛发展、公众健康需求持续提升、公共政策研究日益丰富、社会协同治理不断深化的产物。从“新时代”的角度来看，药品监管科学概念的出现标志着药品监管融合创新时代的到来。从“新力量”的角度来看，药品监管科学概念的出现标志着药品监管协同力量的产生。

2019年4月，国家药品监督管理局启动了中国药品监管科学行动计划，拉开了我国药品监管科学研究的大幕，受到业界的高度关注和积极响应。中国药品监管科学行动计划实施以来，两批20个重点监管科学项目陆续实施，与著名高等院校和科研院所合作建立14个监管科学研究基地，两批共认定117个国家药品监督管理局重点实验室，药品监管科学研究日趋走向深入，重要研究成果正在助推药品产业和药品监管的高质量发展。

加快推进药品监管科学研究要做到以下五点。一要把握科学定位。药品监管科学是“大科学”，但不是“泛科学”。从监管的维度来看，药品监管科学以药品监管决策（药品安全性、有效性和质量可控性的评估与决断）为特定研究对象，以提升药品监管质量和水平为研究目标，以创新监管工具、标准和方法为研究任务。不同国家、不同时代，药品监管面临的突出问题不同，药品监管科学所要解决的问题也有所不同。研究药品监管科学，既要研究这门科学的一般规律，也要研究这门科学的特殊属性。在我国，要以监管新工具、新标准和新方法为核心圈，以监管新理念、新制度和新机制为生态圈。二要强化顶层设计。要把药品监管科学研究放在药品监管体系和监管能力现代化的全局中进行思考、谋划和推动，坚持立足当前与谋划长远、全面推进与重点突破相结合，科学安排，系统推进，通过监管工具、标准和方法的持续创新，加快提升产业发展和监管水平，更好地保护和促进公众健康。三要突出问题导向。药品监管科学是立足实践、服务决策的科学。药品监管科学研究能否真切回应监管实践需求、能否破解监管难题、能否满足公众健康需要，决定着药品监管科学的生命力。必须认真倾听药品产业和药品监管的急需，通过监管工具、标准和方法与时俱进地创新，持续提升药品监管和服务能力，助力产业高质量发展和高效能治理。四要整合社会资源。“很多问题可以被科学所发问，但却不能仅靠科学来解答。”科学性是药品监管的根本属性，但不是唯一属性。药品监管是政治性、科学性、法治性、社会性紧密结合的活动。在推进药品监管科学研究方面，药品监管部门和高等院校、科研院所应当积极合作，将理论与实践充分结合，共同成长。要建立新型的合作交流机制、科学的项目遴选机制、动态的考核评价机制、高效的成果转化机制，为药品监管科学发展注入新动力。五要注重国际交流。多年来，美国、欧盟、日本等国家和地区，以及 ICH、国际医疗器械监管者论坛（International Medical Device Regulators Forum，IMDRF）等国际监管协调机构在推进药品监管科学研究方面已经取得不少成绩。应当坚持国际视野，以更加开放的心态，充分利用好这些成果。与此同时，要积极参与国际药品监管科学研究，为国际药品监管科学发展贡献中国智慧和力量。

面向未来，必须驰而不息地加快发展中国药品智慧监管行动计划。党的十九大报告指出："世界每时每刻都在发生变化，中国也每时每刻都在发生变化，我们必须在理论上跟上时代，不断认识规律，不断推进理论创新、实践创新、制度创新、文化创新以及其他各方面创新。""要瞄准世界科技前沿，强化基础研究，实现前瞻性基础研究、引领性原创成果重大突破。加强应用基础研究，拓展实施国家重大科技项目，突出关键共性技术、前沿引领技术、现代工程技术、颠覆性技术创新，为建设科技强国、质量强国、航天强国、网络强国、交通强国、数字中国、智慧社会提供有力支撑。"

2015 年 7 月 1 日，国务院印发的《国务院关于积极推进"互联网+"行动的指导意见》（国发〔2015〕40 号）（以下简称《意见》）提出，在全球新一轮科技革命和产业变革中，互联网与各领域的融合发展具有广阔前景和无限潜力，已成为不可阻挡的时代潮流，正对各国经济社会发展产生着战略性和全局性的影响。积极发挥我国互联网已经形成的比较优势，把握机遇，增强信心，加快推进"互联网+"发展，有利于重塑创新体系、激发创新活力、培育新兴业态和创新公共服务模式，对打造大众创业、万众创新和增加公共产品、公共服务"双引擎"，主动适应和引领经济发展新常态，形成经济发展新动能，实现中国经济提质增效升级具有重要意义。积极推进"互联网+"行动，要坚持开放共享、坚持融合创新、坚持变革转型、坚持引领跨越、坚持安全有序，使经济发展进一步提质增效、社会服务进一步便捷普惠、基础支撑进一步夯实提升、发展环境进一步开放包容。到 2025 年，网络化、智能化、服务化、协同化的"互联网+"产业生态体系基本完善，"互联网+"新经济形态初步形成，"互联网+"成为经济社会创新发展的重要驱动力量。《意见》提出，积极利用移动互联网药品配送等便捷服务。加强互联网食品药品市场监测监管体系建设，积极探索处方药电子商务销售和监管模式创新。

2016 年 9 月 25 日，国务院印发的《国务院关于加快推进“互联网+政务服务”工作的指导意见》（国发〔2016〕55 号）（以下简称《指导意见》）提出，要牢固树立创新、协调、绿色、开放、共享的发展理念，按照建设法治政府、创新政府、廉洁政府和服务型政府的要求，优化服务流程，创新服务方式，推进数据共享，打通信息孤岛，推行公开透明服务，降低制度性交易成本，持续改善营商环境，深入推进大众创业、万众创新，最大程度利企便民，让企业和群众少跑腿、好办事、不添堵，共享“互联网+政务服务”发展成果。《指导意见》提出，加快推进“互联网+政务服务”工作，要坚持统筹规划、坚持问题导向、坚持协同发展、坚持开放创新，优化再造政务服务，融合升级平台渠道，夯实支撑基础，加强组织保障。

近年来，国务院高度重视并持续推进“互联网+”。如 2016 年国务院《政府工作报告》提出，深入推进“中国制造+互联网”，建设若干国家级制造业创新平台，实施一批智能制造示范项目，启动工业强基、绿色制造、高端装备等重大工程。2018 年国务院《政府工作报告》提出，创新食品药品监管方式，注重用互联网、大数据等提升监管效能，加快实现全程留痕、信息可追溯，让问题产品无处藏身、不法制售者难逃法网，让消费者买得放心、吃得安全。2019 年国务院《政府工作报告》提出，国家层面重在制定统一的监管规则和标准，地方政府要把主要力量放在公正监管上。推进“双随机、一公开”跨部门联合监管，推行信用监管和“互联网+监管”改革，优化市场监管等执法方式，对违法者依法严惩、对守法者无事不扰。2021 年国务院《政府工作报告》提出，把有效监管作为简政放权的必要保障，全面落实监管责任，加强对取消或下放审批事项的事中事后监管，完善分级分类监管政策，健全跨部门综合监管制度，大力推行“互联网+监管”，提升监管能力，加大失信惩处力度，以公正监管促进优胜劣汰。

为加快推进药品智慧监管，构建监管“大系统、大平台、大数据”，实现监管工作与云计算、大数据、“互联网+”等信息技术的融合发展，创新监管方式，服务改革发展，2019 年 5 月 21 日，《国家药监局关于印发〈国家药品监督管理局关于加快推进药品智慧监管的行动计划〉的通知》（国药监综〔2019〕26 号）提出，要坚持以人为本、坚持创新发展、坚持需求导向、坚持统筹整合、坚持共享开放、坚持安全可控，整合基础平台、畅通网络互联、完善标准规范、强化数据管理、提升应用服务、强化信息安全、促进新技术应用，力争在 2025 年前，推进信息技术与监管工作深度融合，形成“严管”加“巧管”的监管新局面，达到基础设施进一步夯实、数据基础进一步巩固、业务应用水平进一步提升、政务服务能力进一步提高、网络信息安全进一步加强的发展目标。

为加快推进药品安全治理体系和治理能力现代化，2021 年 12 月 30 日，国家药品监督管理局等 8 部门联合印发的《“十四五”国家药品安全及促进高质量发展规划》提出，要加强智慧监管体系和能力建设，建立健全药品信息化追溯体系，推进药品全生命周期数字化管理，建立健全药品监管信息化标准体系，提升“互联网+药品监管”应用服务水平。要推进智慧监管工程，加强国家药品监管大数据应用，加强国家药品追溯协同服务及监管，健全药品、医疗器械和化妆品基础数据库。

新时代，高品质生活、高质量发展、高水平安全、高效能治理、高标准开放对食品药品安全智慧治理提出了更高的要求。亚里士多德指出：“智慧不仅仅存在于知识之中，而且还存在于运用知识的能力中。”马克思指出：“哲学家们只是用不同的方式解释世界，而问题在于改变世界。”在这里，需要永远记住的是，推进食品药品安全智慧治理，既需要仰望星空的思想派，更需要脚踏实地的行动派。唯有行动，才有价值；唯有行动，才有力量。

社会不是以法律为基础的。那是法学家们的幻想。相反的，法律应当以社会为基础。法律应当是社会共同的，有一定物质生产方式所产生的利益和需要的表现，而不是单个的个人恣意横行。

——马克思

法典的背后有强大的思想运动。

——弗里德曼

有效应对这些风险挑战，在日趋激烈的国际竞争中赢得战略主动，需要我们进一步全面深化改革，用完善的制度防范化解风险、有效应对挑战，在危机中育新机、于变局中开新局。

——习近平

第十六章 食品药品安全依法治理理念

法治是治国理政的基本方式。1997 年 9 月党的十五大报告提出“依法治国，建设社会主义法治国家”这一重大战略。2014 年 10 月习近平总书记强调：“推进国家治理体系和治理能力现代化，必须坚持依法治国，为党和国家事业发展提供根本性、全局性、长期性的制度保障。我们提出全面推进依法治国，坚定不移厉行法治，一个重要意图就是为子孙万代计、为长远发展谋。”2021 年 11 月习近平总书记强调：“要坚定不移走中国特色社会主义法治道路，以解决法治领域突出问题为着力点，更好推进中国特色社会主义法治体系建设，提高全面依法治国能力和水平，为全面建设社会主义现代化国家、实现第二个百年奋斗目标提供有力法治保障。”在食品药品安全领域，全面贯彻依法治国的基本方略，就是以法治思维和法治方式，将食品药品安全治理各项工作纳入法治的轨道，充分发挥法律对食品药品安全工作的规范、保障、助推和引领作用，加快建立食品药品安全法治秩序，实现食品药品安全长治久安。

人类对于法律的认识大体可以分为三个层次：一是“法上法”，即理念层次意义上的法律，强调法的核心价值；二是“法中法”，即规则层次意义上的法律，强调法的规范作用；三是“法外法”，即社会层次意义上的法律，强调法的社会功能。当今中国的食品药品安全治理，是在市场经济、民主政治、法治国家、和谐社会和科技时代的大舞台上展开的。法律以其规范性、普遍性、统一性和稳定性，成为社会治理的主要手段。奉法者弱则国弱，奉法者强则国强。法治是人类社会进入现代文明的重要标志。今天，法律对于社会经济生活的调控和影响，无论是深度，还是广度，都有了空前的飞跃。

法治思维，是现代人的基本思维，体现了现代人对人类文明的尊重、对集体意志的敬畏和对自身人格的爱护。法治是制度之治最基本、最稳定、最可靠的保障。法治具有固根本、稳预期、利长远的作用。2014 年 10 月《中共中央关于全面推进依法治国若干重大问题的决定》提出：“坚持依法治国、依法执政、依法行政共同推进，坚持法治国家、法治政府、法治社会一体建设，实现科学立法、严格执法、公正司法、全民守法，促进国家治理体系和治理能力现代化。”党的二十大报告提出“在法治轨道上全面建设社会主义现代化国家”“全面推进国家各方面工作法治化”。坚守食品药品安全依法治理理念，需要科学把握以下重要关系。

一、科学立法与严格执法的关系

法律是公共幸福的制度安排。2017 年 10 月习近平总书记强调：“全面依法治国是国家治理的一场深刻革命，必须坚持厉行法治，推进科学立法、严格执法、公正司法、全民守法。”2019 年 10 月 31 日，习近平总书记在党的十九届四中全会第二次全体会议上强调：“在实际工作中，必须突出坚持和完善支撑中国特色社会主义制度的根本制度、基本制度、重要制度，着力固根基、扬优势、补短板、强弱项，构建系统完备、科学规范、运行有效的制度体系。”21 世纪以来，我国坚持重大民生领域立法先行，持续加快推进食品药品安全领域立法，食品药品安全法治工作取得重大进步。一是法律法规体系已经建立并持续完善。陆续制修订了《食品安全法》《药品管理法》《疫苗管理法》《医疗器械监督管理条例》《化妆品监督管理条例》等法律法规。二是确立了监管工作的基本原则。《食品安全法》首开先河，确立“预防为主、风险管理、全程控制、社会共治”的基本原则。《药品管理法》《疫苗管理法》《医疗器械监督管理条例》予以传承发展。三是确立了持有人对产品全生命周期质量安全的监管责任。《药品管理法》强化了药品上市许可持有人作为“出品人”对产品全生命周期、全产业链条的风险管理责任。《疫苗管理法》《医疗器械监督管理条例》《化妆品监督管理条例》坚守这一制度设计的精髓与要义。四是加大了对违法犯罪行为的处罚力度。对故意实施违法行为的单位法定代表人、主要负责人、直接负责的主管人员和其他责任人员，给予严厉处罚。

法律必须紧紧跟上人类思想进步。美国法学家哈罗德·伯尔曼（Harold J. Berman，1918 年—2007 年）指出：“没有信仰的法律将退化成为僵死的教条。”新时代的食品药品安全法律制度坚持以人民为中心的发展思想，在立法理念、核心价值、制度体系上坚守信仰、守正创新、与时俱进。一是在立法目的上，将促进公众健康与保护公众健康相结合。《药品管理法》在立法宗旨中庄严宣告“保护和促进公众健康”。二是在保障任务上，将保障数量安全与保障质量安全相结合。《药品管理法》规定，药品管理应当“全面提升药品质量，保障药品的安全、有效、可及”。同时规定了国家实行药品储备制度、基本药物制度、短缺药品清单管理制度等。没有数量的质量与没有质量的数量，都是药品安全领域不可接受的风险。三是在规范事项上，将信息安全与产品安全相结合。如药品应当安全、有效和质量可控，信息应当真实、准确、完整和可追溯。产品的标签、说明书、广告、宣传都应当符合信息的基本要求。四是在管理内容上，将队伍管理与产品管理相结合。人是管理的第一要素。《药品管理法》《疫苗管理法》《医疗器械监督管理条例》在强化相关产品管理的同时，明确提出建立职业化专业化检查员队伍。五是在责任追究上，将个人责任与单位责任相结合。相关法律在规定单位承担法律责任的同时，引入关键责任人责任制度，规定了对单位法定代表人、主要负责人、直接负责的主管人员和其他责任人员进行处罚。六是在民事赔偿上，将惩罚性赔偿与补偿性赔偿相结合。如《药品管理法》规定，生产假药、劣药或者明知是假药、劣药仍然销售、使用的，受害人或者其近亲属除请求赔偿损失外，还可以请求支付价款十倍或者损失三倍的赔偿金；增加赔偿的金额不足一千元的，为一千元。

法律必须为明天的成长做准备。法律自公布之日起即与时代渐行渐远，法律必须具有与时俱进的张力。在当代，社会对立法的关注已不再仅仅是法律的数量如何扩张，而是法律的品质如何升华，即法律体现着何种意志、代表着何种方向、追求着何种价值。法为天下之公器，成为天下之公理。全面提升我国食品药品监管工作的科学化、法治化、国际化、现代化水平，必须按照科学立法、民主立法、依法立法的要求，坚持问题导向、坚持国际视野、坚持立足国情、坚持改革创新、坚持科学发展，追求理念现代、价值和谐、体系科学、制度完备、机制健全，使食品药品安全法律制度始终洋溢着时代气息。一要坚持新发展理念。着力使法律制度紧紧跟上时代的步伐，及时回应新技术、新材料、新工艺、新产品、新业态、新模式发展的迫切需要，进一步增强其前瞻性、敏锐性、灵活性和适应性。二要坚持高质量发展。正确处理数量与质量、原则和具体、国际与本土的关系，切实把立法的重点放在提高质量上来，在保持法律制度张力的同时，对法律制度进行精雕细刻，进一步增强立法工作的针对性、靶向性、灵活性和实操性。三要坚持高效能治理。正确处理制度与机制、方式的关系，强化制度运行的机制、方式等生态保障，进一步增强制度运行的内生力量，使“纸面上的法律”更好地转化为“行动中的法律”。

法律的权威来自人民的内心拥护和真诚信仰。习近平总书记强调："领导干部要把对法治的尊崇、对法律的敬畏转化成思维方式和行为方式，做到在法治之下、而不是法治之外、更不是法治之上想问题、作决策、办事情。"社会主义法治是党的意志、国家的意志和人民的意志的有机统一。在社会主义国家，人民是国家的主人，也是法律的主人。坚持法律至上，就是要以法律规则作为行为准绳，严格按照法律规则办事，在法律面前不搞特殊、不搞例外、不搞变通，使各项工作始终严格在法治的轨道上运行。在社会主义国家，在科学立法与严格执法之间，铺架着深入普法和自觉守法的一座桥梁。将法律交给人民，是社会主义法治的鲜明特色。《食品安全法》规定，各级人民政府应当加强食品安全的宣传教育，普及食品安全知识，鼓励社会组织、基层群众性自治组织、食品生产经营者开展食品安全法律、法规以及食品安全标准和知识的普及工作，倡导健康的饮食方式，增强消费者食品安全意识和自我保护能力。新闻媒体应当开展食品安全法律、法规以及食品安全标准和知识的公益宣传，并对食品安全违法行为进行舆论监督。《药品管理法》规定，各级人民政府及其有关部门、药品行业协会等应当加强药品安全宣传教育，开展药品安全法律法规等知识的普及工作。新闻媒体应当开展药品安全法律法规等知识的公益宣传，并对药品违法行为进行舆论监督。食品药品企业是食品药品安全的第一责任人，应当严格执行法律法规，确保食品药品安全。《食品安全法》规定，食品生产经营者应当依照法律、法规和食品安全标准从事生产经营活动，保证食品安全。《药品管理法》规定，从事药品研制、生产、经营、使用活动，应当遵守法律、法规、规章、标准和规范，保证全过程信息真实、准确、完整和可追溯。

法律的生命力和权威性在于有效实施。近年来，党中央多次强调，要用最严谨的标准、最严格的监管、最严厉的处罚、最严肃的问责，确保公众饮食用药安全。只有严格、规范、公正、文明执法，才能保障法律的有效实施。严格是执法的基本要求，规范是执法的行为准则，公正是执法的价值取向，文明是执法的职业素养。要坚持以事实为根据，以法律为准绳，坚守法治精神，切实做到有法必依、执法必严、违法必究，维护法律权威和尊严；要坚持法律面前人人平等，规范自由裁量权，防止出现"选择性执法""倾向性执法"，同事不同责，同案不同罚，处罚畸重畸轻，显失公平公正等现象；要坚持以人为本、执法为民的理念，尊重行政相对人的合法权益，将处罚与教育、执法与服务有机结合，做到执法理念端正、执法权责明确、执法程序完备、执法信息公开、执法高效便民。同时，必须看到，法是昨天的故事、今天的知识、明天的梦想。执法是检验立法缺陷的实践，将执法中发现的问题及时在立法中改进，这是一个向着明天的梦想螺旋式进步的过程。

二、保障自由与强化自律的关系

法的理念是自由。古希腊数学家、哲学家毕达哥拉斯（Pythagoras，公元前580年至前570年之间—约公元前500年）指出："不能制约自己的人，不能称之为自由人。"英国政治哲学家托马斯·霍布斯（Thomas Hobbes，1588年—1679年）指出："自由和权利是相对的，只有在社会契约的框架内才能得到真正的保障。"荷兰哲学家巴鲁赫·德·斯宾诺莎（Baruch de Spinoza，1632年—1677年）指出："理性能使人自由。""有理智的人在一般法律体系中生活比在无拘无束的孤独中更为自由。"法国启蒙思想家、哲学家卢梭指出："人生而自由，但却无时无刻不在枷锁之中。"德国哲学家黑格尔指出："精神的最高表现是自由。""纪律是自由的第一条件。"法国思想家、文学家罗曼·罗兰（Romain Rolland，1866年—1944年）指出："一个人的绝对自由是疯狂，一个国家的绝对自由是混乱。"英国浪漫主义诗人、文艺批评家、湖畔派代表塞缪尔·泰勒·柯勒律治（Samuel Taylor Coleridge，1772年—1834年）指出："民主是在静脉和动脉中循环的健康血液，肌体的正常功能靠它维持，但它决不应出轨，就像血不能流出脉管一样。"立法的目的不是限制自由，而是为自由划定边界，让人们在自由的天地里自由地工作和生活。

自由就是做法律许可范围内的事情的权利。康德指出："自由不是想干什么就干什么，而是不想干什么就不干什么。"在文明社会，相对的自由是自由的真谛，绝对的自由是自由的终结。相对的自由是真正的自由、现实的自由，绝对的自由是虚幻的自由、妄想的自由。权利是自由的法律界定。在法治社会，食品药品企业享有广泛的权利和自由，同时也必须承担法定的义务和责任。如《食品安全法》规定，实行统一配送经营方式的食品经营企业，可以由企业总部统一查验供货者的许可证和食品合格证明文件，进行食品进货查验记录。对因标签、标志或者说明书不符合食品安全标准而被召回的食品，食品生产者在采取补救措施且能保证食品安全的情况下可以继续销售；销售时应当向消费者明示补救措施。食品生产企业可以自行对所生产的食品进行检验，也可以委托符合规定的食品检验机构进行检验。消费者通过网络食品交易第三方平台购买食品，其合法权益受到损害的，可以向入网食品经营者或者食品生产者要求赔偿。《药品管理法》规定，药品上市许可持有人可以自行生产药品，也可以委托药品生产企业生产。药品上市许可持有人可以自行销售其取得药品注册证书的药品，也可以委托药品经营企业销售。经国务院药品监督管理部门批准，药品上市许可持有人可以转让药品上市许可。经国务院药品监督管理部门或者省、自治区、直辖市人民政府药品监督管理部门批准，医疗机构配制的制剂可以在指定的医疗机构之间调剂使用。因药品质量问题受到损害的，受害人可以向药品上市许可持有人、药品生产企业请求赔偿损失，也可以向药品经营企业、医疗机构请求赔偿损失。

自律是实现自由的第一条件。自律比放纵更接近自由。对于企业来讲，没有自律，就没有自由；而抛弃自律，则丧失自由。只有高度的自律，才能有高度的自由。企业不仅具有经济属性，同时也具有社会属性。在任何时代，企业都不能脱离社会而存在、背离民众而发展。企业是食品药品的生产经营者，其法治意识、责任意识、安全意识、诚信意识、自律意识，直接关系着食品药品安全工作的成败。《食品安全法》规定，食品生产经营者应当依照法律、法规和食品安全标准从事生产经营活动，保证食品安全，诚信自律，对社会和公众负责，接受社会监督，承担社会责任。食品行业协会应当加强行业自律，按照章程建立健全行业规范和奖惩机制，提供食品安全信息、技术等服务，引导和督促食品生产经营者依法生产经营，推动行业诚信建设，宣传、普及食品安全知识。《药品管理法》规定，药品行业协会应当加强行业自律，建立健全行业规范，推动行业诚信体系建设，引导和督促会员依法开展药品生产经营等活动。《医疗器械监督管理条例》规定，医疗器械行业组织应当加强行业自律，推进诚信体系建设，督促企业依法开展生产经营活动，引导企业诚实守信。《化妆品监督管理条例》规定，化妆品生产经营者应当依照法律、法规、强制性国家标准、技术规范从事生产经营活动，加强管理，诚信自律，保证化妆品质量安全。化妆品行业协会应当加强行业自律，督促引导化妆品生产经营者依法从事生产经营活动，推动行业诚信建设。

自律是成熟、强大与自信的表现。食品药品是关系公众身体健康和生命安全的特殊产品。生命健康的至高无上性要求食品药品企业必须做到以下四点。一是敬畏公共利益。公共利益虽然没有个人利益那么直接和具体，但公共利益往往比个人利益更加持久，更具威慑力和震撼力。对于公共利益，任何企业都应当怀有敬畏之心。二是承担社会责任。生产经营符合法律和标准要求的食品药品，是企业应尽的法律责任，是企业必须履行的强制义务。而生产经营更高质量、更有营养、更富美味的食品和更高质量的药品，则是企业所应承担的社会责任。在履行法律责任的同时，企业应当追求更高的境界，承担更大的社会责任。三是追求安全发展。安全应当成为所有利益相关者共同的利益基础和共同的价值追求。离开安全讲发展，就不是真正意义上的发展，或者说，就不是长久意义上的发展。为夯实安全责任，《药品管理法》强调，药品上市许可持有人的法定代表人、主要负责人对药品质量全面负责。药品生产企业的法定代表人、主要负责人对本企业的药品生产活动全面负责。药品经营企业的法定代表人、主要负责人对本企业的药品经营活动全面负责。四是履行公民义务。任何组织都是社会的重要成员。食品药品企业应当履行企业公民的责任，积极寻求企业发展与社会和谐的契合点，在获取经济利益的同时，通过多种方式积极回报社会，为社会的发展与进步做出应有的贡献。

三、法治思维与法治方式的关系

2012 年 11 月党的十八大报告提出："提高领导干部运用法治思维和法治方式深化改革、推动发展、化解矛盾、维护稳定能力。"2013 年 2 月习近平总书记强调："各级领导机关和领导干部要提高运用法治思维和法治方式的能力，努力以法治凝聚改革共识、规范发展行为、促进矛盾化解、保障社会和谐。"2019 年 10 月《中共中央关于坚持和完善中国特色社会主义制度推进国家治理体系和治理能力现代化若干重大问题的决定》提出："各级党和国家机关以及领导干部要带头尊法学法守法用法，提高运用法治思维和法治方式深化改革、推动发展、化解矛盾、维护稳定、应对风险的能力。"

必须在法律轨道上推进食品药品安全工作。法治思维，通常是指按照法治的理念、精神、原则、逻辑对事物和问题进行认识、分析、处理的一种思维。法治方式，通常是指在法律思维的指引下按照法律规则和程序处理事物和问题的实践活动。法治思维和法治方式紧密相连、相互促进。法治思维属于思想认识范畴，法治方式属于实践活动范畴。法治思维内在决定法治方式，法治方式外化体现法治思维。2016 年 8 月习近平总书记强调："要贯彻食品安全法，完善食品安全体系，加强食品安全监管，严把从农田到餐桌的每一道防线。"2021 年 2 月习近平总书记强调："全面加强药品监管能力建设，要坚持人民至上、生命至上，深化审评审批制度改革，推进监管创新，加强监管队伍建设，建立健全科学、高效、权威的药品监管体系，坚决守住药品安全底线。"

必须让鼓励、支持、促进的法律政策落地生根。法律作为一种规则，是有关允许、鼓励、限制和禁止行为人行为的一般性要求。食品药品安全法律法规规定了许多鼓励、支持、促进措施，导引各方向着更好的目标前行。法律所确立的鼓励、支持、促进措施，具有鲜明的政策导向。对于这些措施，应当加快制定配套规章制度予以有力推进。如《食品安全法》规定，鼓励食品生产企业制定严于食品安全国家标准或者地方标准的企业标准；鼓励和支持食品生产加工小作坊、食品摊贩等改进生产经营条件，进入集中交易市场、店铺等固定场所经营，或者在指定的临时经营区域、时段经营；鼓励食品生产经营者采用信息化手段采集、留存生产经营信息，建立食品安全追溯体系；鼓励食品规模化生产和连锁经营、配送；鼓励食品生产经营企业参加食品安全责任保险；鼓励食品生产经营企业符合良好生产规范要求，实施危害分析与关键控制点体系，提高食品安全管理水平；鼓励使用高效低毒低残留农药。《药品管理法》规定，鼓励研究和创制新药；鼓励运用现代科学技术和传统中药研究方法开展中药科学技术研究和药物开发，建立和完善符合中药特点的技术评价体系，促进中药传承创新；鼓励培育道地中药材；鼓励儿童用药品的研制和创新，支持开发符合儿童生理特征的儿童用药品新品种、剂型和规格，对儿童用药品予以优先审评审批；鼓励、引导药品零售连锁经营；鼓励短缺药品的研制和生产，对临床急需的短缺药品、防治重大传染病和罕见病等疾病的新药予以优先审评审批。上述鼓励、支持、促进措施，体现了法律的价值导向，应当通过具体制度安排，保障其落地生根、开花结果。

必须采取坚决手段确保有令必行、有禁必止。法律是以国家强制力作为实施保障的行为规范。对于法律规定的各项禁止要求，必须做到有令必行、有禁必止。《食品安全法》规定了禁止生产经营的食品、食品添加剂、食品相关产品。同时，其也规定了多项“不得”的要求，如除食品安全标准外，不得制定其他食品强制性标准；不得将食品与有毒、有害物品一同贮存、运输；生产经营的食品中不得添加药品，但是可以添加按照传统既是食品又是中药材的物质；患有国务院卫生行政部门规定的有碍食品安全疾病的人员，不得从事接触直接入口食品的工作；不得采购或者使用不符合食品安全标准的食品原料、食品添加剂、食品相关产品；不得使用国家明令禁止的农业投入品；服务提供者不得采购不符合食品安全标准的食品原料；餐饮服务提供者不得使用未经清洗消毒的餐具、饮具；消费者组织不得以收取费用或者其他牟取利益的方式向消费者推荐食品；食品和食品添加剂的标签、说明书，不得含有虚假内容，不得涉及疾病预防、治疗功能；食品广告不得含有虚假内容，不得涉及疾病预防、治疗功能；保健食品的标签、说明书不得涉及疾病预防、治疗功能；任何单位和个人不得对食品安全事故隐瞒、谎报、缓报，不得隐匿、伪造、毁灭有关证据；任何单位和个人不得阻挠、干涉食品安全事故的调查处理；举报人举报所在企业的，该企业不得以解除、变更劳动合同或者其他方式对举报人进行打击报复；认证机构实施跟踪调查不得收取费用；复检机构与初检机构不得为同一机构；复检不得采用快速检测方法；不具备相应知识和能力的，不得从事食品安全执法工作。《药品管理法》规定了多项有关禁止、不得的要求，如禁止进口疗效不确切、不良反应大或者因其他原因危害人体健康的药品；禁止药品上市许可持有人、药品生产企业、药品经营企业和医疗机构在药品购销中给予、收受回扣或者其他不正当利益；禁止药品上市许可持有人、药品生产企业、药品经营企业或者代理人以任何名义给予使用其药品的医疗机构的负责人、药品采购人员、医师、药师等有关人员财物或者其他不正当利益；禁止医疗机构的负责人、药品采购人员、医师、药师等有关人员以任何名义收受药品上市许可持有人、药品生产企业、药品经营企业或者代理人给予的财物或者其他不正当利益；禁止生产、销售、使用假药、劣药；禁止未取得药品批准证明文件生产、进口药品；禁止使用未按照规定审评、审批的原料药、包装材料和容器生产药品；不符合国家药品标准的，不得放行；无药品生产许可证的，不得生产药品；无医疗机构制剂许可证的，不得配制制剂；生产、检验记录应当完整准确，不得编造；不符合国家药品标准的，不得出厂；无药品经营许可证的，不得经营药品；医疗机构配制的制剂不得在市场上销售；无进口药品通关单的，海关不得放行；未经检验或者检验不合格的，不得销售或者进口；已被注销药品注册证书的药品，不得生产或者进口、销售和使用；药品广告不得含有表示功效、安全性的断言或者保证；不得利用国家机关、科研单位、学术机构、行业协会或者专家、学者、医师、药师、患者等的名义或者形象作推荐、证明；非药品广告不得有涉及药品的宣传。上述有关禁止、不得的规定，是行为人不得触碰的底线、红线、高压线。行为人必须增强底线思维、红线思维，严格遵守法律、法规、标准和规范，确保生产经营活动的持续合规。

必须确保在法治的轨道上推进重大改革。如何处理改革与法治的关系，是衡量一个政党是否真正厉行法治的试金石。习近平总书记强调："要坚持改革决策和立法决策相统一、相衔接，立法主动适应改革需要，积极发挥引导、推动、规范、保障改革的作用，做到重大改革于法有据，改革和法治同步推进，增强改革的穿透力。”“在整个改革过程中，都要高度重视运用法治思维和法治方式，发挥法治的引领和推动作用，加强对相关立法工作的协调，确保在法治轨道上推进改革。”2015 年 8 月《国务院关于改革药品医疗器械审评审批制度的意见》规定，提高药品审批标准，开展药品上市许可持有人制度试点，要在依照法定程序取得授权后开展。2015 年 11 月根据《全国人民代表大会常务委员会关于授权国务院在部分地方开展药品上市许可持有人制度试点和有关问题的决定》，国务院药品监督管理部门在十个省、直辖市开展药品上市许可持有人制度试点工作。2017 年 10 月《中共中央办公厅 国务院办公厅印发〈关于深化审评审批制度改革鼓励药品医疗器械创新的意见〉》规定：“坚持运用法治思维和法治方式推进改革，不断完善相关法律法规和制度体系，改革措施涉及法律修改或需要取得相应授权的，按程序提请修改法律或由立法机关授权后实施。”近年来，国务院药品监管部门坚持以法治思维和法治方式深化改革，驰而不息地推进立改废释工作，确保各项重大改革始终在法治轨道上运行。

世界上最宽阔的是海洋，比海洋更宽阔的是天空，比天空更宽阔的是人的胸怀。

——雨果

发展是人类社会的永恒主题。共享发展是建设美好世界的重要路径。

——习近平

人类正处在大发展大变革大调整时期。世界多极化、经济全球化深入发展，社会信息化、文化多样化持续推进，新一轮科技革命和产业革命正在孕育成长，各国相互联系、相互依存，全球命运与共、休戚相关，和平力量的上升远远超过战争因素的增长，和平、发展、合作、共赢的时代潮流更加强劲。

——习近平

第十七章　食品药品安全全球治理理念

在食品药品安全治理理念中，全球治理主要解决的是治理格局与胸怀的问题。当今的世界是个开放的世界，人类的命运更加紧密相连。食品药品正在加快全球流通，保障食品药品安全已成为全人类共同的重大责任。据联合国粮食及农业组织报告，2023 年全球食品进口额达到 2 万亿美元，同比增长 1.8%。据中国食品土畜进出口商会信息，2023 年中国食品进口额为 1 401.8 亿美元，同比下降 1.1%。据华经产业研究院数据，2023 年中国食品出口额为 765.2 亿美元，同比增长 0.6%。据中国医药创新促进会发布的报告，2023 年全球药品贸易额为 5 819.7 亿美元。根据中国海关统计数据，2023 年，中国药品进口额为 933.09 亿美元，同比增长 2.4%；出口额为 1 020.56 亿美元，同比下降 20.68%。据 QYR（恒州博智）分析，2023 年全球医疗器械销售额为 6 033.5 亿美元。据中国医药保健品进出口商会信息，2023 年中国医疗器械进口额为 37.05 亿美元，同比下降 0.77%；出口额为 455.25 亿美元，同比下降 22.80%。据中国医药保健品进出口商会信息，2023 年中国化妆品进口额为 179.4 亿美元，同比下降 19.4%；出口额为 65.1 亿美元，同比增长 16.7%。国际食品药品贸易已成为全球贸易的极为重要的组成部分。

2017 年 1 月 18 日，习近平主席在联合国日内瓦总部演讲时指出："人类正处在大发展大变革大调整时期。世界多极化、经济全球化深入发展，社会信息化、文化多样化持续推进，新一轮科技革命和产业革命正在孕育成长，各国相互联系、相互依存，全球命运与共、休戚相关，和平力量的上升远远超过战争因素的增长，和平、发展、合作、共赢的时代潮流更加强劲。" 2017 年 12 月 1 日，习近平主席在中国共产党与世界政党高层对话会上提出："我们应该坚持世界是丰富多彩的、文明是多样的理念，让人类创造的各种文明交相辉映，编织出斑斓绚丽的图画，共同消除现实生活中的文化壁垒，共同抵制妨碍人类心灵互动的观念纰缪，共同打破阻碍人类交往的精神隔阂，让各种文明和谐共存，让人人享有文化滋养。”2013年3月23日，习近平主席在莫斯科国际关系学院发表题为《顺应时代前进潮流　促进世界和平发展》的演讲，首次提出人类命运共同体的理念。习近平主席指出：“这个世界，各国相互联系、相互依存的程度空前加深，人类生活在同一个地球村里，生活在历史和现实交汇的同一个时空里，越来越成为你中有我、我中有你的命运共同体。”2023年1月24日，习近平主席在向拉美和加勒比国家共同体第七届峰会作视频致辞时强调：“当前，世界进入新的动荡变革期，只有加强团结合作才能共迎挑战、共克时艰。”2023年2月14日，习近平主席在与来华进行国事访问的伊朗总统莱希举行会谈时强调：“中国正在以中国式现代化全面推进中华民族伟大复兴，坚定不移推动高质量发展和高水平开放，坚定不移维护世界和平、促进共同发展。”2023年7月3日，习近平主席向第三届文明交流互鉴对话会暨首届世界汉学家大会致贺信时强调：“在人类历史的漫长进程中，世界各民族创造了具有自身特点和标识的文明。不同文明之间平等交流、互学互鉴，将为人类破解时代难题、实现共同发展提供强大的精神指引。”“中方愿同各方一道，弘扬和平、发展、公平、正义、民主、自由的全人类共同价值，落实全球文明倡议，以文明交流超越文明隔阂、文明互鉴超越文明冲突、文明包容超越文明优越，携手促进人类文明进步。”2023年7月10日，习近平主席向全球共享发展行动论坛首届高级别会议致贺信时强调：“当今世界，百年变局加速演进，世界经济复苏艰难，全球发展议程面临挑战。”“发展是人类社会的永恒主题。共享发展是建设美好世界的重要路径。作为最大的发展中国家，中国始终将自身发展置于人类发展的坐标系，以自身发展为世界发展创造新机遇。中国将进一步加大对全球发展合作的资源投入，同国际社会一道，持续推进全球发展倡议走深走实，为如期实现联合国2030年可持续发展目标、推动构建人类命运共同体作出新贡献。”2024年10月15日习近平主席向美中关系全国委员会2024年度颁奖晚宴致贺信时强调：“开放是中国式现代化的鲜明标识，中国开放的大门只会越开越大。中国将加大制度型开放力度，持续建设国际化一流营商环境，发挥超大市场优势和内需潜力，为中美合作带来更多机遇。”2024年12月3日习近平主席向2024年“读懂中国”国际会议（广州）致贺信时指出：“今天的中国正在加快构建高水平社会主义市场经济体制，稳步扩大制度型开放，主动对接国际高标准经贸规则，积极打造透明稳定可预期的制度环境。中国式现代化建设，既能满足14亿人民对美好生活的向往，也将为世界和平发展作出新的更大贡献。”多年前，未来学家约翰·奈斯比特（John Naisbitt，1929年—2021

年）指出："根据我们的判断，未来几十年里，单一的大趋势将转变为系统的、整体的、全球性的变革。不管是在政治意义上、经济意义上、社会意义上，还是规则或程序上均是如此，而且所有变革的速度将会加快。人们必须开放思维，在全球新的背景和规则下，从社会生活的各个层面来思考这些变革。"坚守食品药品安全全球治理理念，需要科学把握以下重要关系。

一、借鉴经验与贡献智慧的关系

改革开放以来，特别是新时代以来，我国食品药品产业和食品药品安全监管工作都取得了突破性进展，实现了历史性跨越。今天，我国已是全球食品药品的生产大国、消费大国，也是全球食品药品安全监管国际交流与合作的重要参与者、推动者和贡献者。

食品药品领域是我国对外开放较早的领域之一。党的十一届三中全会确立了我国对内改革、对外开放的基本国策。食品药品领域是我国吸引外资较早的领域。1980 年 5 月 1 日，我国批准设立第一家中外合资食品企业——北京航空食品有限公司。当时，中国民用航空北京管理局出资 300 万元，占股 51%，以香港伍沾德先生为代表的香港中国航空食品有限公司出资 288 万元，占股 49%。1981 年 4 月 21 日，我国批准设立第一家中外合资药品企业——中国大冢制药有限公司。该公司由中国医药集团总公司所属中国医药工业公司及中国医药对外贸易公司与日本大冢制药株式会社共同投资建设，中日双方各占 50%股份。食品药品领域设立外商投资企业，包括中外合资企业、中外合作企业和外商独资企业，不仅引进了大量资本和技术，也引进了大量专业人员和管理经验，促进了我国食品药品产业的快速发展。经过十几年的发展，我国制药企业已成为全球生物医药领域的新兴力量。近年来，我国医疗健康产业投融资总额全球占比超过了 30%。

药品医疗器械审评审批制度改革助力我国药械产业快速成长。2015 年，我国启动药品医疗器械审评审批制度改革，医药研发创新活力迸发，我国在世界药品市场和药品研发创新中的排名持续上升。2022 年 5 月 17 日，全球医药智库信息平台 Informa Pharma Intelligence 发布《2022 年医药研发趋势年度分析》白皮书。其数据显示，2022 年伊始全球研发管线数量已突破 2 万大关，较 2021 年增长了 8.22%。在 2022 年全球研发管线规模排行榜中，江苏恒瑞医药股份有限公司和上海复星医药（集团）股份有限公司分别以第 16 名和第 23 名的位次跻身前列，百济神州（北京）生物科技有限公司位居第 26 名，中国药企医药研发已踏上了高速发展的轨道。截至 2022 年年初，中国药品研发数量占全球的 20.8%，医药研发已进入了一个蓬勃发展的时期。2022 年 6 月 10 日，美国制药经理人杂志 *Pharm Exec* 公布 2022 年度《全球制药企业 50 强》排行榜（主要依据各家药企的 2021 财年处方药销售收入进行排名），4 家中国制药企业进入了全球药企 50 强榜单，江苏恒瑞医药股份有限公司排名上升至第 32 位，中国生物制药有限公司排名第 40 位，上海医药集团股份有限公司排名第 41 位，石药控股集团有限公司排名第 43 位。

食品药品领域是我国国际交流合作较为活跃的领域。在食品安全领域，我国于 1984 年加入国际食品法典委员会（Codex Alimentarius Commission，CAC）；2006 年，我国成为国际食品添加剂和农药残留两个法典委员会主席国。我国积极承办食品安全国际会议。如 2004 年 11 月在北京成功举办全球食品安全论坛，450 位代表参加会议，对推动我国加强食品安全国际合作和交流起到了重要作用。2007 年 11 月我国成功举办国际食品安全高层论坛，发表《北京食品安全宣言》，敦促世界各国进一步加强食品安全国际交流与合作。多年来，中国食品科学技术学会与国际食品科技联盟共同主办“国际食品安全与健康大会”，以全球视野审视科学技术发展给食品安全治理带来的深刻变革，努力寻求破解全球食品安全问题的最佳方案。在药品安全领域，我国多次举办国际药品监管相关会议。国家药品监督管理局与商务部已共同主办多期“一带一路”国家药品监管与发展合作研讨会，多个国家和地区的卫生和药品监管机构相关官员和专家参加了研讨会。2021 年 9 月，中国食品药品国际交流中心成功主办第十二届中国医疗器械监督管理国际会议（CIMDR），就全球医疗器械监管领域的重大问题进行广泛深入的交流。

我国在国际药品监管规则制定中日益发挥重要作用。随着全球化、信息化步伐的加快，全球药品监管规则的趋同、协调、互信步伐也不断加快。我国已加入国际药品监管机构联盟（International Coalition of Medicines Regulatory Authorities，ICMRA）、ICH、IMDRF 等相关组织，并积极参与其相关规则的制定。2015 年 5 月，中国药监机构正式加入 ICMRA，全面参与 ICMRA 对监管趋同、协调和标准制定等战略的制定。2017 年 6 月，中国药监机构加入 ICH，2018 年 6 月成为管理委员会成员，先后派出 60 多名专家全面参与 ICH 正在协调的 32 个议题的研究和讨论。2013 年，中国药监机构正式加入 IMDRF。在 2019 年 IMDRF 第 16 次管理委员会会议上，中国牵头的临床评价工作组《临床证据——关键定义和概念》

《临床评价》《临床研究》三份指南文件被正式批准成为国际指南。中国积极为国际药品医疗器械监管规则的制定与完善贡献中国智慧和力量。在 2023 年 2 月，中国药监局分管局领导担任新一届全球医疗器械法规协调会（Global Harmonization Working Party，GHWP）主席。必须看到，积极参与国际监管规则的制定是制药大国的标配和制药强国的担当，应当组织和动员更多资源和力量积极参与国际监管规则的制定，努力推动全球监管的趋同、协调和互信。

我国药品监管改革创新引发世界的广泛关注。从 2015 年开始，我国启动了药品医疗器械审评审批制度改革，受到国际社会的广泛关注和积极评价。有关媒体指出，中国药品审评审批制度改革不断深化，“救命药”优先审评审批政策不断完善和落实，整个监管流程大幅提速，这使得在中国上市的创新药物数量持续攀升，也吸引了全球各大药企不断加大在华研发创新投入。2019 年 11 月麦肯锡咨询公司发布的医药年度报告《通往创新的桥梁》指出，中国国家药品监督管理局的持续改革引来新药上市高潮，上市滞后时间显著缩短，本土医药创新方兴未艾。中国正在成为全球药品市场增长的主要贡献者，未来中国药品市场对全球业务的战略重要性将不断上升，中国在全球药品研发中的作用将有望提升。2020 年 9 月，Torreya 公司发布的《全球 1000 强药企报告》指出，全球制药产业价值正逐步转向中国。在前 100 强医药企业中，中国占据了 21 家，而在整个 1000 强医药企业中，中国占据了 208 家。有 3 家中国药企进入全球药企 30 强，分别为第 21 名的江苏恒瑞医药股份有限公司、第 27 名的扬子江药业集团有限公司、第 30 名的石药控股集团有限公司。2021 年 3 月，中国医药创新促进会、中国外商投资企业协会药品研制和开发行业委员会联合发布的《构建中国医药创新生态系统系列报告第一篇：2015—2020 年发展回顾及未来展望》指出：2020 年，以研发管线产品数量衡量，中国对全球贡献占比已达到 13.9%。中国医药创新在研发管线和上市新药的数量指标上位居全球“第二梯队”前列。2022 年 6 月 1 日，国家药品监督管理局药品审评中心发布的《2021 年度药品审评报告》显示，2021 年审评通过 47 个创新药，再创历史新高。截至 2024 年 12 月 31 日，中国已批准创新药 190 个，创新医疗器械 315 个。

我国药品监管改革发展道路日益得到国际业界的广泛认同。2019 年 1 月，国家药品监督管理局提出药品监管的科学化、法治化、国际化和现代化的发展道路。2019 年 4 月，国家药品监督管理局启动了中国药品监管科学行动计划，决定围绕药品审评审批制度改革，密切跟踪国际药品监管前沿，通过监管工具、标准、方法等创新，有效解决影响和制约我国药品监管的突出问题，全面提升药品监管的现代化水平。中国药品监管科学行动计划的实施正在稳步向前推进。2019年10月，国家药品监督管理局与世界卫生组织签署“合作意向书”，双方将合作加强监管能力和体系的建设。当前，中国正处于从制药大国向制药强国跨越的历史方位中。认真贯彻落实药品安全“四个最严”的要求，坚持保安全底线、追发展高线的基本任务，坚持风险治理、责任治理、智慧治理的治理理念，坚持科学化、法治化、国际化和现代化的发展道路，加快推进从制药大国向制药强国迈进和跨越，中国药品监管部门必将为保护和促进人类健康做出新的更大的贡献。在全球化、信息化的大时代，面对日益激烈的国际竞争，我们必须高度注重中国药品监管的全球竞争力、制度创新力、文化塑造力和公众信赖力，在全球格局上展示新形象、新力量、新担当和新作为，为人类的健康事业进步做出更大的贡献。

在积极借鉴国际经验的同时努力贡献中国智慧和力量。今天，中国已是世界第二大经济体，但中国仍然是发展中国家。国际社会在药品安全领域有许多经验值得我们深入学习。一是国际社会高度重视药品监管机构成长的法制保障。如美国1997年《食品药品监督管理局现代化法》、2012年《食品药品监督管理局安全和创新法》、2017年《食品药品监督管理局再授权法》等，以法律形式明确规定了药品监管部门的法定职责、监管职权和监管资源等，以保持药品监管工作的稳定性、连续性和成长性。二是国际社会高度重视药品监管使命的法律塑造。如美国1997年《食品药品监督管理局现代化法》明确提出药品监管部门的使命是保护和促进公众健康。此后，药品监管部门不断阐释其历史使命及其时代价值。三是国际社会高度重视药品安全法律的科学属性。药品安全法律制度是以科学为基础的，体现出对风险与获益的科学评估，彰显着法律制度的严密性和逻辑结构的严谨性。四是国际社会高度重视特殊人群用药权益的法制保障。发达国家不仅制定了药品管理的基本法，而且还制定了药品管理的特别法；不仅关注普通人群的用药权益保障，而且还特别关注特殊人群的健康权益维护。如美国制定了《罕见病药法案》《国家儿童疫苗伤害法案》《儿童最佳药物法案》等。五是国际社会高度重视药品安全法律的与时俱进。其在药品安全事件发生后，往往能够汲取教训，及时进行法律制度的立改废，弥补立法缺陷。如美国1962年《科沃夫-哈里斯修正案》，就是对欧洲沙利度胺悲剧的及时总结。21世纪以来，美国陆续制定药品、医疗器械等多个领域的现代化法，以加速药品医疗器械监管工作的时代性变革。与此同时，必须看到，我国近年来在药品领域不断改革和探索，积累了许多经验，也同样值得国际社会借鉴。如我国始终坚持以人民为中心的发展思想，坚持人民至上、生命至上，把维护好、实现好、发展好最广大人民群众的利益作为食品药品安全监管工作的出发点、落脚点、动力源和生命线。我国始终坚持食品药品安全社会共治，努力在最广泛的利益相关者中建立最紧密的命运共同体。我国积极推动构建人类命运共同体，努力为全球疫情防控贡献中国疫苗、药品和医疗器械，与国际社会一道，共同维护全球公共健康。

二、推进协调与增进信赖的关系

2017 年 1 月 18 日，习近平主席在瑞士日内瓦出席“共商共筑人类命运共同体”高级别会议，发表题为《共同构建人类命运共同体》的主旨演讲，深刻、全面、系统地阐述了人类命运共同体理念。2021 年 7 月 6 日，习近平总书记在中国共产党与世界政党领导人峰会上强调：“人类是一个整体，地球是一个家园。面对共同挑战，任何人任何国家都无法独善其身，人类只有和衷共济、和合共生这一条出路。”2024 年 12 月 10 日，习近平主席会见主要国际经济组织负责人时指出：“推动世界经济增长，离不开有效、有为的全球经济治理。”“全球经济治理无论如何改革，都必须坚持共商共建共享原则，坚持真正的多边主义，确保各国权利平等、机会平等、规则平等。”

改革开放以来，我国高度重视并积极参与全球食品药品安全治理，不断拓宽食品药品安全治理国际交流合作的渠道和领域，努力为人类健康的崇高事业做出积极的贡献。目前，我国已与 WHO、FAO、食品卫生法典委员会（Codex Committee on Food Hygiene，CCFH）、食品标准委员会（Canadian Food Safety and Quality Program，CFS）、ICMRA、ICH、IMDRF 等食品药品安全的国际组织或者机制建立了良好的关系，与许多国家和地区签署了合作交流协议，共同推进人类卫生健康命运共同体的建设。

监管趋同、监管协调和监管信赖逐渐成为国际监管领域的共识。随着科学技术的快速发展和国际贸易规模的持续扩大，世界各国食品药品监管相互学习与借鉴，呈现一定的监管趋同的大趋势，全球化促进各国的监管政策逐步趋同，国家间强化监管协调与监管信赖，逐步成为国际共识。一般认为，在药品领域，监管趋同是指各国家或地区的药品监管机构逐步采纳国际公认的技术指南文件、技术标准和科学原则，以及相同或者相似的监管规范，或者采用一种与实现普遍的公共健康目标保持一致的工作机制，推进监管日趋相似或者一致的过程。监管协调是指各国家或地区的药品监管机构采取相同或者相似的监管政策、制度以实现共同或者彼此目标的行为与过程。监管信赖是指一个国家或地区的药品监管机构在做出自己的决定时，可以基于信赖给他国或地区的监管机构以重要权重的行为与过程。有的学者主张，监管趋同、监管协调和监管信赖可以帮助各国家和地区建立有效的监管体系，促进产品安全和发展充满活力的药品市场。有的学者主张，监管趋同、监管协调和监管信赖可以减轻各国负担、扩大跨境影响，推动国家监管体系的不断改善。目前的监管趋同、监管协调和监管信赖仍被小心翼翼地定位在技术规则或者技术评价上，因为国家主权具有更高的价值位阶，监管协调与监管信赖绝不意味着监管主权的外包和让渡，但随着全球化、信息化步伐的加快，监管趋同、监管协调和监管信赖将在广度、深度上进一步拓展，将是国际社会发展的必然趋势，已成为国际社会的基本共识。近年来，与药品、医疗器械、化妆品相关的国际性或者区域性组织，在不断积极推进监管协调与监管信赖，如世界卫生组织第55届药物制剂规范专家委员会发布了《良好信赖规范》（GReIP），支持各国改善药品监管，促进监管机构合作，更加有效地利用资源，确保优质产品更快上市使用。《良好信赖规范》倡导一国监管机构在可能的情况下充分利用其他国家监管机构的产出，同时将更多精力放在国家内部增值监管活动上。药品监管信赖被称为21世纪的最佳监管实践。

以更宽阔的视野积极拓宽食品药品安全合作交流渠道。国际食品药品贸易的快速发展，特别是新冠疫情的全球蔓延，使食品药品安全问题可以在很短的时间内就扩散到世界各个地方，全球公共健康问题更加复杂严峻，世界上没有哪个国家和地区对食品药品安全问题可以独善其身。各国食品药品监管机构普遍认为，今天和未来，在食品药品安全领域，世界各国拥有广泛的合作空间，如政策法规、技术支撑、信息交流、能力建设等，必须适应经济全球化和贸易自由化快速发展的需要，不断拓宽交流与合作的视野，在交流与合作中不断提升各国食品药品安全监管水平。我国作为世界第二大经济体，要积极参与国际性或者区域性食品药品监管协调机构，努力推动“一带一路”国家食品药品安全监管合作机制、中国东盟食品药品安全监管合作机制、中国中东欧食品药品监管合作机制，着力为发展中国家食品药品安全监管能力提升贡献中国的智慧和力量。要积极组织开展双边、多边食品药品安全技术培训和交流项目，如标准规范、风险管理、审评审批、检验检测、监测评价等，加快我国食品药品安全监管体系和监管能力现代化步伐。

以更智慧的方式持续完善食品药品安全合作交流机制。深入推进食品药品安全国际合作战略，需要我们不断完善与国际组织和有关国家、地区之间食品药品安全合作沟通机制，强化国家和地区间磋商和合作，共同探讨解决食品药品安全重大问题，努力消除食品药品安全合作壁垒。要通过开展多边、双边的食品药品安全国际合作，签订合作协议或者备忘录，建立稳定的长效合作机制，消解日益抬头的贸易问题政治化和贸易保护主义对我国食品药品贸易的影响和干扰。在药品领域，我们已经参与 ICMRA、ICH、IMDRF，已申请加入国际药品认证合作组织（Pharmaceutical Inspection Co-operation Scheme，PIC/S）、国际化妆品监管合作组织（International Cooperation on Cosmetic Regulation，ICCR）等。我们要积极转化适用国际相关规则，促进监管协调与监管信赖，与此同时，要积极参与国际组织或者合作机制的相关项目及课题研究，努力贡献中国的智慧与力量。

以更开放的态度积极推动食品药品安全合作成果共享。习近平总书记强调："当前，世界多极化、经济全球化、文化多样化、社会信息化深入发展，人类社会充满希望。同时，国际形势的不稳定性不确定性更加突出，人类面临的全球性挑战更加严峻，需要世界各国齐心协力、共同应对。""我们要坚持共商共建共享的全球治理观，不断改革完善全球治理体系，推动各国携手建设人类命运共同体。""我们要积极参与健康相关领域国际标准、规范等的研究和谈判，完善我国参与国际重特大突发公共卫生事件应对的紧急援外工作机制，加强同'一带一路'建设沿线国家卫生与健康领域的合作。"全球食品药品安全治理的重大问题需要世界各国人民来共同协商，全球食品药品安全治理的基本格局需要世界各国人民来共同建设，全球食品药品安全治理的丰硕成果应当由世界各国人民来共同分享。近年来，作为世界上最大的发展中国家，中国食品药品监管部门积极主办一系列国际性或者区域性食品药品监管会议，让世界更多地了解中国所选择的监管政策，更多地分享中国在鼓励食品药品产业创新发展上所积累的成功经验。

附录

《药品管理法》的春夏秋冬

徐 非 左 禹

2019 年 8 月 26 日第十三届全国人民代表大会常务委员会第十二次会议审议通过新修订的《药品管理法》。《药品管理法》是药品管理的基本法。“春有百花秋有月，夏有凉风冬有雪。”“日出江花红胜火，春来江水绿如蓝。”“绿树阴浓夏日长，楼台倒影入池塘。”“自古逢秋悲寂寥，我言秋日胜春朝。”“青海长云暗雪山，孤城遥望玉门关。”药品的研制、生产、经营和使用，药品的审评、检查、检验和监测评价，恰似一年四季的春、夏、秋、冬，构成了一部生动而缤纷的乐章。

一、春

春，第一季。绿，是春的符号。春，代表着生长、活力和希望。春季，万物萌芽生长，大地春和景明。唐代岑参的“忽如一夜春风来，千树万树梨花开”，杜甫的“好雨知时节，当春乃发生。随风潜入夜，润物细无声”，白居易的“日出江花红胜火，春来江水绿如蓝”，张若虚的“春江潮水连海平，海上明月共潮生”，宋代钱惟演的“城上风光莺语乱，城下烟波春拍岸”，王安石的“春风又绿江南岸，明月何时照我还”，朱熹的“等闲识得东风面，万紫千红总是春”，清代高鼎的“草长莺飞二月天，拂堤杨柳醉春烟”，描绘出春之声、春之风、春之雨、春之潮、春之花等一派勃勃生机的春之画卷。药品研制、药品审评，构成了药品生命的春之乐章。

（一）春之声：鼓励和支持药物研发创新

“城上风光莺语乱，城下烟波春拍岸。”宋代钱惟演极富动感地描绘了一幅城头上莺语阵阵、春意盎然，城脚下烟波浩渺、春水拍岸的画卷。当前，我国药物创新可谓“莺语乱、春拍岸”，生机无限。《构建中国医药创新生态系统系列报告第一篇：2015—2020 年发展回顾及未来展望》指出，在 2015—2020 年，中国建成了一个相对完整的医药创新生态系统。2020 年，中国对全球医药研发的贡献跻身“第二梯队”前列，中国对全球研发管线产品数量的贡献跃至约占总数的 13.9%，在全球排名第二。创新居新时代我国五大发展理念之首，是新时代药品五大监管主题之要。勇于创新、善于创新、勤于创新，必将加快推进我国从制药大国向制药强国的迈进，更加出色地保护和促进公众健康。

新《药品管理法》高度重视药物创新，“总则”明确规定，“国家鼓励研究和创制新药，保护公民、法人和其他组织研究、开发新药的合法权益”。“药品研制和注册”一章具体规定，“国家支持以临床价值为导向、对人的疾病具有明确或者特殊疗效的药物创新，鼓励具有新的治疗机理、治疗严重危及生命的疾病或者罕见病、对人体具有多靶向系统性调节干预功能等的新药研制，推动药品技术进步。国家鼓励运用现代科学技术和传统中药研究方法开展中药科学技术研究和药物开发，建立和完善符合中药特点的技术评价体系，促进中药传承创新。国家采取有效措施，鼓励儿童用药品的研制和创新，支持开发符合儿童生理特征的儿童用药品新品种、剂型和规格，对儿童用药品予以优先审评审批”。

为全面落实上述原则和要求，《药品管理法》第二章“药品研制和注册”、第三章“药品上市许可持有人”明确规定了临床试验机构备案管理、临床试验项目默示许可管理、拓展性临床试验、优先审评审批、附条件批准、原辅包关联审评、药品上市许可持有人等重要制度，以法律方式巩固了近年来我国药品审评审批制度改革创新成果，谱写了我国依法鼓励和支持药物研发创新的新篇章。

（二）春之风：优化药物临床试验管理

“忽如一夜春风来，千树万树梨花开。”唐代岑参虽描绘的是北国飞雪，却给人以春的繁华壮丽。药物临床试验是确认新药安全性、有效性的基础。临床试验结论在“药物”转化为“药品”的过程中发挥着关键性乃至决定性的作用。药物临床试验是药物开发中最关键的阶段，也是投入资源最多的阶段。在我国药品审评审批制度改革中，药物临床试验管理改革，恰似“一夜春风来”，带来“万树梨花开”。长期以来，基于资源少、周期长、责任轻、效率低等原因，药物临床试验一度成为我国药物研发创新的瓶颈。2017 年 12 月，多家协会和机构联合发布的《推动临床研究体系设计与实施 深化医药创新生态系统构建》报告指出，中国当前的临床研究总体水平在世界创新领先国家中排名第九，在亚洲位列日本和韩国之后。

新《药品管理法》从药物临床试验机构管理和药物临床试验项目管理两个方面进行了系统改革：创新管理方式、简化管理程序、落实管理责任、提升管理效率。新《药品管理法》第十九条规定，药物临床试验项目实行默示许可制，药物临床试验机构实行备案管理制。开展药物临床试验，应当按照规定如实报送有关数据、资料和样品，经国务院药品监督管理部门批准。逾期未通知的，视为同意。开展药物临床试验，应当在具备相应条件的临床试验机构进行。对药物临床试验机构管理，从过去的审批制改为备案制；对临床试验项目管理，从过去的审批制改为到期默认制，监管部门如对临床试验项目申请予以否决，须在自受理之日起六十个工作日内做出明确表示，否则视为同意。也就是说，药品审评机构的“不作为”，将对申请人产生“视为同意”的法律效果。这种“附期限成就”的法律制度设计，事实上给监管部门加大了压力。

任何制度创新都伴随着一定的风险。为加强对临床试验风险的防控，新《药品管理法》第二十二条规定，药物临床试验期间，发现存在安全性问题或者其他风险的，临床试验申办者应当及时调整临床试验方案、暂停或者终止临床试验，并向国务院药品监督管理部门报告。必要时，国务院药品监督管理部门可以责令调整临床试验方案、暂停或者终止临床试验。

（三）春之雨：确立同情给药制度

“好雨知时节，当春乃发生。随风潜入夜，润物细无声。”唐代杜甫传神地描绘了一场及时雨，在生命萌生的时节，随着和风，悄然入夜，滋润万物的画卷。新《药品管理法》首次确立了同情给药制度，恰如“一场及时春雨”，为危重患者带来更多的生命希望。

当前，我国药品种类和数量已能基本满足临床所需，但对于极少数特殊疾病仍然缺少足够的治疗药物。小我成大家，小众见大爱。新《药品管理法》第二十三条规定：“对正在开展临床试验的用于治疗严重危及生命且尚无有效治疗手段的疾病的药物，经医学观察可能获益，并且符合伦理原则的，经审查、知情同意后可以在开展临床试验的机构内用于其他病情相同的患者。”这一制度设计的初衷是着力解决特殊患者人群的药物可及性问题，是药品监管工作践行“以人民为中心”发展理念的具体表现。该项制度严格规定了同情用药的前提条件：经医学观察可能获益、符合伦理原则、经审查且知情同意、在开展临床试验的机构内、用于其他病情相同的患者。这些严格的限制条件必将最大限度保障受试对象的权益和安全。

需要特别指出的是，同情给药使用的是未经上市审批的药物，其本质上是一种拓展性的临床试验，在使用中应当对其风险给予更多的关注。下一步，需要对同情给药的申请条件、申请程序、审查内容、责任主体、权益义务和风险监测等予以细化，最大限度发挥该制度的价值，为更多的患者带来更好的福祉。

（四）春之潮：实施关联审评审批制度

“春江潮水连海平，海上明月共潮生。”唐代诗人张若虚向世人展现了一幅平静广阔、瑰丽祥和的春日绝美画卷，江河、大海、春潮、明月，相互映衬，远近高低，动静互补，惟妙惟肖。药品质量是药品的生命线。药品的质量标准、生产工艺、原料药、辅料、包装材料、容器、标签、说明书等，如同诗中所描绘的江河、大海、春潮、明月，对药品质量有着十分重要的影响。

在关联审评审批施行前，我国对直接接触药品的包装材料和容器（以下简称“药包材”）及药用辅料实行国家、省级两级许可模式，侧重对药包材和药用辅料自身质量的评价，对两者与制剂质量之间的关联未予更多的关注。2016 年，为贯彻落实《国务院关于改革药品医疗器械审评审批制度的意见》（国发〔2015〕44 号），国家食品药品监督管理总局发布《总局关于药包材药用辅料与药品关联审评审批有关事项的公告》（2016 年第 134 号），将药包材、药用辅料由单独审批改为在审批药品注册申请时一并审评审批。2017 年，为进一步贯彻落实《中共中央办公厅　国务院办公厅印发〈关于深化审评审批制度改革鼓励药品医疗器械创新的意见〉》（厅字〔2017〕42 号）与《国务院关于取消一批行政许可事项的决定》（国发〔2017〕46 号）要求，国家食品药品监督管理总局发布《总局关于调整原料药、药用辅料和药包材审评审批事项的公告》（2017 年第 146 号），明确原料药、药用辅料和药包材（以下简称“原辅包”）在审批药品制剂注册申请时一并审评审批。2019 年 7 月，国家药品监督管理局发布《国家药监局关于进一步完善药品关联审评审批和监管工作有关事宜的公告》（2019 年第 56 号），进一步明确了原辅包与药品制剂关联审评审批有关要求和监管其他事项。

新《药品管理法》第二十五条第二款规定，国务院药品监督管理部门在审批药品时，对化学原料药一并审评审批，对相关辅料、直接接触药品的包装材料和容器一并审评，对药品的质量标准、生产工艺、标签和说明书一并核准。关联审评审批制度虽非新《药品管理法》首创，但新《药品管理法》将这一制度上升到法律层面，进一步加以完善，要求对药品的质量标准、生产工艺、标签和说明书一并核准。这一制度强调以制剂质量为中心，给予药品上市许可持有人更多的原辅包选择权，进一步强化其主体责任。2020 年 7 月 1 日，新《药品管理法》的重要配套文件之一《药品注册管理办法》开始施行，进一步明确了关联审评审批制度的具体要求。随着新《药品管理法》一系列配套文件的发布实施，关联审评审批制度必将焕发出更加蓬勃的生命力。

（五）春之花：实施附条件批准制度

“日出江花红胜火，春来江水绿如蓝。”新《药品管理法》确立了“保护和促进公众健康”的立法目的，围绕药品安全、有效、可及，进行了制度集成创新，开辟“绿色通道”，最大限度满足临床急需。新《药品管理法》第二十六条规定：“对治疗严重危及生命且尚无有效治疗手段的疾病以及公共卫生方面急需的药品，药物临床试验已有数据显示疗效并能预测其临床价值的，可以附条件批准，并在药品注册证书中载明相关事项。”由于临床试验数据不够完善等，附条件批准上市的药品可能具有一定的风险，新《药品管理法》进一步规定了药品上市许可持有人在附条件批准上市后所承担的义务和责任。第七十八条规定：“对附条件批准的药品，药品上市许可持有人应当采取相应风险管理措施，并在规定期限内按照要求完成相关研究；逾期未按照要求完成研究或者不能证明其获益大于风险的，国务院药品监督管理部门应当依法处理，直至注销药品注册证书。”附条件批准制度的实施显著缩短了特定药物的临床试验时间，实际上是为某些临床急需新药加速上市开通了一条“绿色审批通道”，为急需治疗的患者开辟了一条“绿色生命通道”。

二、夏

夏，第二季。红，是夏的符号。夏，代表着热情、蓬勃和奔放。唐代杜甫的“仲夏苦夜短，开轩纳微凉”，王维的“漠漠水田飞白鹭，阴阴夏木啭黄鹂”，高骈的“绿树阴浓夏日长，楼台倒影入池塘”，杜牧的“菱透浮萍绿锦池，夏莺千啭弄蔷薇”，宋代苏舜钦的“别院深深夏席清，石榴开遍透帘明”，杨万里的“小荷才露尖尖角，早有蜻蜓立上头”“接天莲叶无穷碧，映日荷花别样红”，生动地描绘出一幅草木繁盛、生机盎然的夏日画卷。药品生产管理、药品检查，构成了药品生命的夏之乐章。

（一）夏之莺：药品委托生产销售

“菱透浮萍绿锦池，夏莺千啭弄蔷薇。”初夏一片盎然生机。药品上市许可持有人制度是国际社会普遍采用的现代药品管理制度，是新《药品管理法》建立的重要法律制度，是我国药品管理的基本制度。新《药品管理法》第三十二条第一、二、四款规定：“药品上市许可持有人可以自行生产药品，也可以委托药品生产企业生产。”“药品上市许可持有人自行生产药品的，应当依照本法规定取得药品生产许可证；委托生产的，应当委托符合条件的药品生产企业。药品上市许可持有人和受托生产企业应当签订委托协议和质量协议，并严格履行协议约定的义务。”“血液制品、麻醉药品、精神药品、医疗用毒性药品、药品类易制毒化学品不得委托生产；但是，国务院药品监督管理部门另有规定的除外。”《疫苗管理法》第二十二条第四款规定：“疫苗上市许可持有人应当具备疫苗生产能力；超出疫苗生产能力确需委托生产的，应当经国务院药品监督管理部门批准。接受委托生产的，应当遵守本法规定和国家有关规定，保证疫苗质量。”新《药品管理法》还规定药品上市许可持有人可以委托药品销售、储存和运输。《疫苗管理法》规定，疫苗上市许可持有人自行配送疫苗应当具备疫苗冷链储存、运输条件，也可以委托符合条件的疫苗配送单位配送疫苗。药品上市许可持有人制度的实施有利于鼓励药物创新、优化资源配置、落实主体责任、促进管理创新。进入新时代新阶段，高品质生活需要高质量发展。当前，我国正处于从制药大国向制药强国跨越的进程中，实现制药强国梦必须建立强大的药品产业。建立药品上市许可持有人制度有利于整合药品产业资源，促进产业分工分业，提升产业集约程度，实现产业高质量发展。

药品上市许可持有人制度的建立，改变了传统的“上市”概念。过去，人们往往认为经营行为才是市场行为。事实上，市场监管的内容不仅包括经营要素和行为，也包括生产要素和行为。新《药品管理法》第二十五条规定：“对申请注册的药品，国务院药品监督管理部门应当组织药学、医学和其他技术人员进行审评，对药品的安全性、有效性和质量可控性以及申请人的质量管理、风险防控和责任赔偿等能力进行审查；符合条件的，颁发药品注册证书。”药品注册管理本身包含着生产要素和行为的管理，自然属于上市许可管理。此外，新《药品管理法》第四十条规定：“经国务院药品监督管理部门批准，药品上市许可持有人可以转让药品上市许可。”此规定意味着药品注册证书可以依法转让，而转让行为本身就属于市场行为。

（二）夏之清：生产过程变更管理

“别院深深夏席清，石榴开遍透帘明。”药品安全离不开药品稳定、一致、持续可控的生产状态。药品生产过程中某一要素发生变化，都有可能影响药品的安全性、有效性和质量可控性。新《药品管理法》进一步强化了药品生产过程变更管理，该法第七十九条规定：“对药品生产过程中的变更，按照其对药品安全性、有效性和质量可控性的风险和产生影响的程度，实行分类管理。属于重大变更的，应当经国务院药品监督管理部门批准，其他变更应当按照国务院药品监督管理部门的规定备案或者报告。药品上市许可持有人应当按照国务院药品监督管理部门的规定，全面评估、验证变更事项对药品安全性、有效性和质量可控性的影响。”2021 年 1 月 12 日《国家药监局关于发布〈药品上市后变更管理办法（试行）〉的公告》（2021 年第 8 号），规定了变更情形，变更管理类别确认及调整，变更程序、要求和监督管理等。

为强化药品上市后变更管理，新《药品管理法》第一百二十四条明确规定了对未经批准在药品生产过程中进行重大变更等行为的处罚措施：没收违法生产、进口、销售的药品和违法所得以及专门用于违法生产的原料、辅料、包装材料和生产设备，责令停产停业整顿，并处违法生产、进口、销售的药品货值金额十五倍以上三十倍以下的罚款；货值金额不足十万元的，按十万元计算；情节严重的，吊销药品批准证明文件直至吊销药品生产许可证、药品经营许可证或者医疗机构制剂许可证，对法定代表人、主要负责人、直接负责的主管人员和其他责任人员，没收违法行为发生期间自本单位所获收入，并处所获收入百分之三十以上三倍以下的罚款，十年直至终身禁止从事药品生产经营活动，并可以由公安机关处五日以上十五日以下的拘留。

（三）夏之荷：建立职业化专业化药品检查员队伍

“接天莲叶无穷碧，映日荷花别样红。”“出淤泥而不染，濯清涟而不妖。”

荷是夏之象征，恰如职业化专业化检查员在药品检查中扮演的重要角色。职业化专业化检查员是从事药品检查、保障药品安全的关键支撑力量。检查员的个人素养、专业能力和经验积累对保证检查质量至关重要。

近年来，党中央、国务院高度重视职业化专业化药品检查员队伍建设。2015年8月，《国务院关于改革药品医疗器械审评审批制度的意见》（国发〔2015〕44号）提出，要“推进职业化的药品医疗器械检查员队伍建设”。2016年3月，《中华人民共和国国民经济和社会发展第十三个五年规划纲要》发布，明确要“建立食品药品职业化检查员队伍”。2017年2月，国务院印发《“十三五”国家药品安全规划》，提出“加快建立职业化检查员队伍。依托现有资源建立职业化检查员制度，明确检查员的岗位职责、条件要求、培训管理、绩效考核等要求”等内容。2017年10月，《中共中央办公厅　国务院办公厅印发〈关于深化审评审批制度改革鼓励药品医疗器械创新的意见〉》（厅字〔2017〕42号），明确要“建设职业化检查员队伍。依托现有资源加快检查员队伍建设，形成以专职检查员为主体、兼职检查员为补充的职业化检查员队伍。实施检查员分级管理制度，强化检查员培训，加强检查装备配备，提升检查能力和水平”。

长春长生问题疫苗案件发生后，2018年8月16日，习近平总书记主持召开中共中央政治局常务委员会会议，强调“要加强监管队伍能力建设，尽快建立健全疫苗药品的职业化、专业化检查队伍”。2019年7月9日，《国务院办公厅关于建立职业化专业化药品检查员队伍的意见》（国办发〔2019〕36号）发布，明确“到2020年底，国务院药品监管部门和省级药品监管部门基本完成职业化专业化药品检查员队伍制度体系建设。在此基础上，再用三到五年时间，构建起基本满足药品监管要求的职业化专业化药品检查员队伍体系，进一步完善以专职检查员为主体、兼职检查员为补充，政治过硬、素质优良、业务精湛、廉洁高效的职业化专业化药品检查员队伍，形成权责明确、协作顺畅、覆盖全面的药品监督检查工作体系”。

新《药品管理法》第一百零四条规定，国家建立职业化、专业化药品检查员队伍。检查员应当熟悉药品法律法规，具备药品专业知识。新《药品管理法》不仅在法律上进一步强化建立职业化专业化检查员队伍的要求，而且细化了检查员的素质能力要求：“熟悉药品法律法规，具备药品专业知识。”目前，国家药品监督管理局已出台了多个有关职业化专业化检查员队伍建设的规范性文件，检查员队伍建设步伐明显加快。

（四）夏之蛙：药品延伸检查

“稻花香里说丰年，听取蛙声一片。”“黄梅时节家家雨，青草池塘处处蛙。”这两句诗用巧妙的手法描绘夏日光景，未见其景，先闻其声。药品监督检查中的延伸检查，恰如“夏日蛙声”，是一种排查潜在的、可能的药品安全风险点的有效方式。延伸检查是针对被检查单位以外的与药品质量相关的单位所进行的检查，与常规检查、飞行检查、跟踪检查、有因检查、专项检查等共同组成了当前药品监督检查的几种常用方式。此前，延伸检查的概念已出现在《药品检查管理办法（试行）》等部门规章和规范性文件中。新《药品管理法》首次引入延伸检查这一概念，明确了延伸检查的对象和发现隐患后应当采取的措施。该法第九十九条规定，药品监督管理部门应当依照法律、法规的规定对药品研制、生产、经营和药品使用单位使用药品等活动进行监督检查，必要时可以对为药品研制、生产、经营、使用提供产品或者服务的单位和个人进行延伸检查，有关单位和个人应当予以配合，不得拒绝和隐瞒。同时，第九十九条规定，对有证据证明可能存在安全隐患的，药品监督管理部门根据监督检查情况，应当采取告诫、约谈、限期整改以及暂停生产、销售、使用、进口等措施，并及时公布检查处理结果。延伸检查是一种排查潜在药品安全风险隐患的重要方式，对于完善药品全生命周期监管、强化风险防控具有重要的作用。

（五）夏之魂：药品质量体系检查

“接天莲叶无穷碧，映日荷花别样红。”“黄梅时节家家雨，青草池塘处处蛙。”这两句诗通篇未用一个“夏”字，却描绘出一副热闹非凡的盛夏景象，皆因诗人巧妙精准地抓住了代表夏日的关键事物。对于药品质量体系检查，药物非临床研究质量管理规范（GLP）、药物临床试验质量管理规范（GCP）、药品生产质量管理规范（GMP）、药品经营质量管理规范（GSP）等，恰如夏日之点睛之物，是确保药品非临床研究、临床研究、生产和经营环节合法合规的关键。新《药品管理法》取消了此前施行的 GMP 认证和 GSP 认证，强化了对药品质量体系动态持续的检查。该法第十七条规定，从事药品研制活动，应当遵守药物非临床研究质量管理规范、药物临床试验质量管理规范。第四十三条、第五十三条规定，从事药品生产、经营活动，应当分别遵守药品生产质量管理规范、药品经营质量管理规范，建立健全药品生产质量管理体系、药品经营质量管理体系。第一百零三条规定，药品监督管理部门应当对药品上市许可持有人、药品生产企业、药品经营企业和药物非临床安全性评价研究机构、药物临床试验机构等遵守药品生产质量管理规范、药品经营质量管理规范、药物非临床研究质量管理规范、药物临床试验质量管理规范等情况进行检查，监督其持续符合法定要求。第一百二十六条进一步明确和细化了对药品上市许可持有人、药品生产企业、药品经营企业、药物非临床安全性评价研究机构、药物临床试验机构等未遵守药品生产质量管理规范、药品经营质量管理规范、药物非临床研究质量管理规范、药物临床试验质量管理规范等的处罚措施。新《药品管理法》实际上是进一步强化了对药品质量体系的检查，目的是倒逼药品上市许可持有人、相关企业和机构以标准化、规范化的流程，降低不确定性风险，最终实现药品质量的可控。

（六）夏之酷：基于信用强化检查

“绿树阴浓夏日长，楼台倒影入池塘。水晶帘动微风起，满架蔷薇一院香。”唐代高骈以虚的“倒影”映衬实的“楼台”，以嗅觉上的“一院香”烘托视觉上的“满架蔷薇”。正如楼台的倒影、蔷薇的香气，在药品监管工作中，药品安全信用档案从一个侧面反映了相关企业或机构的诚信度，是药品监管部门实施分类监管、动态监管的一项重要依据。新《药品管理法》第一百零五条规定，药品监督管理部门建立药品上市许可持有人、药品生产企业、药品经营企业、药物非临床安全性评价研究机构、药物临床试验机构和医疗机构药品安全信用档案，记录许可颁发、日常监督检查结果、违法行为查处等情况，依法向社会公布并及时更新；对有不良信用记录的，增加监督检查频次，并可以按照国家规定实施联合惩戒。建立药品安全信用档案，是严格市场准入、规范市场秩序和创新药品安全监管模式的需要。监管部门基于信用强化检查，增加检查频次，一方面能够进一步提升检查的针对性，提高监管效率；另一方面能够督促与倒逼相关企业和机构严格守法、依法办事，使得法治和德治相得益彰。

三、秋

秋，第三季。黄，是秋的符号。秋，代表着丰收、成熟和圆满。魏晋时期曹丕的“秋风萧瑟天气凉，草木摇落露为霜”，唐代王勃的“落霞与孤鹜齐飞，秋水共长天一色”，王维的“明月松间照，清泉石上流”，孟浩然的“不觉初秋夜渐长，清风习习重凄凉”，刘禹锡的“自古逢秋悲寂寥，我言秋日胜春朝”，杜牧的“银烛秋光冷画屏，轻罗小扇扑流萤”，黄巢的“待到秋来九月八，我花开后百花杀”，宋代苏轼的“一年好景君须记，最是橙黄橘绿时”，范仲淹的“塞下秋来风景异，衡阳雁去无留意”，张昇的“一带江山如画，风物向秋潇洒”，陈尧咨的“山远峰峰碧，林疏叶叶红”，通过描写秋日的山、水、草、木、风、月，传递出浓浓的秋之意境。药品经营、药品检验，恰似一年中的秋，孕育着丰收的果实。

（一）秋之果：加强对网络销售药品的监管

“落霞与孤鹜齐飞，秋水共长天一色。”随着现代科学技术的发展，网络售药已成为全社会高度关注的问题。网络售药不是药品企业经营范围的变化，不是经营方式的变化，而是经营渠道的拓展。新《药品管理法》提出了药品网络销售的以下制度框架。一是药品上市许可持有人、药品经营企业通过网络销售药品，应当遵守本法药品经营的有关规定。具体管理办法由国务院药品监督管理部门会同国务院卫生健康主管部门等部门制定。二是疫苗、血液制品、麻醉药品、精神药品、医疗用毒性药品、放射性药品、药品类易制毒化学品等国家实行特殊管理的药品不得在网络上销售。三是药品网络交易第三方平台提供者应当按照国务院药品监督管理部门的规定，向所在地省、自治区、直辖市人民政府药品监督管理部门备案。四是第三方平台提供者应当依法对申请进入平台经营的药品上市许可持有人、药品经营企业的资质等进行审核，保证其符合法定要求，并对发生在平台的药品经营行为进行管理。五是第三方平台提供者发现进入平台经营的药品上市许可持有人、药品经营企业有违反本法规定行为的，应当及时制止并立即报告所在地县级人民政府药品监督管理部门；发现严重违法行为的，应当立即停止提供网络交易平台服务。

（二）秋之灿：抽样应当购买样品

“山远峰峰碧，林疏叶叶红。”“一年好景君须记，最是橙黄橘绿时。”这两句诗浓墨重彩地渲染了秋日之绚烂。药品监督管理部门对药品质量进行抽查检验应当购买样品的规定，恰如秋之灿，为新《药品管理法》关于药品检验的相关规定增添了又一抹亮色。新《药品管理法》第一百条规定，药品监督管理部门根据监督管理的需要，可以对药品质量进行抽查检验。抽查检验应当按照规定抽样，并不得收取任何费用；抽样应当购买样品。所需费用按照国务院规定列支。

事实上，2015 年版《药品管理法》中已规定药品抽查检验不收费，新《药品管理法》第一百条的亮点在于“抽样应当购买样品”，也就是说，药品监督管理部门对于生产企业、批发企业、零售企业、医疗机构药品进行抽查检验时，需要购买样品，这一规定有利于企业节省成本、减轻负担，有利于进一步优化营商环境，具有明显的进步意义。但同时，该条规定虽已明确“抽样应当购买样品”“所需费用按照国务院规定列支”，但对如何购买、费用如何支付、经费如何保障并未做进一步详细规定，还需尽快出台相应的实施细则。

（三）秋之风：企业检验记录完整准确

“不觉初秋夜渐长，清风习习重凄凉。”风为秋之先导，带来秋之气息，催生秋之万物。药品生产企业对其生产的药品进行质量检验，恰如秋之风，成为药品进入市场前接受检验的第一关。企业是药品安全的第一责任人。企业必须依法依规进行生产，保证全过程持续合规。新《药品管理法》第四十四条规定，药品应当按照国家药品标准和经药品监督管理部门核准的生产工艺进行生产。生产、检验记录应当完整准确，不得编造。第四十七条规定，药品生产企业应当对药品进行质量检验。不符合国家药品标准的，不得出厂。药品生产企业应当建立药品出厂放行规程，明确出厂放行的标准、条件。符合标准、条件的，经质量受权人签字后方可放行。同时，第一百二十四条明确了对应当检验而未经检验即销售药品及编造生产、检验记录等行为的处罚措施：没收违法生产、进口、销售的药品和违法所得以及专门用于违法生产的原料、辅料、包装材料和生产设备，责令停产停业整顿，并处违法生产、进口、销售的药品货值金额十五倍以上三十倍以下的罚款；货值金额不足十万元的，按十万元计算；情节严重的，吊销药品批准证明文件直至吊销药品生产许可证、药品经营许可证或者医疗机构制剂许可证，对法定代表人、主要负责人、直接负责的主管人员和其他责任人员，没收违法行为发生期间自本单位所获收入，并处所获收入百分之三十以上三倍以下的罚款，十年直至终身禁止从事药品生产经营活动，并可以由公安机关处五日以上十五日以下的拘留。上述规定充分体现了新《药品管理法》的责任治理理念，以最严厉的处罚引导企业将主体责任落到实处。

（四）秋之水：对假药、劣药处罚决定依法载明质量检验结论

“湖光秋月两相和，潭面无风镜未磨。”“落霞与孤鹜齐飞，秋水共长天一

色。”这两句诗均写水，意境却全然不同。秋之水，可沉静、可壮阔。对假药、劣药的处罚决定应当依法载明质量检验结论的规定，正如秋之水，体现了新《药品管理法》立法的智慧。药品是否安全，需要从两个维度进行判断，即法律安全和事实安全。新《药品管理法》对假药、劣药的界定进行了适度“瘦身”，更加聚焦实质意义上的假药、劣药。新《药品管理法》第一百二十一条规定，对假药、劣药的处罚决定，应当依法载明药品检验机构的质量检验结论。有人对此质疑，认为该规定一刀切地要求对假药、劣药的处罚均需要载明质量检验结论，未对实际情况区别对待，可能导致执法操作性差。事实上，该规定要求“依法载明药品检验机构的质量检验结论”，从立法技术的角度来看，“依法”需要由法律法规做出明确规定，或者由有权机关做出相应解释。一般来说，不具有法律意义上安全的药品，如走私的药品、超过保质期的药品，是不需要进行质量检验的。所以，在对假药、劣药的界定上，新法较以前的规定更具灵活性。经商全国人民代表大会常务委员会法制工作委员会，2020 年 7 月 10 日国家药品监督管理局回复贵州省药品监督管理局相关请示，做出《国家药监局综合司关于假药劣药认定有关问题的复函》（药监综法函〔2020〕431 号），明确对违法行为的事实认定，应当以合法、有效、充分的证据为基础，药品质量检验结论并非为认定违法行为的必要证据，除非法律、法规、规章等明确规定对涉案药品依法进行检验并根据质量检验结论才能认定违法事实，或者不对涉案药品依法进行检验就无法对案件所涉事实予以认定。如对黑窝点生产的药品，是否需要进行质量检验，应当根据案件调查取证的情况具体案件具体分析。

（五）秋之魂：严惩出具虚假检验报告行为

“秋风萧瑟天气凉，草木摇落露为霜。”天气凉、露为霜，这些信息真实准确地向我们传达出秋之变化。正如上述信息之于秋，信息真实准确是实现药品安全监管的重要前提和基础，是药品安全的生命线。药品事关人民群众生命健康和人身安全，是一种特殊的商品，是基于信息而生的“信任品”。药品信息的载体既包括药品的标签、说明书、广告等，也包括审评、检查、检验、监测评价的报告、记录、档案、结论、意见等。药品检验报告是在药品检验中涉及的最重要的药品信息之一。新《药品管理法》第一百三十八条规定，药品检验机构出具虚假检验报告的，责令改正，给予警告，对单位并处二十万元以上一百万元以下的罚款；对直接负责的主管人员和其他直接责任人员依法给予降级、撤职、开除处分，没收违法所得，并处五万元以下的罚款；情节严重的，撤销其检验资格。药品检验机构出具的检验结果不实，造成损失的，应当承担相应的赔偿责任。同时，第一百一十四条规定，违反本法规定，构成犯罪的，依法追究刑事责任。新《药品管理法》实行药品管理与信息管理相结合的机制，在强调药品安全、有效和质量可控的同时，突出药品信息的真实、准确、完整、可追溯。全面加强药品信息管理，有利于彰显药品“信任品”的本质属性，有利于构建良好的药品生态环境，有利于保护和促进公众健康。

四、冬

冬，第四季。白，是冬的符号。冬，代表着严寒、洁白。与其他三个季节不同，使用“冬”字的诗词并不多，而咏雪、叹冰、赞梅的诗词则数不胜数。唐代李白的“燕山雪花大如席，片片吹落轩辕台”，岑参的“忽如一夜春风来，千树万树梨花开”，白居易的“夜深知雪重，时闻折竹声”，高骈的“六出飞花入户时，坐看青竹变琼枝”，王昌龄的“青海长云暗雪山，孤城遥望玉门关”，宋代陆游的“无意苦争春，一任群芳妒。零落成泥碾作尘，只有香如故”，王安石的“墙角数枝梅，凌寒独自开”，林逋的“疏影横斜水清浅，暗香浮动月黄昏”，卢梅坡的“梅须逊雪三分白，雪却输梅一段香”。此外，还有许多描写冬景、冬境、冬意的词句，如唐代柳宗元的“千山鸟飞绝，万径人踪灭”，杜甫的“寒天催日短，风浪与云平”“岁暮阴阳催短景，天涯霜雪霁寒宵”，岑参的“瀚海阑干百丈冰，愁云惨淡万里凝”等。在药品的整个生命周期中，药品使用、药品监测评价恰如一年中的冬，收四季之尾，启来年之春。

（一）冬之雪：建立药物警戒制度

“忽如一夜春风来，千树万树梨花开。”雪是冬之精灵。在药品使用环节，药物警戒制度的建立就像冬天飞舞的片片雪花，别有一番意境。新《药品管理法》第十二条第二款规定，国家建立药物警戒制度，对药品不良反应及其他与用药有关的有害反应进行监测、识别、评估和控制。这是我国首次在立法中确定药物警戒制度。

在药物警戒制度出现之前，国际社会更多使用药品不良反应监测评价制度。1974 年法国学者首次提出药物警戒的概念。1992 年欧洲药物警戒学会成立。从 1994 年开始，ICH 制定了系列药物警戒指导原则（ICH E2 系列）。2002 年，世界卫生组织出版《药物警戒的重要性——医药产品安全监测》，确定药物警戒为“发现、评估、理解和预防不良反应或者任何其他与药物相关问题的科学和活动”。长期以来，由于受多种因素制约，我国专家学者对药物警戒制度的内涵与外延、价值与功能认知不一。事实上，药物警戒制度是药品不良反应制度在广度和深度的延伸。在广度方面，药物警戒制度将监测、识别、评估和控制的事项从上市后扩展到上市前，实现了药品警戒制度的全生命周期覆盖。在深度方面，药物警戒制度将监测、识别、评估和控制的事项从药品不良反应扩展到药品不良反应及其他与用药有关的有害反应，实现了药品警戒制度的管理事项全覆盖。药物警戒制度的建立，进一步提升了我国药品安全风险管理水平。

在药品使用环节，药物警戒的核心内容之一就是药品上市后不良反应监测评价。新《药品管理法》第八十条规定，药品上市许可持有人应当开展药品上市后不良反应监测，主动收集、跟踪分析疑似药品不良反应信息，对已识别风险的药品及时采取风险控制措施。第八十一条规定，药品上市许可持有人、药品生产企业、药品经营企业和医疗机构应当经常考察本单位所生产、经营、使用的药品质量、疗效和不良反应。发现疑似不良反应的，应当及时向药品监督管理部门和卫生健康主管部门报告。第八十三条规定，药品上市许可持有人应当对已上市药品的安全性、有效性和质量可控性定期开展上市后评价。必要时，国务院药品监督管理部门可以责令药品上市许可持有人开展上市后评价或者直接组织开展上市后评价。经评价，对疗效不确切、不良反应大或者因其他原因危害人体健康的药品，应当注销药品注册证书。已被注销药品注册证书的药品，不得生产或者进口、销售和使用。已被注销药品注册证书、超过有效期等的药品，应当由药品监督管理部门监督销毁或者依法采取其他无害化处理等措施。2021 年 5 月 7 日国家药品监督管理局发布《药物警戒质量管理规范》，规范和指导药品上市许可持有人和药品注册申请人的药物警戒活动。该规范自 2021 年 12 月 1 日起施行。这在我国药物警戒发展史中具有重要的里程碑意义。

（二）冬之梅：强化医疗机构药事管理

“墙角数枝梅，凌寒独自开。”寥寥数枝梅，在寒冷寂寥的冬季显得尤为出彩。强化医疗机构药事管理，是加强药品使用环节监管最重要的措施之一。新《药品管理法》第六章“医疗机构药事管理”，与 2015 年版《药品管理法》第四章“医疗机构的药剂管理”相比，虽仅一字之差，调整范围却扩大很多。首先，从概念的角度来看，医疗机构药剂管理一般是指根据临床需要采购药品、自制制剂、贮存药品、分发药品等药品的质量管理和经济管理。而医疗机构药事管理一般是指医疗机构以病人为中心，以临床药学为基础，对临床用药全过程进行有效的组织实施与管理，促进临床科学、合理用药的药学技术服务和相关的药品管理工作。与“药剂管理”的概念相比，“药事管理”更加强调对临床用药全过程的管理，进一步突出药学技术服务的重要性，这从一个侧面反映了药品监管理念的转变。其次，从具体要求来看，新《药品管理法》扩大了对医疗机构药事管理的具体要求，明确药师或者其他药学技术人员的具体职责。该法第六十九条规定，医疗机构应当配备依法经过资格认定的药师或者其他药学技术人员，负责本单位的药品管理、处方审核和调配、合理用药指导等工作。2020 年 2 月 26 日，国家药品监督管理局等 6 部门联合发布《关于加强医疗机构药事管理促进合理用药的意见》，要求加强医疗机构药品配备管理，强化药品合理使用，拓展药学服务范围，完善行业监管等，全面提高医疗机构药事管理水平。

（三）冬之寒：确立“安全有效、经济合理”的用药原则

“千山鸟飞绝，万径人踪灭。”近些年，药品使用环节存在不少过度医疗、过度用药、滥用抗生素等问题。新《药品管理法》首次在立法中提出“安全有效、经济合理”的用药原则，这是医疗机构药事管理规定中最为引人瞩目的部分。该法第七十二条第一款规定，医疗机构应当坚持安全有效、经济合理的用药原则，遵循药品临床应用指导原则、临床诊疗指南和药品说明书等合理用药，对医师处方、用药医嘱的适宜性进行审核。第七十二条第二款进一步规定，医疗机构以外的其他药品使用单位，应当遵守本法有关医疗机构使用药品的规定。第八十七条规定，医疗机构应当向患者提供所用药品的价格清单，按照规定如实公布其常用药品的价格，加强合理用药管理。这就将康复保健机构、计生服务机构、戒毒机构等其他药品使用单位一并纳入，全方位强化了“安全有效、经济合理”这一用药原则的适用范围，进一步保障了公众的用药权益。

（四）冬之风：实施违法行为处罚到人

长期以来，行政处罚主要是处罚单位，而很少处罚直接从事违法行为的自然人。新《药品管理法》坚持“双罚制”，即在对违法的单位进行处罚的同时，也对承担一定管理责任的自然人予以处罚。对自然人的处罚包括财产罚、资格罚、

信誉罚等。如该法第九十八条规定，禁止生产（包括配制）、销售、使用假药、劣药。有下列情形之一的，为假药：药品所含成分与国家药品标准规定的成分不符；以非药品冒充药品或者以他种药品冒充此种药品；变质的药品；药品所标明的适应证或者功能主治超出规定范围。有下列情形之一的，为劣药：药品成分的含量不符合国家药品标准；被污染的药品；未标明或者更改有效期的药品；未注明或者更改产品批号的药品；超过有效期的药品；擅自添加防腐剂、辅料的药品；其他不符合药品标准的药品。第八十八条规定，禁止药品上市许可持有人、药品生产企业、药品经营企业或者代理人以任何名义给予使用其药品的医疗机构的负责人、药品采购人员、医师、药师等有关人员财物或者其他不正当利益。禁止医疗机构的负责人、药品采购人员、医师、药师等有关人员以任何名义收受药品上市许可持有人、药品生产企业、药品经营企业或者代理人给予的财物或者其他不正当利益。第一百一十九条规定，药品使用单位使用假药、劣药的，按照销售假药、零售劣药的规定处罚；情节严重的，法定代表人、主要负责人、直接负责的主管人员和其他责任人员有医疗卫生人员执业证书的，还应当吊销执业证书。第一百二十三条规定，提供虚假的证明、数据、资料、样品或者采取其他手段骗取临床试验许可、药品生产许可、药品经营许可、医疗机构制剂许可或者药品注册等许可的，撤销相关许可，十年内不受理其相应申请，并处五十万元以上五百万元以下的罚款；情节严重的，对法定代表人、主要负责人、直接负责的主管人员和其他责任人员，处二万元以上二十万元以下的罚款，十年内禁止从事药品生产经营活动，并可以由公安机关处五日以上十五日以下的拘留。